Elkedagmar Heinrich
Hans-Dieter Janetzko

Das Mathematica Arbeitsbuch

Aus dem Programm ____________
Computeralgebra

N. Blachman
Mathematica griffbereit

N. Blachman
Maple griffbereit

R. Braun und R. Meise
Analysis mit Maple

E. Heinrich und H.-D. Janetzko
Das Mathematica Arbeitsbuch

E. Heinrich und H.-D. Janetzko
Das Maple Arbeitsbuch

W. Koepf, A. Ben-Israel und R. Gilbert
Mathematik mit DERIVE

W. Koepf
Höhere Analysis mit DERIVE

W. Strampp und V. Ganzha
Differentialgleichungen mit Mathematica

Vieweg ____________

Elkedagmar Heinrich
Hans-Dieter Janetzko

Das Mathematica Arbeitsbuch

Mit 63 Abbildungen und 49 Übungsaufgaben

2., durchgesehene Auflage

1. Auflage 1994
2., durchgesehene Auflage 1996

Alle Rechte an der deutschen Übersetzung vorbehalten
© Friedr. Vieweg & Sohn Verlagsgesellschaft mbH, Braunschweig/Wiesbaden, 1996

Der Verlag Vieweg ist ein Unternehmen der Bertelsmann Fachinformation GmbH.

Gedruckt auf säurefreiem Papier

ISBN-13: 978-3-528-16528-4   e-ISBN-13: 978-3-322-83208-5
DOI: 10.1007/ 978-3-322-83208-5

Vorwort

Als wir vor etwa drei Jahren zum ersten Mal das Computeralgebrapaket *Mathematica* und dessen Möglichkeiten sahen, erkannten wir bald, daß sich in naher Zukunft (wie in den sechzigern Jahren durch den selbstverständlichen Besitz eines Taschenrechners) die Mathematik-Veranstaltungen für FH-Ingenieure verändern müssen.

Bald darauf berichteten unsere Studenten aus den Praxissemestern, daß ihnen *Mathematica* dort begegnet sei und sie sogar teilweise mathematische Probleme damit lösen mußten. Daraufhin beschlossen wir, bereits in die Mathematikvorlesungen für Anfangssemester Computeralgebra einzubeziehen.

Da der Besitz eines Notebooks heute noch nicht selbstverständlich ist, Klausuren also nur unter Zuhilfenahme des Taschenrechners absolviert werden können, wollten wir möglichst behutsam vorgehen, indem von uns zunächst *Mathematica* bzw. *MapleV* als Hilfsmittel zum Überprüfen der Ergebnisse von Übungsaufgaben vorgeführt wurde. Viele Studenten griffen diese Anregungen interessiert auf, und in den Diskussionen in den Pausen tauchte immer wieder der Wunsch nach einem Buch auf, das die Befehle durch die Anwendung auf konkrete Probleme erläutert. Es hatte sich nämlich schon bald herausgestellt, daß für komplexere Anwendungen die Kenntnis der erforderlichen Befehle ohne Handlungsanweisungen meistens nicht ausreichend ist.

Das vorliegende Buch erklärt daher anhand der von uns in Mathematikvorlesungen für Maschinenbauingenieure bzw. Statistikvorlesungen für BWL-Studenten gestellten Übungsaufgaben die Anwendung von *Mathematica*, wobei nach unserer Auffassung die Aufgaben und deren Bearbeitung mit *Mathematica* jedoch allgemein genug gehalten sind, um auch für Studenten anderer Fachrichtungen alle erforderlichen Erklärungen zu geben. Bei der Lösung haben wir nicht so sehr Wert auf eine (im Sinne von *Mathematica*) elegante Lösung gelegt, sondern um eine für Nicht-Informatiker möglichst gut verständliche.

Wir stellen uns vor, daß durch die Verlagerung langwieriger Rechnungen auf dem Rechner bei einem konsequenten Einsatz von Computeralgebra mehr Zeit bleibt für die eigentlich wichtigste Aufgabe: die Entwicklung mathematischer Modelle.

Dem Vieweg-Verlag danken wir für die gute Zusammenarbeit. Unser Dank gilt ebenfalls Halldór Bilster Janetzko für seine Mithilfe und die Geduld, die er beim Fertigstellen dieses Buches aufgebracht hat.

Konstanz, den 29. Mai 1993

Wie ist dieses Buch zu lesen?

Nach unserer Meinung gibt es zwei mögliche Vorgehensweisen. Wenn Sie systematisch *Mathematica* kennenlernen wollen, sollten Sie, nach Möglichkeit mit einem Rechner neben oder vor sich, Kapitel für Kapitel durcharbeiten und insbesondere die Aufgaben am Ende jedes Kapitels zu lösen versuchen.

Falls Sie nur an bestimmten Themen interessiert sind, sollten Sie auf jeden Fall unabhängig von der speziellen Aufgabenstellung das erste Kapitel lesen und erst dann die Sie eigentlich interessierenden Abschnitte bearbeiten. Dies wird Ihnen eine Menge Frustration ersparen.

Inhaltsverzeichnis

1 Einführung

1.1 Voraussetzungen, Installation

Falls Sie nicht vor einem PC sitzen, auf dem *Mathematica* bereits installiert ist, Sie vielleicht sogar erst über die Anschaffung von *Mathematica* nachdenken, sollten Sie als erstes überprüfen, ob Ihr Rechner für die Installation geeignet ist. Es gibt für die verschiedensten Computertypen (MS-DOS, Apple-Macintosh, Unix und Unix-Derivate, VMS, etc.) *Mathematica*-Versionen; in jedem Fall benötigen Sie genügend Platz im Hauptspeicher und auf der Festplatte.

Von den wenigsten Benutzern wird heute die zeilenorientierte Arbeitsweise vergangener Tage noch als angenehm empfunden; für diese gibt es entsprechende Versionen von *Mathematica*. Da wir selbst die bildschirmorientierte Arbeitsweise vorziehen, auch wenn sie den Rechner etwas langsamer macht, haben wir *Mathematica* auf MS-DOS unter Windows installiert. Erforderlich sind hierfür ein Prozessor der 386- Klasse oder höher, mindestens 4 Megabyte Hauptspeicher und 14 Megabyte bisher ungenutzten Platzes auf der Festplatte. Wenn Sie die Studentenversion von *Mathematica* besitzen, können Sie auf einen mathematischen Koprozessor verzichten, weil er von dieser Version nicht benutzt wird, für komplizierte Rechnungen oder graphische Darstellungen ist jedoch die koprozessorunterstützende „Enhanced Version" sehr zu empfehlen. Die Windows- Version sollte mindestens 3.0 sein.

Für den Apple-Macintosh benötigen Sie 5 Megabyte Hauptspeicher und für die „Enhanced Version" einen 68881/68882- Prozessor[1].

Diese Mindestanforderungen sollte Ihr Rechner möglichst übererfüllen, damit Sie Freude an der Arbeit haben, wobei vor allem die Größe des Hauptspeichers und die Taktfrequenz das Arbeitstempo, besonders beim Erstellen von Graphiken, beeinflussen.

Beim Kauf von *Mathematica* erhalten Sie das Handbuch [1] (mittlerweile in einer deutschen Übersetzung), den „User's Guide" [2] und, wenn Sie nicht die Studentenversion erworben haben, die Dokumentation der Pakete [3]. Der User's Guide enthält die Installationshinweise für Ihr spezielles Betriebssystem, erklärt die Menüs und gibt eine sehr ausführliche Erklärung der Benutzeroberfläche – allerdings auf Englisch.

Ein großer Teil unserer Erläuterungen, insbesondere da, wo es sich um den Umgang mit der Maus und der Menüsteuerung handelt, beziehen sich auf die Windows-Version 2.1 von *Mathematica* (Enhanced version)[2]. Da sich die Benutzeroberflächen je nach Betriebssystem

---

[1] Auch hier unterstützt die Studentenversion den Koprozessor nicht.

[2] Dies heißt insbesondere, daß wir davon ausgehen, daß Sie über eine Maus verfügen – sonst ist der Umgang mit dieser *Mathematica*-Version äußerst mühsam – und an den Umgang mit ihr und mit Menüs gewöhnt sind.

etwas unterscheiden, sollten Sie also bei Abweichungen den User's Guide zu Rat ziehen. Soweit in diesem Buch Rechenzeiten angegeben sind, beziehen sie sich auf einen der beiden von uns benutzen Rechner: einen mit 33 MHz getakteten 386er DX-Prozessor mit 16 MB Hauptspeicher und mathematischem Koprozessor bzw. einen 486er DX-Prozessor mit 4MB Hauptspeicher und 33 MHz Taktfrequenz. Während der Abschlußarbeiten an diesem Buch wurde die Version 2.2 mit erweiterten Möglichkeiten vor allem im Bereich Differentialgleichungen angekündigt, jedoch hatten wir keine Möglichkeit mehr, die neue Version zu testen.

Mathematica besteht aus zwei Teilen, dem rechnerunabhängigen Kern, in dem die Rechnungen ausgeführt werden, und der Benutzeroberfläche, die je nach benutztem Rechner variiert. Ergänzt wird dieses System durch Pakete zur Lösung spezieller Probleme. Der Leistungsumfang des Kerns und der Pakete hängt von der benutzten Version ab. Falls Sie eine ältere Version von *Mathematica* besitzen, die vielleicht noch zeilenorientiert ist, sind daher von den Erläuterungen dieses Buches gewisse Abstriche zu machen; insbesondere gibt es einige Befehle erst seit der Version 2.0, und bei anderen Befehlen haben sich teilweise Optionen geändert, bzw. die Reaktion auf manche Befehle ist etwas unterschiedlich. Soweit wir uns auf die Benutzeroberfläche beziehen, ist die Windows-Version gemeint, so daß Sie bei einem anderen Rechner u. U. kleine Abweichungen erleben werden.

Je nachdem, welche Version Sie benutzen, ist die Frage nach von *Mathematica* unterstützten Druckertreibern sehr unterschiedlich zu beantworten. Die Windows-Version unterstützt alle von Windows betreibbaren Graphik- und Druckertreiber, wobei aufgrund der Tatsache, daß *Mathematica* Postscript für die Ausgabe benutzt, insbesondere der Ausdruck von Graphiken mit Postscript-fähigen Druckern besonders schnell ist. Für die Ausgabe der Graphiken, die Sie in diesem Buch sehen, benutzen wir einen Postscript-Laserdrucker mit 4 Megabyte Arbeitsspeicher, was zu geringen Wartezeiten von etwa einer Minute pro Seite führt. Zum Abschluß dieser einleitenden Worte wollen wir nicht versäumen, Sie darauf hinzuweisen, daß kleine Fehler oft große Auswirkungen haben. Da diese häufig im Absturz von *Mathematica* bestehen, sollten Sie wichtige Ergebnisse zwischendurch immer wieder sichern und/oder ausdrucken lassen. Wenn Sie tatsächlich abgestürzt sind, sollten Sie unbedingt einen Warmstart machen, da sonst der nächste Absturz vorprogrammiert ist.

1.2 Kurzer Durchgang durch die Möglichkeiten

1.2.1 Einführung

In diesem Paragraphen wollen wir Ihnen zur Einstimmung einiges aus dem Leistungsspektrum von *Mathematica* zeigen. Wählen Sie also in Windows das *Mathematica*-Symbol aus und klicken Sie es an. *Mathematica* meldet sich mit einer interessanten 3D-Zeichnung und einigen Zusatzinformationen; nach wenigen Sekunden erscheint das normale *Mathematica*-Fenster, ein sogenanntes Notebook. Neben den normalen Menüzeilen, die jede

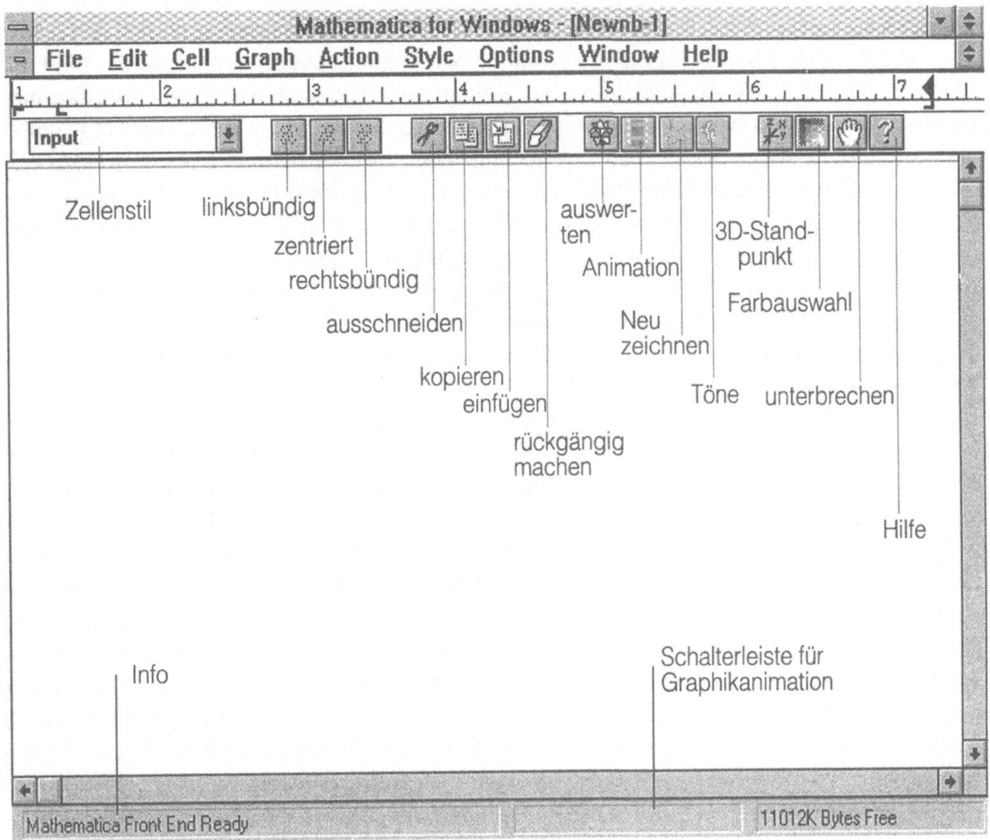

Bild 1.1 *Mathematica*-Fenster: Toolbar

Windows-Anwendung besitzt, sehen Sie in Bild 1.1 zusätzlich eine Zeile, die kleine Piktogramme enthält. Diese wird im „User's Guide" als „Toolbar" bezeichnet und in diesem Buch als Piktogramm- oder Werkzeugleiste. Wenn Sie die Piktogrammzeile bei sich nicht sehen, wählen Sie im Menü „Options" an und klicken dort auf „Ruler Bar". Neben allgemeinverständlichen Begriffen in der zweiten und dritten Schaltergruppe finden sich eine Reihe *Mathematica*-spezifischer Punkte aufgelistet. Das am Anfang für Sie wohl wichtigste Symbol in dieser Leiste ist das *Mathematica*-Piktogramm, dessen Anklicken das Auswerten des aktuellen Ausdrucks bewirkt. Falls Ihnen eine Rechnung zu lange dauert, können Sie sie durch Auswahl des Unterbrechungsschalters und anschließendes Anklicken von „Abort" abbrechen lassen. Auf die anderen Schalter der Piktogrammzeile werden wir jeweils da eingehen, wo Sie sie benötigen. Wieviel Zeit während einer Rechnung vergangen ist, sehen Sie übrigens in der Info-Leiste ganz unten im Bild. An dieser Stelle erhalten Sie auch Kurzinformationen über den jeweils angewählten Menüpunkt sowie Systeminformationen, wenn z. B. vor der ersten Rechnung der *Mathematica*-Kern geladen wird, oder wegen einer komplizierten 3D-Graphik der Speicherplatz nicht ausreicht. Auf die Angabe, wieviel Kilobyte noch frei sind, sollten Sie sich nicht verlassen: *Mathematica* leidet schon an Speichermangel, wenn laut Anzeige noch sehr viel Platz ist. Wir wollen die Menüpunkte nicht ausführlich besprechen, zumal sich etliche auf den Fall beziehen, daß Sie in einem solchen Notebook Texte erstellen, z. B. Vorlesungsskripten o. ä., während die Zielsetzung unseres Buches darin besteht, Sie mit dem Arbeiten unter Zuhilfenahme eines Computeralgebra-Programms vertraut zu machen. In den meisten Fällen wird es vollkommen ausreichend sein, mit den Symbolen der Piktogrammzeile zu arbeiten. Soweit der Umgang mit dem Menü zum Verständnis des Textes erforderlich ist, werden wir ihn erklären, wobei es übrigens in Einzelfällen einen kleinen Unterschied macht, ob Sie die Windows-Version 3.0 oder 3.1 benutzen.

Zunächst können Sie *Mathematica* wie einen normalen Taschenrechner benutzen, wobei die Grundrechenarten mit „+", „-", „*", „/" und Potenzieren mit „^" anzugeben sind. Bei der Multiplikation darf das „*" auch durch ein Leerzeichen ersetzt werden; falls keine Verwechslung zu befürchten ist, darf dieses auch weggelassen werden. Soweit Sie Standardfunktionen wie $\sin x$ verwenden, müssen Sie darauf achten, daß der Name grundsätzlich mit einem Großbuchstaben beginnt und das Argument in eckige Klammern einzuschließen ist. Anderenfalls wird die Funktion von *Mathematica* nicht erkannt bzw. eine Fehlermeldung ausgegeben. Die Argumente trigonometrischer Funktionen sind im Bogenmaß einzugeben, wobei *Mathematica* natürlich die Zahl π kennt, die jetzt allerdings mit einem Großbuchstaben beginnen muß. Um Ihnen zu zeigen, daß Sie sich von der Taschenrechnereingabe ein wenig umgewöhnen müssen, wollen wir ein paar kleine Beispiele rechnen lassen. Tippen Sie als erstes eine Rechnung wie $2 + 3$ ein und drücken Sie dann auf die Taste „Einfg" oder auf das *Mathematica*-Symbol in der Piktogrammzeile. Wenn Sie bei der Installation von *Mathematica* nicht veranlaßt haben, daß der Kern beim Aufruf von *Mathematica* sofort geladen wird (was entsprechend längere Wartezeiten zu Beginn bewirkt), müssen Sie sich jetzt eine Weile gedulden. In der Info-Leiste sehen Sie, wieweit der Ladeprozeß bereits ist. Nachdem dieser Vorgang abgeschlossen ist, erhält Ihre Eingabe die Kennzeichnung In[1], und die sofort folgende Ausgabe die Kennzeichnung Out[1].

```
In[1]:= 2+3
Out[1]= 5
```

Von jetzt an wird für die gesamte Dauer der Sitzung dieses Ergebnis unter seinem Namen Out[1] gespeichert werden. Weitere Rechnungen werden entsprechend fortlaufend durchnumeriert. Nun wollen wir das Ergebnis der Rechnung mit 4 multiplizieren. Eine Möglichkeit wäre, die Rechnung zu kopieren, dies ist jedoch relativ umständlich, da wir ja eigentlich nur das Ergebnis zum Weiterrechnen benötigen. Also bedienen wir uns des Namens, den dieses Ergebnis für *Mathematica* hat.

```
In[2]:= 4 Out[1]
Out[2]= 20
```

Anstelle des Namens `Out[1]` hätten wir auch `%` verwenden können, was sich auf die letzte Eingabe bezieht. Entsprechend ist dann die vorletzte Eingabe unter dem Namen `%%` ansprechbar usw. Wenn die Rechnung aber eine ganze Weile zurückliegt, ist die explizite Angabe gewiß schneller eingegeben als eine geeignete Zahl von Prozentzeichen.

Die Ausgabe von *Mathematica* hängt von der Art ab, wie Sie Ihre Rechnung eingeben. Da 17.6 eine Dezimalzahl und 11^{13} ziemlich groß ist, gibt *Mathematica* bei der folgenden Aufgabe das Ergebnis als Gleitkommazahl aus.

```
In[3]:= 2 17.6 + 11^13+Sin[100000 Pi]
                      13
Out[3]= 3.45227 10
```

Wenn Sie eine exakte Antwort haben wollen, müssen Sie die Zahl 17.6 als Bruch eingeben.

```
In[4]:= 2 176/10 + 11^13+Sin[100000 Pi]

          172613560719831
Out[4]= ---------------
               5
```

Wenn in Ihrer Rechnung Funktionswerte auftauchen, die nicht exakt berechnet werden können, läßt *Mathematica* diese Ausdrücke unausgewertet im Ergebnis stehen und rechnet gegebenenfalls auch mit diesen Ausdrücken weiter.

```
In[5]:= Sin[4/9 Pi] + Sin[Pi/4]
              1            4 Pi
Out[5]= ------- + Sin[----]
          Sqrt[2]        9
```

Wenn Sie stattdessen ein numerisches Ergebnis wünschen, müssen Sie den Befehl `N` benutzen.

```
In[6]:= N[%]
Out[6]= 1.69191
```

Hierbei können Sie die Genauigkeit steuern. Wenn Sie das Ergebnis auf 20 Stellen genau wissen wollen, geben Sie ein

```
In[7]:= N[%%,20]
Out[7]= 1.6919145341987558377
```

Allerdings sollten Sie nicht zu viele Stellen ausgeben lassen, denn zum einen ist dies recht zeitaufwendig bei längeren Rechnungen, zum anderen rechnet *Mathematica* letzten Endes mit der üblichen Gleitpunktarithmetik, so daß Sie bei „schlecht konditionierten" Algorithmen vor Rechenfehlern nicht sicher sein können. Näheres finden Sie im Paragraphen 1.4 im Abschnitt zur numerischen Genauigkeit von *Mathematica*.

Die Stärke von Computeralgebra-Programmen liegt in der Möglichkeit, mit Symbolen (also wirklichlich algebraisch) zu rechnen. Wir geben einen Ausdruck, der die unbekannten Symbole a und b enthält, ein.

```
In[8]:= 2a + 17 (a+b) + Sin[2 Pi]
Out[8]= 2 a + 17 (a + b)
```

Wahrscheinlich sind Sie von der Ausgabe etwas enttäuscht. Allerdings haben wir nicht ausdrücklich befohlen, was mit der Eingabe zu geschehen hat. Zum Ausmultiplizieren und Vereinfachen gibt es die Befehle Expand und Simplify, die Sie jetzt einmal ausprobieren sollten.

```
In[9]:= Simplify[2a + 17 (a+b) + Sin[2 Pi]]
Out[9]= 19 a + 17 b
```

In diesem speziellen Beispiel bewirken beide Befehle dasselbe, in anderen Fällen ist dies nicht so. Wir wollen den Ausdruck $(a + 7b)^4$ ausmultiplizieren lassen. Um die Eingabe nicht wiederholen zu müssen, geben wir ihm den Namen c. Außerdem unterdrücken wir die Ausgabe, von der wir bereits wissen, daß sie nur das Echo der Eingabe wäre. Dies geschieht dadurch, daß die Eingabe mit einem Semikolon abgeschlossen wird.

```
In[10]:= c=(a+7b)^4;
In[11]:= Simplify[c]
                    4
Out[11]= (a + 7 b)
In[12]:= Expand[c]
              4        3        2  2          3         4
Out[12]= a  + 28 a  b + 294 a  b  + 1372 a b  + 2401 b
```

In komplizierten Fällen werden Sie beide Befehle anwenden müssen.

Wir wollen mit Ihnen nun einen kurzen Streifzug durch die Mathematik machen, um Ihnen zu zeigen, wo überall Sie *Mathematica* einsetzen können. Es geht uns hier nicht darum, Sie in alle Einzelheiten einzuweihen – genauere Informationen erhalten Sie in den folgenden Kapiteln. Daß *Mathematica* auch eine sehr mächtige Programmiersprache ist, wollen wir hier nur am Rande erwähnen. Im letzten Kapitel gehen wir auf diesen Aspekt näher ein.

1.2.2 Analysis

Ableitungen

Wir definieren eine Funktion $f(x) = \sin\sqrt{x^5 + 3x^4 + 2x + 7}$, deren Ableitung zu bestimmen ist. Es ist nicht erforderlich, auf der linken Seite der Gleichung die Variable x in irgendeiner Weise anzugeben.

```
In[1]:= f = Sin[Sqrt[x^2+1]]
                      2
Out[1]= Sin[Sqrt[1 + x ]]
```

Um die Ableitung $f'(x)$ zu berechnen, geben Sie ein:

```
In[2]:= D[f,x]
                        2
          x Cos[Sqrt[1 + x ]]
Out[2]= --------------------
                    2
            Sqrt[1 + x ]
```

Um die 3. Ableitung von f nach x berechnen zu lassen, ist einzugeben:

```
In[3]:= D[f,{x,3}]
Out[3]=
      3              2                    2
   3 x  Cos[Sqrt[1 + x ]]   3 x Cos[Sqrt[1 + x ]]
   --------------------- - --------------------- -
             2 5/2                    2 3/2
         (1 + x )                 (1 + x )

      3              2          3              2
    x  Cos[Sqrt[1 + x ]]   3 x  Sin[Sqrt[1 + x ]]
   ------------------- + --------------------- -
             2 3/2                    2 2
         (1 + x )                 (1 + x )

                      2
   3 x Sin[Sqrt[1 + x ]]
   ---------------------
             2
          1 + x
```

Wenn Sie selbst versuchen, diese Ableitung auszurechnen, werden Sie sich vielleicht dafür interessieren, wie lange *Mathematica* im Verhältnis zu Ihnen braucht. Hier ist die benötigte CPU-Zeit:

```
In[4]:= Timing[Short[D[f,{x,3}]]]
                        3              2
                     3 x  Cos[Sqrt[1 + x ]]          3 <<2>>
Out[4]= {0.11 Second, --------------------- + <<3>> - ---------}
                             2 5/2
                         (1 + x )                     1 + <<1>>
```

Dabei haben wir vom restlichen Ergebnis nur eine Kurzfassung (`Short`) ausgeben lassen. Ebenso können Sie mit Funktionen von 2 und mehr Variablen arbeiten. Wir definieren eine Funktion $g(x,y) = \sin(x^2 + xy^3 + y^5)$ von 2 Variablen:

```
In[5]:= g = Sin[x^2 + x y^3 + y^5];
```

und lassen die partielle Ableitung $\dfrac{\partial g}{\partial y}$ berechnen:

```
In[6]:= gy = D[g,y]


            2     4     2     3     5
Out[6]= (3 x y  + 5 y ) Cos[x  + x y  + y ]
```

Als Beispiel für die Berechnung höherer partieller Ableitungen lassen wir $\dfrac{\partial^2 g}{\partial y \partial x}$ berechnen.

```
In[7]:= gxy = D[g,y,x]


          2     2     3     5
Out[7]= 3 y  Cos[x  + x y  + y ] -


            3       2     4     2     3     5
     (2 x + y ) (3 x y  + 5 y ) Sin[x  + x y  + y ]
```

Integrale

Auch exaktes Integrieren bereitet *Mathematica* wenig Mühe, selbst wenn der Integrand Parameter enthält. Wir berechnen

$$\int_a^b \sin^5 xy\, dx$$

Dabei werden zunächst von *Mathematica* eine Reihe von Programmen für das Integrieren, die in sogenannten Paketen zusammengefaßt sind, geladen. Dies erfordert einmalig einige Sekunden Zeit.

```
In[1]:= Integrate[(Sin[x y])^5,{x,a,b}]
General::intinit:
   Loading integration packages.
Out[1]=
   5 Cos[a y]    5 Cos[3 a y]    Cos[5 a y]    5 Cos[b y]
   ---------- - ------------ + ---------- - ---------- +
      8 y           48 y          80 y          8 y

   5 Cos[3 b y]    Cos[5 b y]
   ------------ - ----------
      48 y           80 y
```

Mit Hilfe von `Simplify` können Sie versuchen, das Ergebnis zu vereinfachen, was in diesem Fall dazu führt, daß alle Ausdrücke auf einen gemeinsamen Hauptnenner gebracht werden.

```
In[2]:= Simplify[%]
Out[2]= (150 Cos[a y] - 25 Cos[3 a y] + 3 Cos[5 a y] -

         150 Cos[b y] + 25 Cos[3 b y] - 3 Cos[5 b y]) / (240 y)
```

Nun suchen wir die Stammfunktion einer rationalen Funktion. Beachten Sie hierbei bitte, daß von *Mathematica* die Integrationskonstante weggelassen wird!

```
In[3]:= Integrate[(x^11+3)/(x^4 - 5 x^2 + 4),x]
Out[3]=
      2       4      6     8
  85 x    21 x    5 x     x     2051 Log[-2 + x]     2 Log[-1 + x]
  ----- + ----- + ---- + -- + ---------------- - -------------
    2        4      6     8          12                  3

     Log[1 + x]     2045 Log[2 + x]
  + ---------- + ---------------
        3               12
```

Auch das bestimmte Integral über diese rationale Funktion wird mathematisch exakt angegeben:

```
In[4]:= Integrate[(x^11+3)/(x^4 - 5 x^2 + 4),{x,3,5}]

          -(53649 - 16 Log[2] + 8 Log[4] + 4090 Log[5])
Out[4]= ----------------------------------------------- +
                              24

        1588625 + 4102 Log[3] - 16 Log[4] + 8 Log[6] + 4090 Log[7]
        ---------------------------------------------------------
                              24
```

Wenn Sie ein numerisches Ergebnis erhalten wollen, erinnern Sie sich bitte an den Befehl N. Um ihn auf das letzte Ergebnis anzuwenden, müssen Sie also eingeben

```
In[5]:= num = N[%]

Out[5]= 64202.1
```

Wenn Sie dem Ergebnis einen Namen geben, so kann dies die Übersichtlichkeit deutlich steigern, z. B. wenn Sie mehrere Genauigkeiten verwenden wollen. Hier ist dasselbe Ergebnis auf 20 Stellen genau.

```
In[6]:= numgenau = N[%%,20]

Out[6]= 64202.11801757805221
```

Wieviele Stellen Sie sich ausgeben lassen, ist Ihre Sache; hier also noch einmal dasselbe Ergebnis nun mit 50 Stellen berechnet:

```
In[7]:= numganzgenau = N[%%%,50]

Out[7]= 64202.11801757805220958217630835933675237597254976769
```

Gewöhnliche Differentialgleichungen

Wir wollen die Differentialgleichung $y'(x) + 3y(x) = \sin x$ allgemein lösen, d. h. es gibt keine Anfangsbedingung.

```
In[1]:= DSolve[y'[x] + 3 y[x] == Sin[x], y[x], x]
                 C[1]    Cos[x]    3 Sin[x]
Out[1]= {{y[x] -> ---- - ------ + --------}}
                   3 x     10        10
                  E
```

Das Ergebnis bedeutet, daß in der Differentialgleichung $y(x)$ durch eine Funktion der Form $\dfrac{C_1}{e^{3x}} - \dfrac{\cos x}{10} + \dfrac{3\sin x}{10}$ mit beliebiger Konstante C_1 zu ersetzen ist, damit sie erfüllt wird. Nun soll dieselbe Differentialgleichung mit der Anfangsbedingung $y(0) = 1$ gelöst werden. Für *Mathematica* handelt es sich formal um das gleichzeitige Lösen von einer Liste mit 2 Gleichungen; diese sind in geschweifte Klammern einzuschließen.

```
In[2]:= DSolve[{y'[x] + 3 y[x] == Sin[x],y[0]== 1}, y[x], x]

                   11      Cos[x]    3 Sin[x]
Out[2]= {{y[x] -> ------- - ------ + --------}}
                   3 x       10         10
                10 E
```

Grenzwerte und Reihenentwicklung

Es soll der Grenzwert $\lim\limits_{x \to 0} \dfrac{\sin x}{\sinh x}$ berechnet werden:

```
In[1]:= g = Limit[Sin[x]/Sinh[x], x -> 0]

Out[1]= 1
```

Auch Grenzwerte, bei denen x gegen ∞ gehen soll, können berechnet werden, z. B. $\lim\limits_{x \to \infty} \dfrac{x}{e^x}$

```
In[2]:= h = Limit[x/Exp[x], x-> Infinity]
Out[2]= 0
```

Die Funktion $\sqrt{2 + 3x}$ ist um $x = 1$ in eine Taylorreihe bis zur Ordnung 4 zu entwickeln.

```
In[3]:= Series[Sqrt[3+2x],{x,1,4}]
Out[3]=
                        2          3          4
            -1 + x   (-1 + x)   (-1 + x)   (-1 + x)               5
Sqrt[5] + ------- - --------- + --------- - --------- + O[-1 + x]
            Sqrt[5]    3/2         5/2         5/2
                      2 5         2 5         8 5
```

Die Funktion $\sin x / x^2$ ist um $x = 0$ in eine Laurentreihe bis zur Ordnung 5 zu entwickeln.

```
In[4]:= Series[Sin[x]/x^2,{x,0,5}]

                    3        5
          1    x   x        x           6
Out[4]= - - - + --- - ---- + O[x]
          x    6   120    5040
```

Das Residuum der Funktion $\sin x / x^2$ im Punkt $x = 0$ ist zu bestimmen:

```
In[5]:= Residue[Sin[x]/x^2,{x,0}]
Out[5]= 1
```

1.2.3   Vektoranalysis

Für die Berechnung von grad, div, rot, etc. benötigt man das richtige Paket:

```
In[1]:= Needs["Calculus`VectorAnalysis`"]
```

sowie Angabe des Koordinatensystems:

```
In[2]:= SetCoordinates[Cartesian]
In[3]:= Cartesian[x, y, z]
```

Nun wollen wir den Gradienten der Funktion $f(x, y, z) = \sin(xy + y + x^2 z)$ berechnen lassen. Da f mehrfach auftaucht, geben wir diesem Ausdruck auch einen Namen.

```
In[4]:= f = Sin[x y + y  + x^2 z];
In[5]:= gradf = Grad[f]
                                 2
Out[5]= {(y + 2 x z) Cos[y + x y + x  z],

                      2          2                    2
        (1 + x) Cos[y + x y + x  z], x  Cos[y + x y + x  z]}
```

Von der vektorwertigen Funktion $g(x, y, z) = (f(x, y, z), \sqrt{3x + y}, z^3)$ soll die Divergenz berechnet werden.

```
In[6]:= g = {f, Sqrt[3 x+y], z^3};

In[7]:= divergenz = Div[g]
                1                2                              2
Out[7]= --------------- + 3 z  + (y + 2 x z) Cos[y + x y + x  z]
          2 Sqrt[3 x + y]
```

Daß auf englisch die Rotation „curl" heißt, muß man einfach wissen (oder hier nachlesen). Wir berechnen rot g.

```
In[8]:= rotation = Curl[g]

                2                2
Out[8]=  {0,  x  Cos[y + x y + x  z],

              3                                    2
         ---------------- - (1 + x) Cos[y + x y + x  z]}
         2 Sqrt[3 x + y]
```

Auch das Skalarfeld Δf mit dem Laplace-Operator Δ können wir berechnen lassen.

```
In[9]:= laplace = Laplacian[f]
                          2        4              2
Out[9]= 2 z Cos[y + x y + x  z] - x  Sin[y + x y + x  z] -

           2              2            2              2
   (1 + x)  Sin[y + x y + x  z] - (y + 2 x z)  Sin[y + x y + x  z]
```

Anstelle von kartesischen Koordinaten können viele andere Koordinatensysteme benutzt werden, z. B. Kugelkoordinaten.

```
In[10]:= SetCoordinates[Spherical]
Out[10]:= Spherical
```

Die Namen der Koordinaten sind, da wir nichts anderes vereinbart haben, r, ϕ und θ, allerdings nicht in griechischen Buchstaben, sondern in den ausgeschriebenen Bezeichnungen `phi` und `theta`.

```
In[11]:= Grad[r^2 Sin[theta phi]]

Out[11]= {2 r Sin[phi theta], phi r Cos[phi theta],

          r theta Cos[phi theta] Csc[theta]}
```

Es ist möglich, von einem Koordinatensystem zum anderen umzurechnen. Als Beispiel lassen wir aus den Kugelkoordinaten (r, ϕ, θ) die kartesischen Koordinaten (x, y, z) berechnen.

```
In[12]:= CoordinatesToCartesian[{r,theta,phi}]
Out[12]=
   {r Cos[phi] Sin[theta], r Sin[phi] Sin[theta], r Cos[theta]}
```

1.2.4 Graphik

Graphische Darstellungen gehören zu den besonderen Stärken von *Mathematica*, und so ist es kein Wunder, daß in den meisten Büchern dieses Thema besonders intensiv behandelt wird. Es gibt im wesentlichen zwei- und dreidimensionale Graphiken, und wir wollen Ihnen die wichtigsten Befehle kurz vorstellen. Es soll zunächst die gedämpfte Schwingung $\exp(-\frac{1}{10}x) \sin x$ im Intervall $[0, 8\pi]$ gezeichnet werden (Bild 1.2).

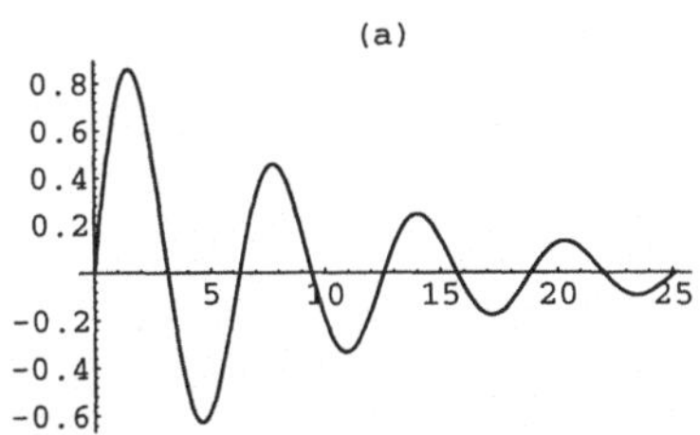
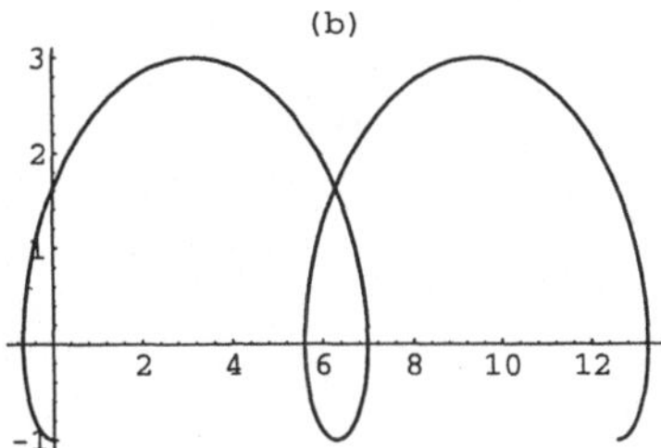

Bild 1.2 (a) Gedämpfte Schwingung, (b) Zykloide

```
In[1]:= Plot[Exp[-x/10] Sin[x],{x,0,8Pi}]
```

Nun zeichnen wir eine Zykloide (Bild 1.2(b)), bei der der rollende Kreis den Radius 1 und der beobachtete Punkt den Abstand 2 von seinem Mittelpunkt haben soll, im Intervall $[0, 4\pi]$. Für Rollkurven wird meist die Parameterdarstellung benutzt. Der entsprechende Befehl zur graphischen Ausgabe lautet `ParametricPlot`.

```
In[2]:= ParametricPlot[{t-2Sin[t], 1-2Cos[t]},{t,0,4Pi}]
```

Falls Sie mehrere Funktionen in einer Graphik darstellen lassen wollen, müssen Sie sie auflisten, also für Bild 1.3(a) z. B.

```
In[3]:= Plot[{Sin[x],Sin[2x],Sin[3x]},{x,0,2Pi}]
```

Wenn Ihnen die Funktion nur in einzelnen Punkten bekannt ist – weil es sich z. B. um Meßwerte handelt –, so liegen diese in einer Liste vor. Der entsprechende Befehl zur graphischen Ausgabe lautet `ListPlot`. In Bild 1.3(b) sehen Sie das Ergebnis.

```
In[4]:= data={{0,0},{1.5,3},{2,9},{6,3},{3,1},{5,2}};
In[5]:=
   ListPlot[data,PlotStyle->PointSize[0.015],PlotLabel->"(b)"]
```

Der wichtigste Befehl zum Erzeugen dreidimensionaler Graphiken ist `Plot3D`; in Bild 1.4 (a) sehen Sie das Bild der gedämpften Schwingung $\sin x \exp(-y)$ über dem Rechteck $[0, 4\pi] \times [0, 5]$.

```
In[6]:= Plot3D[Sin[x] Exp[-y],{x,0,4Pi},{y,0,5}]
```

Eine Reihe geometrischer Objekte (Punkt, gerade Linie, Kreis, Rechteck, etc.) muß von Ihnen nicht selbst definiert werden, sondern steht Ihnen direkt zur Verfügung. In Bild 1.4(b) sehen Sie ein Dodekaeder (d. h. einen Körper, der von 12 regelmäßigen Fünfecken berandet wird. Dieses Objekt findet sich nicht im Kern von *Mathematica*, sondern in einem Graphik-Paket.

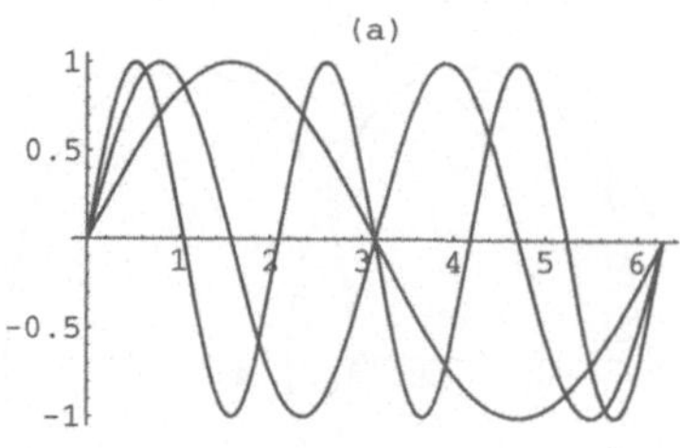
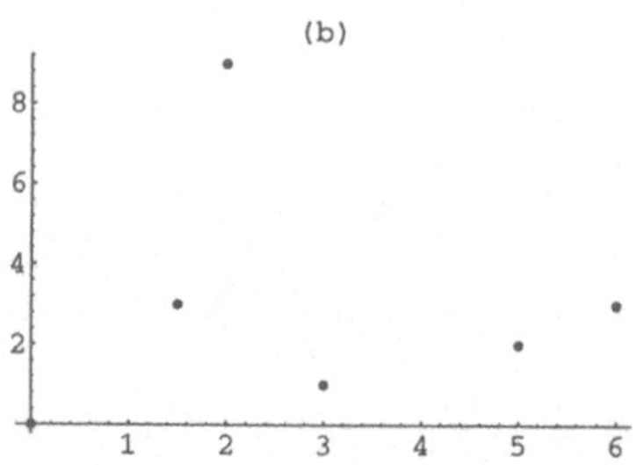

Bild 1.3   (a) Mehrere Sinuskurven in einer Graphik, (b) graphische Ausgabe diskreter Daten

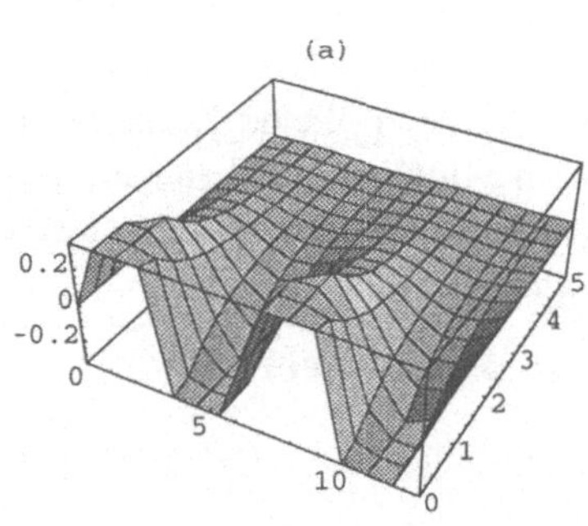
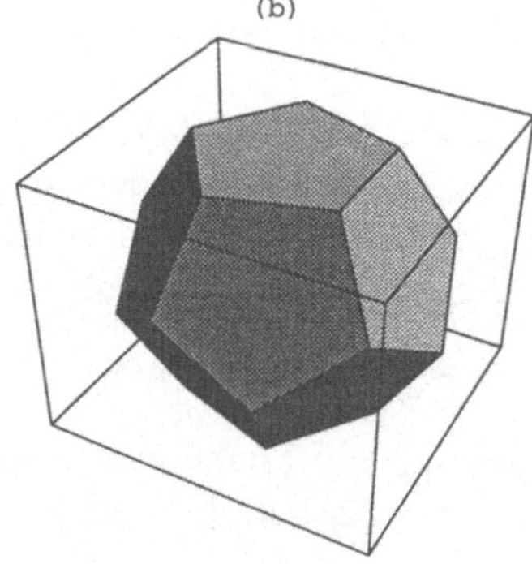

Bild 1.4   (a) Zweidimensionale gedämpfte Schwingung, (b) Dodekaeder

```
In[7]:= <<Graphics`Polyhedra`
```

Um sich ein in Postscript beschriebenes Objekt ansehen zu können, müssen Sie den Befehl
`Show` verwenden.

```
In[8]:= Show[Polyhedron[Dodecahedron], PlotLabel->"(b)"]
```

1.2.5   Algebra

Gleichungen

Wir lassen die algebraische Gleichung 5. Grades $36x^5 + 36x^4 + 25x^3 + 25x^2 + 4x + 4 = 0$
lösen.

```
In[9]:= Solve[4 + 4 x + 25 x^2 + 25 x^3  + 36 x^4  + 36 x^5==0,x]
```

```
                          I           -I          2 I          -2 I
Out[9]= {{x -> -1}, {x -> -}, {x -> --}, {x -> ---}, {x -> ----}}
                          2           2           3            3
```

Das Ergebnis ist so zu verstehen, daß eine Liste von Ersetzungsregeln ausgegeben wird,
wobei jede einzelne Regel angibt, welcher Wert für die betreffende Variable einzusetzen ist,
damit die Gleichung erfüllt ist. Auch das nichtlineare Gleichungssystem von 2 Gleichungen
mit 2 Unbekannten

$$3x^2 + 2y + 1 = 0$$
$$x^2 + y^2 - 1 = 0$$

bereitet *Mathematica* keine Schwierigkeiten.

```
In[10]:= Solve[3 x^2 + 2  y + 1 == 0 && x^2 + y^2 -1 == 0,{x,y}]
Out[10]=
            2 - 2 Sqrt[13]         Sqrt[-5 + 2 Sqrt[13]]
{{y -> ---------------, x -> ----------------------},
               6                         3

            2 - 2 Sqrt[13]         -Sqrt[-5 + 2 Sqrt[13]]
 {y -> ---------------, x -> ----------------------},
               6                         3

            2 + 2 Sqrt[13]         Sqrt[-5 - 2 Sqrt[13]]
 {y -> ---------------, x -> ----------------------},
               6                         3

            2 + 2 Sqrt[13]         -Sqrt[-5 - 2 Sqrt[13]]
 {y -> ---------------, x -> ----------------------}}
               6                         3
```

Matrizen, Eigenwerte und Eigenvektoren

Wir definieren eine 3×3-Matrix $A = \begin{pmatrix} 1 & 0 & 1 \\ -1 & 3 & 0 \\ 0 & 1 & 1 \end{pmatrix}$ und lassen ihre Determinante
ausrechnen.

```
In[1]:= A = {{1,0,1},{-1,3,0},{0,1,1}};
In[2]:= Det[A]
Out[2]= 2
```

Die Eigenwerte der Matrix A werden exakt berechnet:

```
In[3]:= t = Eigenvalues[A]
              3 + Sqrt[5]   3 - Sqrt[5]
Out[3]= {2, -----------, -----------}
                  2             2
```

und die numerischen Werte der Eigenwerte ausgegeben. Beachten Sie, daß sich der Befehl N hier auf eine Liste von Zahlen bezieht.

```
In[4]:= eigenwertenum = N[t]

Out[4]= {2., 2.61803, 0.381966}
```

Die Eigenvektoren von A werden in einer Liste in der richtigen (d. h. der Auflistung der Eigenwerte entsprechenden) Reihenfolge ausgegeben.

```
In[5]:= Eigenvectors[A]
                       -2                          -4
Out[5]= {{1, 1, 1}, {------------, ------------------------------, 1},
                     -1 + Sqrt[5]   (-1 + Sqrt[5]) (3 + Sqrt[5])

        -2                      -4
  {------------, ------------------------------, 1}}
   -1 - Sqrt[5]   (-1 - Sqrt[5]) (3 - Sqrt[5])
```

Lineare Gleichungssysteme

Wir lösen das Gleichungssystem $A \cdot \vec{x} = (1, b, 1)^t$ für die Matrix A des letzten Abschnitts, wobei b ein Parameter sein soll. Die Komponenten von $\vec{x}$ sollen x, y und z heißen. Das Ergebnis wird wieder in Form von Ersetzungsregeln ausgegeben.

```
In[1]:= Solve[A.{x,y,z} == {1, b, 1}, {x,y,z}]
                -6 b - 3 (2 - b - 2 (1 + b))          -(2 - b - 2 (1 + b))
Out[1]= {{x -> -------------------------------, y -> ----------------------,
                              6                               6

        2 - b
  z -> -----}}
         2
```

Bei näherem Hinsehen zeigt sich, daß die Werte vereinfacht werden können; hierfür benutzen wir abermals den Befehl Simplify, der auch auf eine Liste angewandt werden kann.

```
In[2]:= Simplify[%]
              b        b           b
Out[2]= {{x -> -, y -> -, z -> 1 - -}}
              2        2           2
```

Für eine andere 3×3-Matrix $B = \begin{pmatrix} 1 & 1 & 0 \\ 3 & 4 & 5 \\ 5 & 6 & 5 \end{pmatrix}$

```
In[3]:= B = {{1,1,0},{3,4,5},{5,6,5}};
```

zeigt sich, daß das Gleichungssystem $B \cdot \vec{x} = (1, b, 1)^t$ i. a. keine Lösung hat.

```
In[4]:= Solve[B.{x,y,z}=={1,b,1},{x,y,z}]
Out[4]= {}
```

Der Befehl `Reduce`, der ebenfalls zum Lösen von Gleichungen verwendet werden kann, zeigt jedoch, daß es für den Spezialfall, daß der Parameter b den Wert -1 hat, tatsächlich unendlich viele Lösungen des Gleichungssystems gibt. Diese werden nicht als Ersetzungsregeln, sondern in Form von durch „&&" verknüpften Gleichungen ausgegeben, wobei das Zeichen „&&" die logische Und-Verknüpfung bezeichnet.

```
In[5]:= Reduce[B.{x,y,z}=={1,b,1},{x,y,z}]
Out[5]= b == -1 && x == 5 + 5 z && y == -4 - 5 z
```

1.3 Bildschirmorientiertes Arbeiten mit *Mathematica*

Die (falls Sie einen Farbmonitor besitzen) blaue Markierung am rechten Rand des Bildschirms dient dazu, zusammengehörige Dinge als solche zu kennzeichnen (z. B. alle Zeilen der Eingabe `In[1]` oder der Ausgabe `Out[7]`) bzw. verschiedene Dinge (z. B. die Eingabe `In[4]` und Ausgabe `Out[4]` oder auch mehrere Rechnungen zu einer übergeordneten Einheit, einer sogenannten Zelle, („cell") zusammenzufassen. Zum Zusammenfassen mehrerer Zellen klicken Sie mehrere Markierungen mit der Maus an, so daß diese gleichzeitig mit einem schwarzen dicken Balken hervorgehoben werden, und wählen im Menü „Cell" den Punkt „Group cells" aus. Als Resultat erhalten die ausgewählten Zellen eine gemeinsame zusätzliche Markierung ganz rechts außen. Wenn Sie dann alle so zusammengefaßten Rechnungen auf einmal in die Zwischenablage kopieren wollen, klicken Sie mit der Maus diese Markierung an und wählen in der Piktogrammzeile das Kopiersymbol (direkt rechts neben der Schere) an. Wollen Sie eine Zelle ausdrucken, so markieren Sie sie, wählen im Menü „File" den Punkt „Print..." und kontrollieren, ob in dem sich öffnenden Fenster bei „Print Range" tatsächlich „Selection" angekreuzt ist. In einem bildschirmorientierten Programm können Sie selbstverständlich Änderungen an bereits durchgeführten Rechnungen vornehmen. Falls Sie sich etwa verschrieben haben und anstelle von $3 + 5$ vielleicht $3 + 55$ eingetippt hatten, können Sie die Maus auf die zweite 5 positionieren und diese dann löschen. Allerdings müssen Sie darauf achten, daß Sie Ihre Rechnung in der Eingabezelle ändern. In Ausgabezellen ist keine Änderung möglich.[3] Um aus anderen Windows-Anwendungen Daten oder Texte über die Zwischenablage nach *Mathematica* zu kopieren, müssen Sie im Menü „Options" den Punkt „Clipboard..." anwählen und im sich daraufhin öffnenden Fenster „Convert Clipboard Options" das Kreuz bei „*Mathematica*

---

[3] Von welchem Typ eine Zelle ist, können Sie insbesondere in der Piktogrammzeile unter „Zellenstil" sehen, wenn Sie die Zelle durch Anklicken markiert haben. Nach Anklicken des Pfeiles können Sie hier auch den Typ und damit den Stil verändern.

Clipboard Has Paste Priority" löschen.[4]

Markierter Text kann mit Hilfe des Scheren-Piktogramms auch gelöscht werden, jedoch sollten Sie beachten, daß dies keinerlei Einfluß auf die interne Speicherung Ihrer *Mathematica*- Sitzung hat. Auch nach Ausschneiden von z. B. `Out[11]` bleibt diese Ausgabe gespeichert, und Sie können sich in folgenden Rechnungen auf dieses Ergebnis beziehen. Wenn Sie wirklich etwas intern löschen wollen, müssen Sie den Befehl `Clear` bzw. `ClearAll` benutzen

```
In[1]:= x = 17.5;
In[2]:= 2 x
Out[2]= 35.
```

Nachdem x gelöscht wurde, wird ein Ausdruck wie $2x$ wieder als Polynom in x aufgefaßt.

```
In[3]:= Clear[x]
In[4]:= 2 x
Out[4]= 2 x
```

Bei komplizierteren Rechnungen treten eine Reihe von Zwischenergebnissen auf. Damit auch diese gelöscht werden, ist `ClearAll` zu verwenden. Wenn Sie nun allerdings versuchen, mit `Clear` etwa eine Ausgabezelle zu löschen, erhalten Sie eine Fehlermeldung.

```
In[5]:= Clear[Out[2]]
Clear::ssym: Out[2] is not a symbol or a string.
```

Auch der Versuch, die gesamte bisherige Ausgabe löschen zu lassen, scheitert.

```
In[6]:= Clear[Out]
Clear::wrsym: Symbol Out is Protected.
```

Diesen Schutz können Sie mit dem Befehl `Unprotect` aufheben und danach die Ausgabe löschen.

```
In[7]:= Unprotect[Out]
In[8]:= ClearAll[Out]
Out[8]= {Out}
```

Der Versuch, sich eine alte Ausgabe wieder auf den Bildschirm zu holen, scheitert jetzt.

```
In[9]:= Out[2]
Out[9]= Out[2]
```

Vergessen Sie aber nicht, zum Schluß den Schutz wieder aufleben zu lassen – schließlich dient er Ihrer eigenen Sicherheit!

---

[4]Falls Sie mit der Version 3.0 von Windows arbeiten, ist zusätzlich im Menü „Edit" der Punkt „Auto Paste" anzuklicken. In diesem Fall wird jedesmal, wenn Sie in der Windows-Anwendung etwas in die Zwischenablage kopieren, *automatisch* dieser Text nach *Mathematica* übernommen. Insbesondere ist es erst dann wieder möglich, Texte oder Daten von *Mathematica* in die Zwischenablage zu kopieren, wenn Sie „Auto Paste" deaktiviert haben.

```
In[10]:= Protect[Out]
Out[10]= {Out}
```

Wenn Sie einmal den Eindruck haben, daß eine Rechnung unnatürlich lange dauert, benutzen Sie das Piktogramm der (helfenden) Hand. Im sich öffnenden Fenster können Sie u. a. zwischen den Optionen „Inspect" (zur Ausgabe der bisher für die Rechnung benötigten CPU- Zeit) und „Abort" (zum Abbrechen der Rechnung) wählen.

Zum Schluß dieser Einleitung noch ein Hinweis: auch das beste Programm ist nicht fehlerfrei, und so wird es Ihnen gelegentlich passieren, daß *Mathematica* sich „totstellt" oder abstürzt. In solchen Fällen ist ein Warmstart des Systems dringend erforderlich – es reicht meist nicht aus, Windows neu zu laden. Wir hoffen für Sie, daß Sie rechtzeitig daran gedacht hatten, wichtige Ergebnisse auf Platte oder Diskette zu sichern.

1.4 Darstellung von Zahlen, Vektoren, Matrizen, Funktionen

1.4.1 Zahlen und Operationen

Typen von Zahlen

Mathematica kennt ganze, rationale, approximierte reelle Zahlen sowie komplexe Zahlen, für deren Real- und Imaginärteil dieselben Bedingungen gelten können. Zusätzliche Einschränkungen wie „≥ 0" sind an manchen Stellen zulässig. Bei konkret angegebenen Zahlen wie „5" wird aufgrund des fehlenden oder existenten Dezimalpunkts der Typ festgelegt. Als Rechenoperationen sind „+" (Addition), „-" (Subtraktion), „*" bzw. „ " (Multiplikation), „/" (Division) und „^" (Potenzierung) zugelassen. Von welchem Typ eine Zahl ist, erkennen Sie an ihrem „Kopf", den Sie durch den Befehl Head ausgeben lassen können. Eine ganze Zahl unterscheidet sich für *Mathematica* von einer reellen Zahl durch den fehlenden Dezimalpunkt.

```
In[1]:= Head[5]
Out[1]= Integer
In[2]:= Head[5.]
Out[2]= Real
```

Die Angabe einer komplexen Zahl kann in der Form $a + bi$ mit reellen Zahlen a und b erfolgen.

```
In[3]:= Head[5 + I]
Out[3]= Complex
```

Wenn der Realteil ganz und der Imaginärteil 0 ist, wird die Zahl als ganz erkannt.

```
In[4]:= Head[5 + 0I]
Out[4]= Integer
```

Wenn der Imaginärteil 0 ist und der Realteil keiner Bedingung unterliegt, wird die Zahl als komplex angesehen, obwohl sie eigentlich reell ist.

```
In[5]:= Head[5. + 0.I]
Out[5]= Complex
```

Komplexe Zahlen können auch in Exponentialschreibweise eingegeben werden.

```
In[6]:= Head[Exp[I Pi/2]]
Out[6]= Complex
```

Werden rationale Zahlen als Bruch eingegeben, so haben sie den Typ `Rational`, und es wird mit ihnen exakt gerechnet.

```
In[7]:= Head[1/2]
Out[7]= Rational
```

Der exakte Wert $\sqrt{5}$ hat den Kopf `Power`, weil intern für die Quadratwurzel die Darstellung $5^{\frac{1}{2}}$ benutzt wird.

```
In[8]:= Head[Sqrt[5]]
Out[8]= Power
```

Und ein Ausdruck wie exp 1 liefert `Symbol`, weil das Symbol `Exp` zu Beginn steht.

```
In[9]:= Head[Exp[1]]
Out[9]= Symbol
```

Auch jeder andere Name ist vom Typ `Symbol`.

Das Rechnen mit Zahlen und Symbolen

Neben den Befehlen `Expand` und `Simplify`[5], die Sie schon kennengelernt haben, gibt es zum Ausmultiplizieren komplexer Zahlen nach Real- und Imaginärteil den Befehl `ComplexExpand`[6]. Als Argument ist ihm neben dem auszumultiplizierenden Ausdruck eine Liste all der Namen anzugeben, die komplexe Zahlen bezeichnen. Wir lassen den Ausdruck $(c + 1)^2$ nach Real- und Imaginärteil der komplexen Zahl c ausmultiplizieren.

```
In[1]:= ComplexExpand[(c+1)^2,{c}]
                     2                                      2
Out[1]= -Im[c]  + 2 I Im[c] (1 + Re[c]) + (1 + Re[c])
```

---

[5]Was in diesem Buch als Befehl bzw. Anweisung bezeichnet wird, ist aus der Sicht von *Mathematica* ebenfalls eine Funktion (oder ein Operator) wie etwa sin oder ln. Da es sich aus Ihrer Sicht jedoch um durchaus verschiedene Dinge handelt, haben wir hier diese Unterscheidung gewählt.

[6]Bei allen *Mathematica*-Befehlen, die aus mehreren Wörtern zusammengesetzt sind, wird grundsätzlich jedes Wort mit einem Großbuchstaben begonnen, und jede Abkürzung ist verboten.

Es gibt eine Reihe von Befehlen, mit denen Sie die Eigenschaften von Zahlen abfragen können. Dies macht z. T. Sinn bei sehr komplizierten, unüberschaubaren Ausdrücken, z. T. sind dies Befehle, die sich sehr gut für das Programmieren in *Mathematica* eignen. Viele von ihnen liefern einen Wahrheitswert, d. h. True oder False, als Ergebnis. Alle solchen Befehle enden mit einem „Q" (für „Question"). Einige von ihnen könnten Sie mit Leichtigkeit durch andere Befehle ersetzen. So entscheidet z. B. NumberQ, ob es sich bei dem Argument um eine Zahl handelt oder nicht.

```
In[2]:= NumberQ[3.5]
Out[2]= True
In[3]:= NumberQ[c]
Out[3]= False
```

Mit IntegerQ können Sie feststellen, ob das Argument ganzzahlig ist. Es ist übrigens möglich, mehrere *Mathematica*-Befehle, durch Leerzeichen getrennt, in eine Eingabezeile zu schreiben.[7] Im folgenden Beispiel ist offensichtlich 3.5 keine ganze Zahl im Gegensatz zu 5.

```
In[4]:= IntegerQ[3.5]     IntegerQ[5]
Out[4]= False True
```

Daß das Hintereinanderschreiben mehrerer *Mathematica*-Befehle in eine Zeile allerdings problematisch ist, zeigt sich in folgendem Beispiel. Dabei prüft OddQ, ob das Argument eine ungerade ganze Zahl ist. Dies ist offenbar bei den gewählten drei Zahlen nur für -3 der Fall.

```
In[5]:= OddQ[-3]        OddQ[4]            OddQ[3.5]
               2
Out[5]= False    True
```

Die Antwort ist so zu verstehen, daß zwei der eingegebenen Werte nicht ungerade sind; jedoch ist über die Reihenfolge nichts ausgesagt. Besser ist es, die Befehle durch geschweifte Klammern zu einer Liste zusammenzufassen, da so die Reihenfolge auch in der Antwort beibehalten wird.

```
In[6]:= {OddQ[-3], OddQ[4], OddQ[3.5]}
Out[6]= {True, False, False}
```

Noch einfacher ist es für Sie, wenn Sie berücksichtigen, daß die meisten Befehle auf Listen angewendet werden können[8]. Um also zu prüfen, welche der Zahlen $-3, 4, 3.5$ gerade ist, können Sie auch eingeben:

```
In[7]:= EvenQ[{-3,4,3.5}]
Out[7]= {False, True, False}
```

---

[7]Wenn Sie sie stattdessen durch ein Semikolon trennen, wird die Ausgabe unterdrückt, wenn es sich nicht gerade um eine Graphik handelt.

[8]Im Handbuch werden sie „listable functions" genannt.

Von jetzt an werden wir von dieser Art der Befehlseingabe immer dann Gebrauch machen, wenn es sich anbietet. Die folgende Anweisung überprüft, welche der angegebenen Zahlen Primzahlen (d. h. nur durch 1 und sich selbst teilbar) sind.

```
In[8]:= PrimeQ[{-2,0,1,2,3,4,4.5}]
Out[8]= {True, False, False, True, True, False, False}
```

Die numerische Auswertung von Zahlen wollen wir uns noch etwas genauer anschauen. Die Anwendung von N auf eine ganze Zahl wandelt sie in eine Real-Zahl um,

```
In[9]:= N[5]
Out[9]= 5.
```

wie Sie durch die Anweisung Head leicht nachprüfen können.

```
In[10]:= Head[%]
Out[10]= Real
```

Angewandt auf eine reelle Zahl wie etwa $\sqrt{5}$ ist das Ergebnis ein Näherungswert für sie,

```
In[11]:= N[Sqrt[5]]
Out[11]= 2.23607
```

wobei Sie die Anzahl der ausgegebenen Stellen beeinflussen können.

```
In[12]:= N[Sqrt[5], 25]
Out[12]= 2.236067977499789696409173
```

Wenn Ihnen die dafür benötigte Rechenzeit und Speicherkapazität gleichgültig ist, können Sie auch mit 500 Stellen rechnen, z. B. wenn Sie schon immer einmal die Zahl π so genau wissen wollten.

```
In[13]:= N[Pi,500]
Out[13]=
    3.1415926535897932384626433832795028841971693993751058209749\

    4459230781640628620899862803482534211706798214808651328230 6\

    6470938446095505822317253594081284811174502841027019385211 0\

    5559644622948954930381964428810975665933446128475648233786 7\

    8316527120190914564856692346034861045432664821339360726024 9\

    1412737245870066063155881748815209209628292540917153643678 9\

    2590360011330530548820466521384146951941511609433057270365 7\

    5959195309218611738193261179310511854807446237996274956735 1\

    8857527248912279381830119491 3
```

Der umgekehrte Schrägstrich („backslash") jeweils am Ende der ersten 8 Zeilen ist das *Mathematica*-Fortsetzungszeichen. Es wird Ihnen häufig bei der Ausgabe komplizierter Formeln begegnen.

Bei der numerischen Auswertung von rationalen Zahlen ist es nicht möglich, eine periodische Dezimalzahl zu erhalten.

```
In[14]:= N[2/3]
Out[14]= 0.666667
```

Allerdings merkt sich *Mathematica* offenbar in einem gewissen Umfang doch, welchen Fehler es beim Runden begangen hat. Wenn Sie nämlich das letzte Ergebnis durch den Befehl `Rationalize` wieder in eine rationale Zahl umwandeln lassen, erhalten Sie das richtige Ergebnis.

```
In[15]:= Rationalize[%]
            2
Out[15]= -
            3
```

Diese Genauigkeit gilt allerdings nicht immer. Wenn Sie die Rechnung etwa mit $\frac{5}{3}$ wiederholen, wird das Ergebnis falsch.

```
In[16]:= N[5/3]
Out[16]= 1.66667
In[17]:= Rationalize[1.66667]
            166667
Out[17]= ------
            100000
```

Bei der Verwendung von N sollten Sie beachten, daß die angegebene Stellenzahl für die weitere Rechnung nur bedingt herangezogen wird. Lassen Sie sich etwa π auf eine Nachkommastelle genau ausgeben, so wird bei einer nachfolgenden Rechnung mit diesem Ergebnis in Wahrheit die normale interne Darstellung von π benutzt.

```
In[18]:= N[Pi,2]
Out[18]= 3.1
In[19]:= 5 %
Out[19]= 15.708
```

Wenn Sie bereits wissen, daß eine Zahl Näherungswert eines Bruches ist, können Sie versuchen, den Bruch mit Hilfe von `Rationalize` und Angabe einer Fehlerschranke wiederzufinden. Als Beispiel können Sie etwa aus der Näherung 3.1 für π den „klassischen" Näherungsbruch $\frac{22}{7}$ wiedergewinnen.

```
In[20]:= Rationalize[Out[18], 0.002]
            22
Out[20]= --
            7
```

Bei manchen Problemen ist es erforderlich, eine Zahl in ihre Ziffern zu zerlegen. Dies ist eine beliebte Programmierübung. In *Mathematica* benutzen Sie für ganze Zahlen einfach den Befehl `IntegerDigits`, Wenn Sie keine weitere Angabe machen, werden die Ziffern der Dezimaldarstellung der Zahl in einer Liste ausgegeben.

```
In[21]:= IntegerDigits[6492]
Out[21]= {6, 4, 9, 2}
```

Ebenso können Sie aber durch die Angabe einer weiteren natürlichen Zahl veranlassen, daß anstelle der Dezimaldarstellung die Darstellung in der entsprechenden Basis benutzt wird, wobei die entsprechenden Ziffern zu dieser Basis allerdings in Dezimaldarstellung ausgegeben werden, also im folgenden Beispiel 12 anstelle von „C".

```
In[22]:= IntegerDigits[6492,16]
Out[22]= {1, 9, 5, 12}
```

Für `Real`-Zahlen lautet der analoge Befehl `RealDigits`. Er liefert alle Ziffern der angegebenen Zahl in einer Liste. Diese ist mit der Anzahl der Vorkommastellen in einer Liste zusammengefaßt.

```
In[23]:= RealDigits[N[Pi,5]]
Out[23]= {{3, 1, 4, 1, 6}, 1}
```

Wenn Sie sich nur für die Ziffern selbst interessieren und nicht für ihre Stellung relativ zum Dezimalpunkt[9], so erhalten Sie die Ziffernliste, indem Sie sich den 1. Teil der letzten Ausgabe holen.

```
In[24]:= Out[23][[1]]
Out[24]= {3, 1, 4, 1, 6}
```

Beachten Sie bitte, daß die „1" in zwei eckige Klammern einzuschließen ist. Falls Sie nur die erste Ziffer sehen wollen, erreichen Sie dies durch den Befehl:

```
In[25]:= Out[23][[1,1]]
Out[25]= 3
```

Die Anweisung `RealDigits` kann nur auf `Real`-Zahlen angewandt werden, wie das Beispiel $\frac{1}{3}$ zeigt:

```
In[26]:= RealDigits[1/3];
                          1
RealDigits::realx: - is not an inexact real number.
                          3
```

---

[9]In der Bezeichnung des Dezimalzeichens sind wir nicht sehr konsequent, weil zum einen in der deutschen Sprache das Komma hierfür gebräuchlich ist, zum anderen jedoch in weiten Teilen der von Amerika beeinflußten PC-Welt der Punkt zu benutzen ist, was auch in der Umgangssprache längst zur gleichberechtigten Benutzung beider Begriffe geführt hat.

Sie können eine exakte Zahl natürlich numerisch auswerten und dann die Ziffern bezüglich einer beliebigen Basis ausgeben lassen. Als Beispiel wählen wir die Dualdarstellung des numerischen Wertes von $\frac{1}{3}$.

```
In[27]:= RealDigits[N[1/3],2]
Out[27]= {{1, 0, 1, 0, 1, 0, 1, 0, 1, 0, 1, 0, 1, 0, 1, 0, 1, 0, 1,

          0, 1, 0, 1, 0, 1, 0, 1, 0, 1, 0, 1, 0, 1, 0, 1, 0, 1, 0,

          1, 0, 1, 0, 1, 0, 1, 0, 1, 0, 1, 0, 1, 0, 1}, -1}
```

Dabei bedeutet die Zahl -1, daß die erste von Null verschiedene Ziffer an der 2. Nachkommastelle steht. Wenn Sie eine Zahl in einer anderen Basis ausgeben lassen wollen, müssen Sie den Befehl `BaseForm` benutzen.

```
In[28]:= BaseForm[N[1/3],2]
Out[28]= 0.0101011
                  2
```

Wenn Sie eine Zahl aus ihrer Darstellung zur Basis b wieder in Dezimaldarstellung umwandeln lassen wollen, so geschieht dies durch die Anweisung

```
In[29]:= 2^^0.0101011
Out[29]= 0.34
```

d. h. hinter die Basis ist nach zwei Exponentenzeichen die umzuwandelnde Zahl zu schreiben; allerdings treten hier wieder Rundungsfehler auf. Der Versuch, sich die umzuwandelnde Zahl direkt aus der Ausgabe zu holen, scheitert übrigens:

```
In[30]:= 2^^ Out[28]
General::digit: Digit at position 1 in Out is too large to be
                used in base 2.
Out[30]= $Failed[28]
```

was Sie vielleicht auch nicht wundert, wenn Sie an die tiefgestellte 2 bei der Ausgabe denken. Wenn die Basis größer als 10 ist, werden die weiteren Ziffern mit den Buchstaben a...z bezeichnet (ohne Berücksichtigung von Groß- und Kleinschreibung), im Zahlsystem zur Basis 17 bezeichnet die Ziffer g also die Dezimalzahl 16:

```
In[31]:= 17^^g
Out[31]= 16
```

Damit wollen wir uns von den anderen Zahlsystemen abwenden und von jetzt an nur noch die Dezimaldarstellung von Zahlen benutzen. Auf wieviele Stellen genau ist ein Ergebnis? Die Antwort erhalten Sie mit `Precision`. Bei der Berechnung von Zahlen unter Verwendung des Befehls `N` ohne Stellenangabe oder mit einer kleinen Stellenzahl wird die Genauigkeit des Prozessors angegeben.

```
In[32]:= Precision[N[10 Sqrt[2],5]]
Out[32]= 16
```

Daß dies tatsächlich die Prozessorgenauigkeit ist, können Sie durch den Befehl
$MachinePrecision überprüfen.

```
In[33]:= $MachinePrecision
Out[33]= 16
```

Wir wollen genauer verfolgen, was bei unterschiedlichen Stellenangaben geschieht, und
uns insbesondere auch die für die Rechnung benötigte Zeit ausgeben lassen. Als Beispiel
lassen wir π^{30} zunächst mit normaler Stellenanzahl numerisch berechnen.

```
In[34]:= Timing[N[Pi^30]]
                                     14
Out[34]= {0. Second, 8.21289 10  }
```

Die Genauigkeit beträgt bei uns 16 Stellen.

```
In[35]:= Precision[%[[2]]]
Out[35]= 16
```

Damit hat das Ergebnis eine signifikante Ziffer nach dem Dezimalpunkt. Diese Tatsache
können Sie selbst ausrechnen oder mit Accuracy abfragen.

```
In[36]:= Accuracy[%%[[2]]]
Out[36]= 1
```

Nun lassen wir dieselbe Zahl auf 30 Stellen genau berechnen, was natürlich deutlich mehr
Zeit beansprucht.

```
In[37]:= Timing[N[Pi^30,30]]
                                                          14
Out[37]= {0.05 Second, 8.2128933040274958158650358543 10  }
```

Das Ergebnis ist auf 29 Stellen genau, von denen sich 14 hinter dem Dezimalpunkt befinden.

```
In[38]:= {Precision[%[[2]]],Accuracy[%[[2]]]}
Out[38]= {29, 14}
```

Warum haben wir als Antwort nicht 30 bzw. 15 erhalten? Der Befehl N[x,30] weist
Mathematica an, zur Bestimmung von x mit Zahlen zu rechnen, die auf 30 Stellen genau
bekannt sind. Aufgrund der Rundungsfehler ist dann die Genauigkeit des Ergebnisses
i. a. etwas schlechter. Beim Rechnen mit sehr kleinen Zahlen wird auch bei numerischer
Auswertung ein möglichst exaktes Ergebnis ausgegeben.

```
In[39]:= N[10^(-12) 10^(-8)]
                   -20
Out[39]= 1. 10
```

Im Einzelfall kann es Ihnen passieren, daß dies sehr unerwünschte Konsequenzen hat.
Wenn Sie etwa für einen Basiswechsel die Eigenvektoren einer Matrix direkt ausrechnen
wollen und hierfür numerisch ausgewertete Eigenwerte benutzen, wird die Determinante
der Matrix dann nicht mehr 0 sein, sondern eine betragsmäßig sehr kleine Zahl. Infolgedessen finden Sie dann keine Eigenvektoren mehr. Um solche Effekte zu vermeiden, sollten
Sie u. U. über die Verwendung von `Chop` nachdenken. Diese Anweisung ersetzt `Real`-
Zahlen, die betragsmäßig kleiner als 10^{-10} sind, durch 0. Falls Sie eine andere Schranke
wünschen, können Sie auch diese angeben.

```
In[40]:= {Chop[%], Chop[%,10^(-20)]}
                     -20
Out[40]= {0, 1. 10    }
```

Auf exakte Zahlen hat `Chop` keine Auswirkung.

```
In[41]:= Chop[10^(-12) 10^(-8)]
                      1
Out[41]= --------------------
         100000000000000000000
```

Genauere Untersuchungen zur Verläßlichkeit von *Mathematica*-Ergebnissen finden Sie am
Ende dieses Kapitels.

Als nächstes wollen wir das Rechnen mit arithmetischen Ausdrücken, die Symbole
enthalten, noch etwas genauer betrachten. Wenn Sie einen Ausdruck wie $(a + 2b)^2$ ausmultiplizieren lassen wollen, sollten Sie sicher sein, daß Sie den Symbolen a und b nicht in
einer zurückliegenden Anweisung einen Wert zugewiesen haben. Vorsichtshalber können
Sie eventuelle Zuweisungen löschen lassen.

```
In[42]:= Clear[a,b]
```

Die Eingabe des Ausdrucks bewirkt gar nichts,

```
In[43]:= (a+2b)^2
                  2
Out[43]= (a + 2 b)
```

erst durch die explizite Anweisung, den Ausdruck auszumultiplizieren, erreichen Sie das
gewünschte Ergebnis.

```
In[44]:= Expand[%]
              2           2
Out[44]= a  + 4 a b + 4 b
```

Ausdrücke können Sie ausmultiplizieren oder durch Ausklammern zusammenfassen. Im
folgenden Beispiel soll $(a + 2b)^2 + (a + 2b)^3$ durch Ausklammern vereinfacht werden.

```
In[45]:= (a+2b)^2+(a+2b)^3;
In[46]:= Simplify[%]
                  2
Out[46]= (a + 2 b)  (1 + a + 2 b)
```

Mit Hilfe von `Simplify` können Sie aber auch offensichtlich mögliche Vereinfachungen von Brüchen erzwingen, die nicht von alleine erfolgen.

```
In[47]:= (20 a + 16 b)/4
            20 a + 16 b
Out[47]= -----------
                4
In[48]:= Simplify[%]
Out[48]= 5 a + 4 b
```

Enthält ein Ausdruck Wurzelzeichen, so sollten Sie mit `PowerExpand` arbeiten, da `Expand` und `Simplify` auf Radikanden nicht wunschgemäß wirken. Als Beispiel wollen wir den Ausdruck

$$\frac{\sqrt{\frac{-2+x}{2+x}} + \sqrt{\frac{2+x}{-2+x}}}{-\sqrt{\frac{-2+x}{2+x}} + \sqrt{\frac{2+x}{-2+x}}}$$

vereinfachen lassen.

```
In[49]:= u = (Sqrt[(-2+x)/(2+x)]+Sqrt[(2+x)/(-2+x)])/
            (-Sqrt[(-2+x)/(2+x)]+Sqrt[(2+x)/(-2+x)]);
In[50]:= u1 = PowerExpand[u]
            Sqrt[-2 + x]     Sqrt[2 + x]
            ------------- + -------------
            Sqrt[2 + x]     Sqrt[-2 + x]
Out[50]= -------------------------------
            Sqrt[-2 + x]      Sqrt[2 + x]
          -(-------------) + -------------
            Sqrt[2 + x]      Sqrt[-2 + x]
```

Wenn Sie nun den entstandenen Ausdruck mit `Together` auf einen gemeinsamen Hauptnenner bringen lassen, erhalten Sie das überraschend einfache Ergebnis.

```
In[51]:= u2 = Together[u1]
              x
Out[51]= -
              2
```

Wenn der zu untersuchende Ausdruck komplizierter ist, müssen Sie zusätzlich etwas nachhelfen. Wir wollen Ihnen dies an

$$\frac{1}{\sqrt{\dfrac{\left(1+\frac{1}{x}\right) x \left((-1+x)^2+x\right)(-1+x^3)}{(1+x)(1+x^3)\left(-x+(1+x)^2\right)}}}$$

demonstrieren. Die Ausgabe ist demgegenüber bereits etwas vereinfacht.

```
In[52]:= u = (Sqrt[(x^3-1)/(1+x) x/(x^3+1)/(((1+x)^2-x)/
            ((-1+x)^2+x)) (1+1/x)])^(-1)
Out[52]=
```

```
                     1
      -------------------------------------------
          1              2              3
       (1 + -) x ((-1 + x)  + x) (-1 + x )
          x
Sqrt[---------------------------------------]
                  3              2
       (1 + x) (1 + x ) (-x + (1 + x) )
```

Da *Mathematica* nicht in der Wurzel kürzen kann, greifen wir auf PowerExpand zurück[10].

```
In[53]:= u1 = PowerExpand[u]
                                   3                2
          Sqrt[1 + x] Sqrt[1 + x ] Sqrt[-x + (1 + x) ]
Out[53]= ----------------------------------------------------
              1                   2              3
          Sqrt[1 + -] Sqrt[x] Sqrt[(-1 + x)  + x] Sqrt[-1 + x ]
              x
```

Wir versuchen, wie im letzten Beispiel durch die Hauptnennerbildung zum Ende zu kommen, sind allerdings diesmal nicht sehr erfolgreich.

```
In[54]:= u2 = Together[u1]
                                 2             3
          Sqrt[1 + x] Sqrt[1 + x + x ] Sqrt[1 + x ]
Out[54]= ---------------------------------------------
                    1 + x           2             3
          Sqrt[x] Sqrt[-----] Sqrt[1 - x + x ] Sqrt[-1 + x ]
                      x
```

Erst durch nochmaliges Anwenden von PowerExpand erreichen wir eine deutliche Vereinfachung.

```
In[55]:= PowerExpand[u2]
                      2            3
          Sqrt[1 + x + x ] Sqrt[1 + x ]
Out[55]= ------------------------------
                      2            3
          Sqrt[1 - x + x ] Sqrt[-1 + x ]
```

Obwohl der Zähler und der Nenner weitere gemeinsame Faktoren enthalten, gelingt es nicht direkt, sie zu kürzen. Daher quadrieren wir das letzte Ergebnis

```
In[56]:= %^2
                  2        3
          (1 + x + x ) (1 + x )
Out[56]= ----------------------
                  2        3
          (1 - x + x ) (-1 + x )
```

---

[10]In diesem Fall könnten wir auch u quadrieren lassen, den entstehenden Ausdruck vereinfachen und aus dem Endergebnis wieder die Wurzel ziehen.

lassen es nun vereinfachen

```
In[57]:= Simplify[%]
          1 + x
Out[57]= ------
         -1 + x
```

und ziehen hieraus die Wurzel.

```
In[58]:= Sqrt[%]
                 1 + x
Out[58]= Sqrt[------]
                -1 + x
```

Sie werden häufig vor der Aufgabe stehen, in einen Ausdruck Werte, vielleicht konkrete Zahlen, einsetzen zu wollen. Hierzu dienen die Ersetzungsregeln. Als Beispiel lassen wir in dem Ausdruck $(x + 3)^{10}$ zunächst die Variable x durch a ersetzen. Dafür ist hinter den Ausdruck „/." zu schreiben, gefolgt von der Ersetzungsregel, hier also „x -> a", bzw. einer Liste von Ersetzungsregeln, d. h. einer in geschweifte Klammern eingeschlossenen Aufzählung aller vorzunehmenden Ersetzungen.

```
In[59]:= (x+3)^10;
In[60]:= % /. x->a
                10
Out[60]= (3 + a)
```

Nun lassen wir in dem ursprünglichen Ausdruck x den Wert 2 annehmen.

```
In[61]:= %% /. x->2
Out[61]= 9765625
```

Ersetzungsregeln können von Ihnen selbst gefunden oder Ihnen von *Mathematica* geliefert werden. Im folgenden Beispiel soll die Lösung der Gleichung $x - a = 0$ in den Ausdruck $7x + 15$ eingesetzt werden. Wir lösen also zunächst die Gleichung.

```
In[62]:= Solve[x - a == 0, x]
Out[62]= {{x -> a}}
```

Das Ergebnis ist eine Liste, die die Liste von Ersetzungsregeln „x -> a" enthält. Die Ausgabe fällt so kompliziert aus, weil in komplizierteren Fällen mehrere Lösungen auftreten können, und bei mehr als einer Veränderlichen jede Lösung mehrere Ersetzungsregeln enthalten kann. Eine solche geschachtelte Liste führt beim direkten Einsetzen zum falschen Ergebnis.

```
In[63]:= 7x+15 /. %
Out[63]= {15 + 7 a}
```

Wir plätten daher die Liste durch den Befehl Flatten und lassen nun einsetzen.

```
In[64]:= 7x+15 /. Flatten[%%]
Out[64]= 15 + 7 a
```

Dieses Verfahren werden wir in den folgenden Kapiteln häufig benutzen müssen.

An dieser Stelle müßte nun ein Exkurs über das Rechnen mit Ungleichungen stehen. Es ist bedauerlich, daß *Mathematica* hier wenig Unterstützung bietet. Lediglich für Programmierzwecke geeignet ist die Möglichkeit, konkrete Ungleichungen auf ihre Richtigkeit zu überprüfen. Sie können hierfür entweder die Ungleichung(en) eintippen

```
In[65]:= {4 < 3,5 > 1}
Out[65]= {False, True}
```

oder nach dem Wert der Funktion `TrueQ` fragen.

```
In[66]:= {TrueQ[4 < 3],TrueQ[5 > 1]}
Out[66]= {False, True}
```

Der Spielraum, den Sie haben, ist allerdings stark eingeschränkt. So ist der Wert des Quadrates $(x + 1)^2$ zwar positiv, dies wird von *Mathematica* jedoch nicht erkannt.

```
In[67]:= TrueQ[(x+1)^2 > 0]
Out[67]= False
```

Genauigkeitsfanatiker mögen gegen dieses Beispiel vielleicht einwenden, daß x ja auch komplexe Werte annehmen könnte, und etwa für $x = -1 + i$ der Ausdruck tatsächlich negativ wird. Hierzu ist jedoch festzustellen, daß für komplexe Zahlen x, deren Realteil nicht -1 ist, ein Vergleich von $(x + 1)^2$ mit 0 ohnehin unzulässig ist, *Mathematica* in solchen Aufgaben also grundsätzlich reell rechnen könnte, wie dies etwa in den meisten Graphikbefehlen ebenfalls gehandhabt wird.

Vektoren

Mathematica kennt nur wenige Konzepte zur Speicherung von Daten, was zu einer gewissen Übersichtlichkeit führt. Vektoren sind als Spezialfall einer Liste anzusehen und als solche einzugeben. Eine Liste beginnt mit „{", gefolgt von der entsprechenden Anzahl von Einträgen, und endet mit „}". Die Einträge können dabei Zahlen, arithmetische Ausdrücke, Funktionen etc. sein. Der Vektor $\vec{a}$ mit den Komponenten 1, 2 und 3 in einer gewissen Basis soll eingegeben werden.

```
In[1]:= a = {1,2,3};
```

Vektoren können addiert bzw. subtrahiert werden.

```
In[2]:= b = {-1,3,5};
In[3]:= a + b
Out[3]= {0, 5, 8}
In[4]:= a - b
Out[4]= {2, -1, -2}
```

Sie können mit einem Skalar multipliziert werden.

```
In[5]:= 2 a
Out[5]= {2, 4, 6}
```

Für die skalare Multiplikation zweier Vektoren muß zwischen diese ein Punkt „." gesetzt werden.

```
In[6]:= a . b
Out[6]= 20
```

Die Länge von $\vec{a}$ zu berechnen, ist schon etwas schwieriger. Hierzu sollten Sie wissen, daß für *Mathematica* die i-te Komponente von $\vec{a}$ den Namen a[[i]] hat. Der Befehl lautet also:

```
In[7]:= Sqrt[a[[1]]^2 + a[[2]]^2 + a[[3]]^2]
Out[7]= Sqrt[14]
```

Weniger Schreibarbeit (vor allem bei Vektoren mit mehr als 3 Komponenten) haben Sie, wenn Sie sich an die mathematische Schreibweise $\sqrt{\sum_{i=1}^{3} a_i^2}$ erinnern. Die Umsetzung lautet:

```
In[8]:= Sqrt[Sum[a[[i]]^2,{i,3}]]
Out[8]= Sqrt[14]
```

Die Komponenten von Vektoren dürfen auch Parameter enthalten.

```
In[9]:= c = {1, t, t + 5}
Out[9]= {1, t, 5 + t}
```

Mit ihnen kann genauso wie mit Vektoren, deren Komponenten konkrete Zahlen sind, gerechnet werden.

```
In[10]:= a.c
Out[10]= 1 + 2 t + 3 (5 + t)
```

Allerdings werden Sie dann gelegentlich auf die Befehle Expand und Simplify zurückgreifen müssen.

```
In[11]:= Simplify[%]
Out[11]= 16 + 5 t
```

Ist etwa $\vec{X}$ der Koordinatenvektor eines beliebigen Punktes im Raum:

```
In[12]:= X = {x,y,z};
```

so können Sie jede Komponente durch Angabe der richtigen Nummer ansprechen.

```
In[13]:= X[[2]]
Out[13]= y
```

Andererseits können Sie durch die Angabe von Ersetzungsregeln einen konkreten Punkt erhalten. Da es sich um mehrere Regeln handelt, sind diese als Liste einzugeben.

```
In[14]:= X /. {x -> 1, y -> 2, z -> 7}
Out[14]= {1, 2, 7}
```

Die Ersetzungsregeln können komplizierte Ausdrücke sein, die z. B. die Komponenten anderer Vektoren benutzen.

```
In[15]:= X /. {x -> 3 c[[1]], y -> c[[2]], z -> c[[3]]}
Out[15]= {3, t, 5 + t}
```

Wenn Sie vor dem Problem stehen, die Komponenten eines Vektors als Argumente einer Funktion verwenden zu müssen, können Sie dies explizit tun. Sie können stattdessen jedoch auch unter Angabe der Funktion den Befehl Apply benutzen. Wenn also alle Komponenten des Vektors $(1, 4, 7)$ zu addieren sind, müssen Sie wissen, daß die Funktion Plus heißt, und eingeben:

```
In[16]:= Apply[Plus,{1,4,7}]
Out[16]= 12
```

Für die Multiplikation der Komponenten ist Plus durch Times zu ersetzen.

```
In[17]:= Apply[Times,{1,4,7}]
Out[17]= 28
```

Das Kreuzprodukt zweier Vektoren können Sie nur unter Verwendung eines Pakets berechnen lassen. Der Aufruf eines Pakets erfolgt entweder in der Form

```
In[18]:= <<LinearAlgebra`CrossProduct`
```

oder durch Needs ["LinearAlgebra`CrossProduct`"] ,wobei das Zeichen ` der Accent grave der Schreibmaschinentastatur ist. Das Kreuzprodukt der Vektoren $\vec{a}$ und $\vec{b}$ erhalten Sie nun durch den Befehl

```
In[19]:= Cross[a,b]
Out[19]= {1, -8, 5}
```

Um den Umgang mit Vektoren in *Mathematica* zu erlernen, wollen wir für Sie einige Probleme lösen.

- Es soll die Gleichung der Geraden durch die Punkte $P = (1, 0, -2)$ und $Q = (3, 4, 5)$ in Parameterform aufgestellt werden.

```
In[20]:= P = {1,0,-2}; Q = {3,4,5};
In[21]:= g = P + t (Q - P)
Out[21]= {1 + 2 t, 4 t, -2 + 7 t}
```

- Wir wollen die orthogonale Zerlegung von $\vec{a}$ bzgl. $\vec{b}$ bestimmen. Der zu $\vec{b}$ parallele Anteil $\vec{a}_{\vec{b}}$ von $\vec{a}$ ergibt sich nach der Formel

$$\vec{a}_{\vec{b}} = \frac{\vec{a} \cdot \vec{b}}{|\vec{b}|^2} \vec{b}$$

also berechnen wir zunächst den Betrag von $\vec{b}$

```
In[22]:= absb = Sqrt[Sum[b[[i]]^2,{i,3}]]
Out[22]= Sqrt[35]
```

und lassen dann $\vec{a}_{\vec{b}}$ gemäß der Formel bestimmen.

```
In[23]:= aparallelb = a.b/absb^2 b
Out[23]= {-4/7, 12/7, 20/7}
```

Der zu $\vec{b}$ senkrechte Anteil $\vec{a}_n$ von $\vec{a}$ ergibt sich aus $\vec{a}_n = \vec{a} - \vec{a}_{\vec{b}}$, also

```
In[24]:= anormalb = a - aparallelb
Out[24]= {11/7, 2/7, 1/7}
```

- Es soll das Lot durch den Punkt $R = (1,1,1)$ auf die oben berechnete Gerade g gefällt werden. Der Lotvektor $\overrightarrow{RS}$ ist gegeben durch die Gleichung

$$\overrightarrow{RS} = \frac{1}{|\vec{c}|^2}\, \vec{c} \times (\overrightarrow{RP} \times \vec{c})$$

wobei $\vec{c}$ einen Richtungsvektor von g bezeichnet. Neben der Eingabe des Punktes R lassen wir also $\vec{c}$ berechnen

```
In[25]:= R = {1, 1, 1}; c = Q - P
Out[25]= {2, 4, 7}
```

sowie die Länge von $\vec{c}$

```
In[26]:= absc=Sqrt[Sum[c[[i]]^2,{i,3}]]
Out[26]= Sqrt[69]
```

und setzen dann in die Formel ein

```
In[27]:= lotvonRaufg=1/absc^2 Cross[c,Cross[P-R,c]]
                50   31      32
Out[27]= {--,  --, -(--)}
                69   69      69
```

- Es soll der Abstand zweier Geraden berechnet werden. Hier ist zunächst zu klären, ob die Richtungsvektoren parallel sind, weil die zu verwendende Abstandsformel hiervon abhängt. Die Richtungsvektoren sollen $\vec{u} = (3,0,1)$ und $\vec{v} = (1,1,-3)$ sein.

```
In[28]:= u = {3,0,1}; v = {1,1,-3};
```

Zwei Vektoren $\vec{u}, \vec{v}$ sind parallel, wenn es einen Skalar λ gibt, so daß $\vec{u} = \lambda\vec{v}$ gilt. Also lassen wir diese Gleichung mit Hilfe von `Solve` lösen[11]. Nähere Informationen finden Sie im Abschnitt 4.1.1 des Kapitels Algebra.

```
In[29]:= Solve[u == lambda v, lambda]
Out[29]= {}
```

Diese Ausgabe einer leeren Liste besagt, daß es keine Lösung gibt, $\vec{u}$ und $\vec{v}$ also nicht parallel sind. Die Gerade mit Richtung $\vec{u}$ soll durch den Punkt $A = (2, 4, -1)$, die Gerade mit Richtung $\vec{v}$ soll durch den Punkt $B = (0, 1, 5)$ verlaufen.

```
In[30]:= g1 = {2,4,-1} + t u
Out[30]= {2 + 3 t, 4, -1 + t}
In[31]:= g2 = {0,1,5} + s v
Out[31]= {s, 1 + s, 5 - 3 s}
```

Der Abstand der Geraden ist nach der Formel

$$d = \frac{|[\overrightarrow{AB}, \vec{u}, \vec{v}]|}{|\vec{u} \times \vec{v}|}$$

zu berechnen, wobei mit den eckigen Klammern das Spatprodukt der Vektoren bezeichnet ist. Da $\vec{u} \times \vec{v}$ in der Rechnung zweimal benötigt wird, lassen wir dies zuerst bestimmen.

```
In[32]:= uxv = Cross[u,v]
Out[32]= {-1, 10, 3}
```

Damit ergibt sich das Spatprodukt und sein Absolutbetrag[12].

```
In[33]:= spat = ({0,1,5}-{2,4,-1}) . uxv
Out[33]= -10
In[34]:= absspat = Abs[spat]
Out[34]= 10
```

Der Nenner der Formel ergibt sich durch

```
In[35]:= absuxv = Sqrt[Sum[uxv[[i]]^2,{i,3}]]
Out[35]= Sqrt[110]
```

---

[11] Bei unserer Vorgehensweise, nach Möglichkeit konkrete Probleme zu lösen, anstatt der Reihe nach *Mathematica*-Befehle vorzustellen, werden wir häufig auf das Problem stoßen, daß die benötigten Anweisungen noch nicht bekannt sind. Wir werden sie dann ohne weiteren Kommentar verwenden, und Sie auf die entsprechenden Abschnitte verweisen, wo Sie nähere Erläuterungen finden. Für eine erste Information können Sie natürlich auf den Paragraphen 1.2 zurückgreifen.

[12] Für die Namen der üblichen mathematischen Funktionen verweisen wir auf das *Mathematica*-Handbuch [1]

Nun können wir den Abstand berechnen lassen.

```
In[36]:= d = absspat/absuxv
                10
Out[36]= Sqrt[--]
                11
```

• Es soll die Gleichung der Ebene, die durch die Punkte P, Q und R geht, bestimmt werden.

```
In[37]:= e = P + s (Q-P) + t (R-P)
Out[37]= {1 + 2 s, 4 s + t, -2 + 7 s + 3 t}
```

Nun wollen wir die Hessesche Normalform dieser Ebenengleichung finden. Wir lassen einen Vektor orthogonal zur Ebene berechnen, erhalten dabei jedoch eine merkwürdige Meldung. Der Name `Normal` ist *Mathematica* bereits bekannt, es erkennt diese Ähnlichkeit und weist auf einen möglichen Schreibfehler hin[13].

```
In[38]:= normal = Cross[Q-P, R-P]
General::spell1:
    Possible spelling error: new symbol name "normal"
      is similar to existing symbol "Normal".
Out[38]= {5, -6, 2}
```

Zur Normierung lassen wir seine Länge bestimmen

```
In[39]:= absnormal=Sqrt[Sum[normal[[i]]^2,{i,3}]]
Out[39]= Sqrt[65]
```

und erhalten so den gewünschten Normalenvektor.

```
In[40]:= n = 1/absnormal normal
                5          -6         2
Out[40]= {Sqrt[--], --------, --------}
                13    Sqrt[65]  Sqrt[65]
```

Hieraus erhalten wir die linke Seite der Hesse-Form der Ebenengleichung.

```
In[41]:= hesse = n.{x,y,z} - n.P
                5          4         5          6 y        2 z
Out[41]= -Sqrt[--] + -------- + Sqrt[--] x - -------- + --------
                13    Sqrt[65]       13       Sqrt[65]   Sqrt[65]
```

Natürlich können wir sie uns auch numerisch ausgeben lassen:

---

[13]Für den folgenden Text haben wir meistens diese Meldung ausgeschaltet mit dem Befehl `Off[General::spell1]`.

```
In[42]:= hessenum = N[hesse]
Out[42]= -0.124035 + 0.620174 x - 0.744208 y + 0.248069 z
```

- Nun wollen wir den Abstand des Punktes $W = (2, 3, 7)$ zu dieser Ebene berechnen. Dies ist einfach, da wir den Normalenvektor $\vec{n}$ bereits kennen.

```
In[43]:= W = {2,3,7};
In[44]:= d = Abs[(W-P).n]
             5
Out[44]= Sqrt[--]
             13
```

- Es soll der Winkel ϕ zwischen der Ebene und einer Geraden mit der Richtung $\vec{c} = (-1, -1, 2)$ bestimmt werden. Es ist $\sin \phi = \frac{1}{|\vec{c}|}\vec{n} \cdot \vec{c}$.

```
In[45]:= c = {-1,-1,2};
In[46]:= sinus = 1/Sqrt[1+1+4] n.c
             5
Out[46]= Sqrt[--]
             78
```

Um hieraus einen Winkel (im Bogenmaß) zu erhalten, muß diese Zahl numerisch ausgewertet werden, daher geben wir ein

```
In[47]:= winkel = ArcSin[N[sinus]]
Out[47]= 0.255971
```

Hieraus können wir einen Winkelangabe in Grad machen, müssen dabei aber darauf achten, die Umrechnung auch numerisch ausführen zu lassen, weil sonst π nicht ausgewertet werden würde.

```
In[48]:= winkelinGrad = N[360 winkel/(2 Pi)]
Out[48]= 14.6661
```

- Als komplizierteste Anwendung wollen wir eine der Grundaufgaben des CAD lösen: die Bestimmung von Schrägrissen. Als Beispiel wählen wir die Einheitskugel $x_1^2 + x_2^2 + (x_3 - 1)^2 = 1$ mit Mittelpunkt $(0, 0, 1)$. Unter Beleuchtung parallel zur Richtung $(0, 1, 2)$ soll ihr Schrägriß in die x_1-x_2-Ebene berechnet werden. Jeder Lichtstrahl $\vec{X}$ genügt der Gleichung

```
In[49]:= X = {x,y,0} + t{0,1,2}
Out[49]= {x, t + y, 2 t}
```

wobei $(x, y, 0)$ sein Schnittpunkt mit der x_1-x_2-Ebene ist. Um nun den Punkt zu finden, in dem der Lichtstrahl die Kugel trifft, geben wir die Kugelgleichung in der Form

```
In[50]:= K = x1^2 + x2^2 + (x3-1)^2 - 1;
```

ein; beachten Sie bitte, daß es nicht möglich ist, die wahre Gleichung $x_1^2 + x_2^2 + (x_3 - 1)^2 - 1 = 0$ einzugeben – die 0 auf der rechten Seite der Gleichung müssen wir uns vorläufig merken. Für die Bestimmung des Schnittpunktes setzen wir die Komponenten von $\vec{X}$ in K ein. Am einfachsten geschieht dies unter Verwendung von Ersetzungsregeln. Zusätzlich lassen wir alle Klammern ausmultiplizieren.

```
In[51]:= Expand[K /. {x1 -> X[[1]], x2 -> X[[2]], x3 -> X[[3]]}]
                  2      2            2
Out[51]= -4 t + 5 t   + x   + 2 t y + y
```

Wir lassen diesen Ausdruck nach Potenzen von t sortieren.

```
In[52]:= Collect[%,t]
              2    2    2
Out[52]= 5 t   + x   + y   + t (-4 + 2 y)
```

Der Lichtstrahl trifft die Kugel entweder gar nicht, in einem oder in 2 Punkten, und zwar in einem Punkt genau dann, wenn er einen Außenpunkt des Umrisses trifft. Dementsprechend ist also festzustellen, unter welchen Bedingungen die quadratische Gleichung $5t^2 + x^2 + y^2 + t(-4 + 2y) = 0$ genau eine Lösung hat. Dies ist genau dann der Fall, wenn die Diskriminante der Gleichung 0 ist. Also lassen wir die Diskriminante berechnen.

```
In[53]:= Diskriminante = Expand[(-4+2 y)^2 - 4 5 (x^2 + y^2)]
                      2              2
Out[53]= 16 - 20 x   - 16 y - 16 y
```

Da wir Nullstellen dieses Ausdrucks suchen, vereinfachen wir.

```
In[54]:= gl = Simplify[-Diskriminante/4]
                  2          2
Out[54]= -4 + 5 x   + 4 y + 4 y
```

Der Schrägriß ist also ein Kegelschnitt, und zwar eine Ellipse. Um ihre genaue Lage festzustellen, müssen wir das Prinzip der quadratischen Ergänzung benutzen. Es ist

```
In[55]:= Expand[4(y+1/2)^2]
                   2
Out[55]= 1 + 4 y + 4 y
```

und daher lautet die Ellipsengleichung $x^2 + \frac{4}{5}(y + \frac{1}{2})^2 = 1$, ihr Mittelpunkt ist also $(0, -1/2)$ und ihre Halbachsen lauten $a = 1$ und $b = \sqrt{5}/2$.

Matrizen

Wir definieren die Matrizen $A = \begin{pmatrix} 1 & 2 & 3 \\ 2 & 2 & 1 \end{pmatrix}$, $B = \begin{pmatrix} 1 & 2 \\ 3 & 5 \end{pmatrix}$ sowie $C = \begin{pmatrix} a & b \\ c & d \end{pmatrix}$, wobei zu beachten ist, daß eine Matrix für *Mathematica* eine Liste von Zeilenvektoren ist.

```
In[1]:= A = {{1,2,3},{2,2,1}}; B = {{1,2},{3,5}}; C = {{a,b},{c,d}};
Set::wrsym: Symbol C is Protected.
```

Das Symbol C darf also nicht verwendet werden. Um zu erfahren, aus welchem Grund dieser Name geschützt ist, geben wir ein

```
In[2]:= ?C
       C[i] is the default form for the i-th constant of
       integration produced in solving a differential equation
       with DSolve.
```

Also ändern wir den Namen etwas ab in C_1, können die 1 aber nicht als Index schreiben:

```
In[3]:= C1 = {{a,b},{c,d}};
```

Da die Form, in der *Mathematica* derzeit Matrizen ausgibt, der Eingabe entspricht, ist dies zumindest gewöhnungsbedürftig. Es gibt zwar die Möglichkeit, die Ausgabe durch Verwendung von `MatrixForm` der mathematischen Schreibweise anzupassen, allerdings ist das Ergebnis nur bei Matrizen mit wenigen, einfachen Komponenten befriedigend. Wir werden diese Form der Ausgabe daher nur selten verwenden.

```
In[4]:= MatrixForm[C1]
Out[4]=
a    b

c    d
```

Die erste Zeile der Matrix können Sie ansprechen mit

```
In[5]:= Out[%][[1]]
Out[5]= {a, b}
```

das Element in der ersten Zeile und zweiten Spalte mit

```
In[6]:= Out[%%][[1,2]]
Out[6]= b
```

Eine Spalte der Matrix zu bezeichnen ist nicht ganz so einfach, wir werden darauf zurückkommen, wenn wir den Befehl `Transpose` vorstellen.

Matrizen werden unter Verwendung des üblichen Pluszeichens addiert.

```
In[7]:= MatrixForm[B + C1]
Out[7]=
1 + a    2 + b

3 + c    5 + d
```

Das Matrizenprodukt ist eine Verallgemeinerung des Skalarprodukts von Vektoren und kann daher wie dieses durch „." bezeichnet werden. Um eine $n \times m$- und eine $m \times k$-Matrix miteinander multiplizieren zu können, müssen Sie allerdings die richtige Reihenfolge einhalten, anderenfalls ist das Produkt nicht definiert, was *Mathematica* mit einer Fehlermeldung quittiert.

```
In[8]:= A.B;
Dot::dotsh: Tensors {{1, 2, 3}, {2, 2, 1}} and
   {{1, 2}, {3, 5}} have incompatible shapes.
```

Bei Verwendung der richtigen Reihenfolge wird die Rechnung problemlos ausgeführt.

```
In[9]:= B.A
Out[9]= {{5, 6, 5}, {13, 16, 14}}
```

Bei vielen Problemen tritt die transponierte oder gespiegelte Matrix A^t auf, deren Zeilen gerade die Spalten von A und umgekehrt sind.

```
In[10]:= Transpose[A]
Out[10]= {{1, 2}, {2, 2}, {3, 1}}
```

Wenn Sie z. B. die erste Spalte der Matrix C_1 ansprechen wollen, können Sie dies erreichen, indem Sie sich die erste Zeile der Matrix C_1^t ausgeben lassen[14].

```
In[11]:= Transpose[Out[3]][[1]]
Out[11]= {a, c}
```

Manchmal werden Sie auch den Wunsch haben, unter Vernachlässigung der zweidimensionalen Struktur eine Matrix als eindimensionale Liste auffassen zu lassen. Dies erreichen Sie mit `Flatten`.

```
In[12]:= Flatten[A]
Out[12]= {1, 2, 3, 2, 2, 1}
```

Um eine Matrix mit einem Skalar zu multiplizieren, gehen Sie wie bei der analogen Aufgabe für einen Vektor vor.

```
In[13]:= 3 C1
Out[13]= {{3 a, 3 b}, {3 c, 3 d}}
```

Für quadratische Matrizen mit nichtverschwindender Determinante können Sie die inverse Matrix bestimmen lassen.

```
In[14]:= Inverse[B]
Out[14]= {{-5, 2}, {3, -1}}
```

---

[14] Alternativ können Sie auch den Befehl `Column` aus dem Paket `Statistics`Data Manipulation` verwenden. Wir selbst arbeiten jedoch lieber mit möglichst wenig Befehlen, damit wir die lästige Sucherei nach der Syntax bei selten benutzten Anweisungen vermeiden.

Hierbei darf die Matrix auch beliebig viele Parameter enthalten.[15]

```
In[15]:= Inverse[C1]
Out[15]=
          d                 b                 c                 a
{{------------, -(------------)}, {-(------------), ------------}}
  -(b c) + a d    -(b c) + a d      -(b c) + a d    -(b c) + a d
```

Neben der stets möglichen direkten Eingabe einer Matrix als geschachtelter Liste gibt es einige Matrizen, die spezielle Namen haben, so daß die Eingabe etwas schneller erfolgen kann. Hier ist zum einen die $n \times n$-Einheitsmatrix zu nennen

```
In[16]:= IdentityMatrix[3]
Out[16]= {{1, 0, 0}, {0, 1, 0}, {0, 0, 1}}
```

zum anderen jede $n \times n$-Diagonalmatrix.

```
In[17]:= DiagonalMatrix[1,2,c]
Out[17]= {{1, 0, 0}, {0, 2, 0}, {0, 0, c}}
```

In manchen Aufgaben taucht das Problem auf, an eine Matrix eine Zeile oder Spalte anzuhängen. Für Zeilen ist dies ganz einfach und geschieht mit Hilfe des Befehls Append. Wir wollen an die Matrix $A = \begin{pmatrix} 1 & 2 \\ 3 & 4 \end{pmatrix}$ den Vektor $\vec{b} = (4, 5)$ einmal als Zeilen- und einmal als Spaltenvektor anhängen. Damit Sie unser Vorgehen gut verfolgen können, benutzen wir MatrixForm für die Ausgabe.

```
In[18]:= A = {{1,2},{3,4}}; b = {4,5};
In[19]:= MatrixForm[A]
Out[19]=
1    2

3    4
```

Zunächst also das Anhängen einer Zeile:

```
In[20]:= MatrixForm[Append[A,b]]
Out[20]=
1    2

3    4

4    5
```

Hierbei ist die Reihenfolge der Argumente wichtig, weil das zweite Argument an das erste angehängt wird. Deshalb führt der Aufruf mit vertauschten Argumenten zum falschen Ergebnis.

---

[15]Dabei wird die Inverse nur für den „generischen" Fall bestimmt, daß nämlich nicht gerade aufgrund einer speziellen Wahl der Parameter die Determinante 0 wird.

```
In[21]:= MatrixForm[Append[b,A]]
Out[21]=
4

5

{{1, 2}, {3, 4}}
```

Um $\vec{b}$ nun als Spaltenvektor anhängen zu können, gibt es nur den Umweg, zunächst die Matrix zu spiegeln

```
In[22]:= MatrixForm[Transpose[A]]
Out[22]=
1   3

2   4
```

an die gespiegelte Matrix den Zeilenvektor $\vec{b}$ anzufügen

```
In[23]:= MatrixForm[Append[Transpose[A],b]]
Out[23]=
1   3

2   4

4   5
```

und die so entstandene Matrix abermals zu spiegeln.

```
In[24]:= MatrixForm[Transpose[Append[Transpose[A],b]]]
Out[24]=
1   2   4

3   4   5
```

Soll für eine gegebene Matrix, die eine Drehung beschreibt, der Drehwinkel aus den Komponenten berechnet werden, so taucht in der zu benutzenden Formel, wie auch bei anderen Aufgaben, die Summe der Diagonalelemente der Matrix auf, die auch Spur der Matrix heißt. Wir wollen die Spur der Matrix A berechnen und gehen dabei im Prinzip genauso vor wie bei der Bestimmung der Norm eines Vektors.

```
In[25]:= Spur = Sum[A[[i,i]],{i,2}]
Out[25]= 5
```

Für die Fortgeschrittenen unter Ihnen wollen wir nicht versäumen, zu erwähnen, wie Sie Tensorprodukte berechnen lassen können. Der benötigte Befehl Outer benötigt als erstes Argument den Namen der anzuwendenden Funktion.

```
In[26]:= Outer[Times,{1,2,3},{t,u,v}]
Out[26]= {{t, u, v}, {2 t, 2 u, 2 v}, {3 t, 3 u, 3 v}}
```

Funktionen

Mathematica kennt eine Reihe von mathematischen Funktionen – wahrscheinlich mehr, als Sie jemals benötigen werden. Wenn Sie einmal unsicher sind, wie der korrekte Funktionsname in *Mathematica* lautet, geben Sie nach einem Fragezeichen den vermutlichen Anfang des Namens ein, gefolgt von einem Stern. Ausgegeben werden alle Funktionen und Befehle, die mit der angegebenen Zeichenfolge beginnen. Achten Sie darauf, daß der erste eingegebene Buchstabe groß geschrieben ist!

```
In[27]:= ?Cos*
  Cos          Cosh          CoshIntegral CosIntegral
```

Gelegentlich werden Sie feststellen, daß manche Namen in *Mathematica* anders als erwartet sind. Wenn Sie etwa den natürlichen Logarithmus benutzen wollen und annehmen, daß er unter dem Namen ln zu finden ist, werden Sie enttäuscht.

```
In[28]:= ?Ln
Information::notfound: Symbol Ln not found.
```

Der zweite denkbare Versuch ist erfolgreich. Da nur eine Antwort gefunden wird, liefert *Mathematica* auch die Erklärung der Funktion mit.

```
In[29]:= ?Log
    Log[z] gives the natural logarithm of z (logarithm to base E).
    Log[b, z] gives the logarithm to base b.
```

Beim Aufruf eingebauter Funktionen müssen Sie grundsätzlich darauf achten, das Argument mit anzugeben, da anderenfalls die Funktion als Konstante angesehen wird. Wenn Sie also etwa die Sinusfunktion ableiten wollen und eingeben

```
In[30]:= D[Sin,x]
Out[30]= 0
```

so ist das Ergebnis aufgrund dieser Interpretation falsch. Zum richtigen Ergebnis führt die Eingabe

```
In[31]:= D[Sin[x],x]
Out[31]= Cos[x]
```

Bei der Verwendung der trigonometrischen Funktionen und ihrer Umkehrfunktionen werden Sie manchmal von den Ergebnissen enttäuscht sein. So weiß *Mathematica* etwa, daß $\sin \frac{\pi}{4} = \frac{1}{\sqrt{2}}$ ist.

```
In[32]:= Sin[Pi/4]
                1
Out[32]= -------
            Sqrt[2]
```

Daß hieraus folgt, daß der Hauptwert von $\arcsin \frac{1}{\sqrt{2}}$ gleich $\frac{\pi}{4}$ sein muß, ist *Mathematica* nicht als exakter Wert zu entlocken.

```
In[33]:= ArcSin[1/Sqrt[2]]
                  1
Out[33]= ArcSin[-------]
               Sqrt[2]
```

Für den Umgang mit trigonometrischen Formeln möchten wir Sie auf das Paket:

```
In[34]:= <<Algebra'Trigonometry'
```

verweisen. Nur mit Hilfe der in ihm enthaltenen Befehle ist es möglich, auf die vielfältigen Beziehungen zwischen den trigonometrischen Funktionen zurückzugreifen.

```
In[35]:= TrigFactor[Sin[2x]+Sin[x]]
                 x       3 x
Out[35]= 2 Cos[-] Sin[---]
                 2       2
```

Soweit Sie mit eigenen Funktionen arbeiten wollen, wird es in vielen Fällen ausreichend sein, einfach den entsprechenden arithmetischen Ausdruck (benannt oder unbenannt) zu verwenden, ohne ihn ausdrücklich als Funktion zu deklarieren.

```
In[36]:= g = 1/x;
In[37]:= D[g,x]
               -2
Out[37]= -x
```

Sobald Sie jedoch vor dem Problem stehen, eine Funktion stückweise definieren zu wollen, z. B.

$$f(x) = \begin{cases} 2x & \text{falls } x \geq 0 \\ -3x & \text{sonst} \end{cases}$$

und vielleicht diese Funktion nur auf den ganzen Zahlen erklärt sein soll, kommen Sie ohne Verwendung einer oder mehrerer Variablen nicht zum Ziel. Hierbei ist zu beachten, daß zunächst der Name der Variablen, gefolgt von einem Unterstrich, in eckigen Klammern hinter dem Namen der Funktion auf der linken Seite einer Gleichung stehen muß. In unserem Fall sollen nur ganze Zahlen als Argument zugelassen sein, deshalb vermerken wir dies zusätzlich. Da diese Funktion nicht sofort ausgewertet werden kann, ist vor das Gleichheitszeichen ein Doppelpunkt zu setzen. Die Zeichenfolge „/;" bedeutet, daß eine Bedingung folgt, und die vorangehende Definition nur gelten soll, falls die Bedingung erfüllt ist .

```
In[38]:= f[x_Integer]:= 2x /; Positive[x]
In[39]:= f[x_Integer]:= -3x /; Negative[x]
```

Sie können sich nun vom Erfolg dieser Definition überzeugen

```
In[40]:= ?f
Global'f

f[x_Integer] := 2*x /; Positive[x]

f[x_Integer] := -3*x /; Negative[x]
```

und etwa einige Funktionswerte berechnen lassen.

```
In[41]:= {f[3], f[-4], f[0]}
Out[41]= {6, 12, f[0]}
```

Der Funktionswert an der Stelle 0 konnte nicht berechnet werden, weil 0 weder positiv noch negativ ist, in diesem Punkt f also noch nicht definiert ist. Wenn wir dies nachholen, zeigt die Auskunft über f, daß nun tatsächlich f auf ganz $\mathbb{Z}$ definiert ist.

```
In[42]:= f[0]:= 0
In[43]:= ?f
Global`f

f[0] := 0

f[x_Integer] := 2*x /; Positive[x]

f[x_Integer] := -3*x /; Negative[x]
```

Wenn Sie versuchen, ohne die Verwendung von Variablen mit Bedingungen zu arbeiten, gibt *Mathematica* eine Fehlermeldung aus.

```
In[44]:= g1 = 2x /; Positive[x]
Condition::obscf:
    Warning: Obsolete use of Condition (TooBig) evaluated to Fail.
Out[44]= Fail
```

Um eine nur auf den ganzen Zahlen definierte Funktion zeichnen zu lassen, müssen Sie den Befehl `ListPlot` verwenden. Allerdings dürfen Sie nicht einfach die von Ihnen definierte Funktion als Argument verwenden.

```
In[45]:= ListPlot[f,{x,-10,15}];
ListPlot::list:
    List expected at position 1 in ListPlot[f, {x, -10, 15}].
```

Die Funktion ist keine Liste, und um eine solche zu erzeugen, müssen Sie die Funktion in den gewünschten Punkten auswerten und die entsprechenden Punkte der Ebene mit `Table` in einer Liste sammeln lassen. In diesem Befehl durchläuft i der Reihe nach mit Schrittweite 1 die Zahlen von -10 bis 15.

```
In[46]:= graph = Table[{i,f[i]},{i,-10,15}];
```

Diese Tabelle können Sie nun ausdrucken lassen. Damit Sie in Bild 1.5 die Punkte gut erkennen können, haben wir sie relativ groß zeichnen lassen. Nähere Informationen zu solchen Optionen finden Sie im Paragraphen 5.1 des Kapitels 5.

```
In[47]:= ListPlot[graph, PlotStyle ->PointSize[0.01]]
```

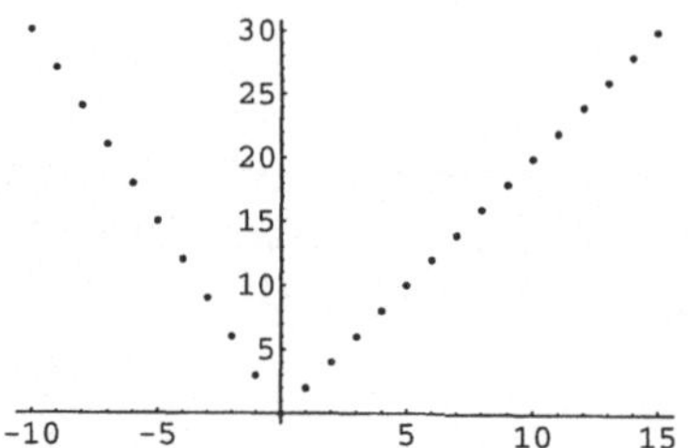

Bild 1.5 Graph einer nur für ganze Zahlen definierten Funktion

Zum Schluß wollen wir Ihnen zeigen, wie Sie die (euklidische) Länge eines Vektors mit Hilfe einer selbstdefinierten Funktion berechnen lassen können. Da die Berechnung im Prinzip immer nach der gleichen Formel erfolgt, wollen wir uns von der Anzahl der Komponenten nicht abhängig machen. Infolgedessen ist die Variable unserer Funktion vom Typ List. Für eine vorgegebene Liste ist die Anzahl der Komponenten mit der Anweisung Length abfragbar. Die Summation erstreckt sich über alle Komponenten von der ersten bis zur letzten, da bei der Angabe, welche Werte i durchlaufen soll, der erste Wert weggelassen werden darf, falls er 1 ist.

```
In[48]:= Betrag[x_List]:=Sqrt[Sum[x[[i]]^2,{i,Length[x]}]];
```

Von jetzt an können Sie für die Dauer Ihrer *Mathematica*-Sitzung die Funktion Betrag immer dann benutzen, wenn Sie die Länge irgendeines Vektors berechnen lassen wollen.

```
In[49]:= ?Betrag
Global'Betrag

Betrag[x_List]  := Sqrt[Sum[x[[i]]^2, {i, Length[x]}]]
```

Hat der Vektor nur eine Komponente, so müssen Sie darauf achten, ihn trotzdem als Liste einzugeben, da die Funktion nicht auf Skalare angewendet werden kann.

```
In[50]:= Betrag[2]
Out[50]= Betrag[2]
```

Bei richtiger Eingabe wird das korrekte Ergebnis ausgegeben.

```
In[51]:= Betrag[{2}]
Out[51]= 2
In[52]:= Betrag[{1,2,3}]
Out[52]= Sqrt[14]
```

Wenn Sie der Meinung sind, eine von Ihnen definierte Funktion ist so nützlich, daß Sie sie auch in den folgenden *Mathematica*-Sitzungen zur Verfügung haben wollen, können Sie entweder jedesmal zu Beginn der Sitzung die Funktion neu definieren oder sich in das Thema „Programmieren in *Mathematica*" vertiefen. Einige Anregungen dazu finden Sie im Kapitel 6 im Abschnitt 2.

1.4.2 Zur numerischen Genauigkeit

Wir besitzen eine kleine Sammlung von Aufgaben, die von den meisten Rechnern nicht zufriedenstellend bearbeitet werden. Um die im folgenden dokumentierten Ergebnisse von *Mathematica* besser würdigen zu können, sollten Sie die Rechnungen mit einem beliebigen Rechner nachvollziehen, wobei Sie vom Taschenrechner bis zum Großrechner jeden Typ verwenden können, vom Ergebnis aber nicht allzuviel erwarten sollten. Der auftretende Fehler beruht jeweils darauf, daß große Zahlen mit relativ geringer Differenz voneinander subtrahiert werden.

- Der Ausdruck $10^n + 1 - 10^n$ hat für jedes n den Wert 1.

```
In[1]:= 10^100 + 1 - 10^100
Out[1]:= 1
```

- Der Ausdruck $x^2 - 2y^2$ hat für $x = 665857, y = 470832$ den Wert 1.

```
In[2]:= u = x^2 - 2 y^2;
In[3]:= u /. {x -> 665857, y-> 470832}
Out[3]= 1
```

- Der Ausdruck $9x^4 - y^4 + 2y^2$ hat für $x = 10864, y = 18817$ den Wert 1.

```
In[4]:= v = 9x^4 - y^4 + 2y^2 /. {x -> 10864, y -> 18817}
Out[4]= 1
```

Diese Beispiele zeigen, daß *Mathematica* beim Rechnen mit ganzen Zahlen keine Probleme hat.

- Wie verhält es sich nun, wenn die Ausdrücke auch nichtganze Zahlen enthalten? Der Ausdruck

$$333.75x^6 + y^2(11x^2y^2 - x^6 - 121x^4 - 2) + 5.5x^8 + \frac{y}{2x}$$

hat für $x = 33096, y = 77617$ den Wert -0.827396.

```
In[5]:=
w = 333.75x^6 + y^2 (11x^2 y^2 - x^6 - 121 x^4 -2)+5.5x^8+y/(2x);
In[6]:= w /. {x -> 33096, y -> 77617}
                21
Out[6]= 1.18059 10
```

Der Fehler des *Mathematica*-Ergebnisses ist katastrophal. Er tritt auf, weil Dezimalzahlen für *Mathematica* grundsätzlich nur Näherungen exakter Zahlen sind, so daß die
übliche Gleitkomma-Arithmetik verwendet wird. Es ist ganz typisch, daß auch eine
Erhöhung der Genauigkeit der in der Rechnung verwendeten Zahlen keine Abhilfe
bringt.

```
In[7]:= N[w /. {x -> 33096, y -> 77617},30]

                              21
Out[7]= 1.180591620717411 10
```

Wenn Sie sich den Ausdruck noch einmal genau ansehen, werden Sie feststellen, daß
die Dezimalzahlen als Brüche geschrieben werden können. Wir geben den Ausdruck
in dieser geänderten Form noch einmal ein.

```
In[8]:=
w1 = 1335/4 x^6 + y^2 (11x^2 y^2 - x^6 - 121 x^4 -2)+11/2x^8+y/(2x);
In[9]:= w1 /. {x -> 33096, y -> 77617}
           54767
Out[9]= -(-----)
           66192
```

Das Ergebnis ist ein Bruch (also für *Mathematica* eine exakte Zahl), dessen numerischer Wert das richtige Ergebnis liefert.

```
In[10]:= N[Out[9]]
Out[10]= -0.827396
```

Ein Kollege (Prof. Dr. Werner, FH Heilbronn) wies uns auf das Wilkinson-Beispiel hin. Es
handelt sich um das Polynom

$$\prod_{i=1}^{20}(x - i)$$

Stört man diese Funktion geringfügig, etwa durch Abziehen des Terms $2^{-23}x^{19}$, so ändern
sich die Nullstellen sehr stark.

```
In[11]:= wilk = Expand[Product[x-i,{i,20}]]-2^(-23)x^19
Out[11]=
2432902008176640000 - 8752948036761600000 x +


                         2                                    3
1380375975364 0704000 x   - 12870931245150988800 x   +


                         4                                    5
8037811822645051776 x   - 3599979517947607200 x   +
```

$$1206647803780373360\,x^6 - 311333643161390640\,x^7 +$$

$$63030812099294896\,x^8 - 10142299865511450\,x^9 +$$

$$1307535010540395\,x^{10} - 135585182899530\,x^{11} + 11310276995381\,x^{12} -$$

$$756111184500\,x^{13} + 40171771630\,x^{14} - 1672280820\,x^{15} +$$

$$53327946\,x^{16} - 1256850\,x^{17} + 20615\,x^{18} - \frac{1761607681\,x^{19}}{8388608} + x^{20}$$

Ein exaktes Auffinden der Nullstellen ist nicht möglich, so daß wir auf das numerische Lösungsverfahren mit NSolve angewiesen sind. Interessant ist nun, daß beim Rechnen mit normaler Genauigkeit alle Nullstellen in Real- und Imaginärteil auf mindestens zwei Nachkommastellen genau berechnet werden.

```
In[12]:= NSolve[wilk==0,x]
Out[12]=
{{x -> 1.}, {x -> 2.}, {x -> 3.}, {x -> 4.}, {x -> 5.},

 {x -> 6.}, {x -> 6.99973}, {x -> 8.00707}, {x -> 8.91787},

 {x -> 10.0952 - 0.642805 I}, {x -> 10.0952 + 0.642805 I},

 {x -> 11.7935 - 1.65222 I}, {x -> 11.7935 + 1.65222 I},

 {x -> 13.9923 - 2.51883 I}, {x -> 13.9923 + 2.51883 I},

 {x -> 16.7307 - 2.81262 I}, {x -> 16.7307 + 2.81262 I},

 {x -> 19.5024 - 1.94033 I}, {x -> 19.5024 + 1.94033 I},

 {x -> 20.8469}}
```

Versucht man jedoch, die Genauigkeit zu erhöhen, so werden zwei Paare konjugiert komplexer Nullstellen auf einmal in reelle Nullstellen der Vielfachheit 2 verwandelt, obwohl der wahre Wert des Imaginärteils weit von Null entfernt ist.

```
In[13]:= NSolve[wilk==0,x,20]
Out[13]=
{{x -> 1.}, {x -> 2.}, {x -> 2.9999999999998},

 {x -> 4.000000000261}, {x -> 4.99999992755},
```

```
{x -> 6.000006944}, {x -> 6.99969723}, {x -> 8.0072676},

{x -> 8.9172502}, {x -> 10.095}, {x -> 10.095},

{x -> 11.79363388 - 1.65232973 I},

{x -> 11.79363388 + 1.65232973 I},

{x -> 13.99235814 - 2.51883007 I},

{x -> 13.99235814 + 2.51883007 I},

{x -> 16.730737466 - 2.812624894 I},

{x -> 16.730737466 + 2.812624894 I}, {x -> 19.5024},

{x -> 19.5024}, {x -> 20.8469081}}
```

Auch bei weiterem Erhöhen der Rechengenauigkeit wird der Fehler nicht rückgängig gemacht. Es ist also auf jeden Fall ratsam, gegebenenfalls die Probe zu machen, denn wenn Sie die gefundenen Linearfaktoren ausmultiplizieren lassen, zeigt sich, daß der Absolutterm des so entstehenden Polynoms um etwa 3.3610^{16} vom ursprünglichen Wert abweicht. (Um die durch `NSolve` gefundenen Ersetzungsregeln für x direkt benutzen zu können, ist die Variable des Probepolynoms jetzt y.)

```
In[14]:=
probe1 = Simplify[Expand[Product[y-x /. Out[%][[i]],{i,20}]]]
Out[14]=
```

$$2.3993\,10^{18} - 8.636\,10^{18}\,y + 1.3628\,10^{19}\,y^2 - 1.2716\,10^{19}\,y^3 +$$

$$7.947\,10^{18}\,y^4 - 3.562\,10^{18}\,y^5 + 1.1951\,10^{18}\,y^6 - 3.0863\,10^{17}\,y^7 +$$

$$6.254\,10^{16}\,y^8 - 1.0073\,10^{16}\,y^9 + 1.2998\,10^{15}\,y^{10} - 1.3491\,10^{14}\,y^{11} +$$

$$1.1264\,10^{13}\,y^{12} - 7.537\,10^{11}\,y^{13} + 4.0074\,10^{10}\,y^{14} - 1.6694\,10^{9}\,y^{15} +$$

$$5.327\,10^{7}\,y^{16} - 1.25613\,10^{6}\,y^{17} + 20610.8\,y^{18} - 210.\,y^{19} + y^{20}$$

Bei den mit normaler Genauigkeit gefundenen Nullstellen ist die Abweichung des Probepolynoms gegenüber dem ursprünglichen Polynom dagegen imaginär.

```
In[15]:= probe2 = Expand[Product[y-x /. Out[12][[i]],{i,20}]]

Out[15]=
```

$$2.4329 \cdot 10^{18} - 21.9649\ I + (-8.75295 \cdot 10^{18} + 64.9037\ I)\ y +$$

$$(1.38038 \cdot 10^{19} - 70.5705\ I)\ y^2 + (-1.28709 \cdot 10^{19} + 26.3446\ I)\ y^3 +$$

$$(8.03781 \cdot 10^{18} + 13.8188\ I)\ y^4 + (-3.59998 \cdot 10^{18} - 21.3158\ I)\ y^5 +$$

$$(1.20665 \cdot 10^{18} + 12.1639\ I)\ y^6 + (-3.11334 \cdot 10^{17} - 4.23287\ I)\ y^7 +$$

$$(6.30308 \cdot 10^{16} + 1.00392\ I)\ y^8 + (-1.01423 \cdot 10^{16} - 0.170383\ I)\ y^9 +$$

$$(1.30754 \cdot 10^{15} + 0.0212549\ I)\ y^{10} + (-1.35585 \cdot 10^{14} - 0.00196258\ I)\ y^{11} +$$

$$(1.13103 \cdot 10^{13} + 0.000129792\ I)\ y^{12} +$$

$$(-7.56111 \cdot 10^{11} - 5.4075 \cdot 10^{-6}\ I)\ y^{13} +$$

$$(4.01718 \cdot 10^{10} + 7.93517 \cdot 10^{-8}\ I)\ y^{14} +$$

$$(-1.67228 \cdot 10^{9} + 3.7711 \cdot 10^{-9}\ I)\ y^{15} +$$

$$(5.33279 \cdot 10^{7} - 1.81354 \cdot 10^{-10}\ I)\ y^{16} +$$

$$(-1.25685 \cdot 10^{6} + 2.45741 \cdot 10^{-12}\ I)\ y^{17} +$$

$$(20615. - 1.42109 \cdot 10^{-14}\ I)\ y^{18} + (-210. + 0.\ I)\ y^{19} + y^{20}$$

Welche Konsequenzen soll man aus solchen Beispielen ziehen? Wenn sich die Struktur von Ergebnissen durch Steigerung der Genauigkeit wesentlich verändert wie im vorliegenden Beispiel, ist mit Sicherheit Vorsicht geboten und eine genauere Überprüfung angebracht. Dabei stehen Ihnen verschiedene Möglichkeiten offen. In manchen Fällen genügt bereits die Verwendung eines anderen *Mathematica*-Befehls. Nachdem wir aufgrund der normalen und auf 20 Stellen genauen Rechnung bereits wissen, daß die genaue Lage der Nullstelle mit Realteil 10.09... unklar ist, suchen wir gezielt mit `FindRoot` und sind tatsächlich erfolgreich.

```
In[16]:=
```

```
FindRoot[wilk,{x,10+I},WorkingPrecision->40,AccuracyGoal->30]
Out[16]= {x -> 10.09526614512996336560767858896718543834 5 +
          0.6435009038636035759875779571565181201 44 I}
```

Bei kritischen Problemen werden Sie vielleicht zusätzlich eine weitere Bestätigung des Ergebnisses wünschen. Zum einen haben wir festgestellt, daß verschiedene Computeralgebra-Programme hier bei verschiedenen Aufgaben Probleme bekommen – so wird diese Nullstellenbestimmung etwa von *MapleV* problemlos mit 30stelliger Genauigkeit ausgeführt, dafür haben wir bei anderen Aufgaben Ungenauigkeiten ähnlichen Ausmaßes gefunden –, so daß die parallele Benutzung eines zweiten CA-Programms eine Möglichkeit einer solchen Bestätigung darstellt. Zum anderen können Sie natürlich auch auf Programme zugreifen, die die Intervallarithmetik benutzen und Ihnen so zusammen mit dem Ergebnis auch Fehlerschranken angeben.

1.4.3 Übungen

1. Lassen Sie sich ausgeben, von welchem Zahltyp die Lösungen der quadratischen Gleichung $x^2 + px + q = 0$ sind, wenn $p \in \{-5, -4, \ldots, 4, 5\}$ und $q \in \{-2, -1, 0, 1, 2\}$ gilt. (Sie sollen sich also nicht die Lösungen ausgeben lassen!)

2. Liegen die Punkte $P_1 = (3, 0, 4), P_2 = (1, 1, 1)$ und $P_3 = (-1, 2, -2)$ auf einer Geraden?

3. Wie liegen die Geraden g_1, g_2 zueinander? g_1 geht durch die Punkte $P_1 = (3, 4, 6)$ und $P_2 = (-1, -2, 4)$; g_2 geht durch die Punkte $P_3 = (3, 7, -2)$ und $P_4 = (5, 15, -6)$. Bestimmen Sie ihren Abstand bzw. Schnittpunkt und Schnittwinkel!

4. Liegen die Punkte $P_1 = (3, 2, 0), P_2 = (1, 1, 1), P_3 = (12, -4, 12)$ und $P_4 = (4, -1, 5)$ auf einer Ebene?

5. Wie liegen die Gerade g und die Ebene E zueinander? g geht durch den Punkt $P_1 = (5, 1, 2)$ mit Richtungsvektor $\vec{a} = (3, 1, 2)$; E geht durch den Punkt $P_2 = (2, 1, 8)$ mit Normalenvektor $\vec{n} = (-1, 3, 1)$. Bestimmen Sie den Abstand bzw. Schnittpunkt und Schnittwinkel!

6. Bestimmen Sie die Schnittgerade und den Schnittwinkel der Ebenen E_1, E_2! E_1 geht durch den Punkt $P_1 = (2, 2, -1)$ mit Normalenvektor $\vec{n} = (1, 0, 1)$; E_2 geht durch den Punkt $P_2 = (-1, 2, -11)$ mit den Richtungsvektoren $\vec{a} = (2, 5, 9)$ und $\vec{b} = (1, 8, -3)$

7. Definieren Sie die Matrix

$$A = \begin{pmatrix} 1 & x_1 & x_1^2 & x_1^3 & \cdots & x_1^{n-1} \\ 1 & x_2 & x_2^2 & x_2^3 & \cdots & x_2^{n-1} \\ \vdots & \vdots & \vdots & & \ddots & \vdots \\ 1 & x_n & x_n^2 & x_n^3 & \cdots & x_n^{n-1} \end{pmatrix}$$

(n natürliche Zahl) Überprüfen Sie Ihre Definition für $n = 5$, berechnen Sie die (Vandermond-)Determinante für $x_1 = 2, x_2 = 3, x_4 = 5, x_5 = 11$ und prüfen Sie nach, ob das Ergebnis mit

$$\prod_{1 \leq i < j \leq 5} (x_j - x_i)$$

übereinstimmt.

8. Definieren Sie die Matrix

$$A = \begin{pmatrix} 1 & 2 & 3 & 4 & \dots & n-2 & n-1 & n \\ 2 & 3 & 4 & 5 & \dots & n-1 & n & 1 \\ 3 & 4 & 5 & 6 & \dots & n & 1 & 2 \\ \vdots & \vdots & \vdots & \vdots & \ddots & \vdots & \vdots & \vdots \\ n & 1 & 2 & 3 & \dots & n-3 & n-2 & n-1 \end{pmatrix}$$

(n natürliche Zahl) Lassen Sie die Determinante von A berechnen und prüfen Sie nach, daß diese $\dfrac{1}{2}(-1)^{\frac{n(n-1)}{2}}(n+1)n^{n-1}$ ist.

9. Definieren Sie die Matrix

$$A = \begin{pmatrix} 1 & 1 & 1 & 1 & \dots & 1 \\ 1 & 2 & 3 & 4 & \dots & n \\ 1 & 2^2 & 3^2 & 4^2 & \dots & n^2 \\ \vdots & \vdots & \vdots & \vdots & \ddots & \vdots \\ 1 & 2^{n-1} & 3^{n-1} & 4^{n-1} & \dots & n^{n-1} \end{pmatrix}$$

(n natürliche Zahl) Lassen Sie die Determinante von A berechnen und prüfen Sie nach, daß diese $1!2!3!4! \cdots (n-1)!$ ist.

2 Analysis

2.1 Differentialrechnung

2.1.1 Differentialrechnung einer Veränderlichen

Ableiten: D

Zu einer vorgegebenen differenzierbaren Funktion $y = f(x)$ wird die Ableitung $y' = df/dx$ durch den Befehl D[f, x] berechnet. Dabei kann die Funktion f eine *Mathematica* bekannte Funktion sein oder von Ihnen definiert werden, und die Variable kann selbstverständlich auch einen anderen Namen haben.

Falls es sich um einen von Ihnen definierten Ausdruck handelt, müssen Sie ihn beim Aufruf genauso nennen wie bei der Definition, d. h. nach der Benennung a=x^2 müssen Sie zur Berechnung der Ableitung D[a,x] eingeben. Haben Sie stattdessen jedoch b[x_]=x^2 eingegeben, muß der Befehl D[b[x],x] lauten, weil anderenfalls b als Konstante gilt, die die Ableitung Null hat. *Mathematica* kennt die üblichen Ableitungsregeln und wendet sie an.

Es spielt in diesem Zusammenhang für *Mathematica* keine Rolle, ob das Argument, nach dem Sie ableiten, reell oder komplex ist. Wenn Sie jedoch die Funktion einer komplexen Variablen als Funktion in dem Real- und Imaginärteil der Variablen geschrieben haben, handelt es sich um eine Funktion von 2 Veränderlichen, und Sie sollten beim Ableiten gemäß dem folgenden Abschnitt 2.1.2 verfahren.
Beispiele:

1. Es ist die Ableitung von $x^3 + 27x^2 + 9x + 16 + \frac{7}{x}$ zu berechnen. Da wir diesen Ausdruck noch mehrfach benutzen wollen, erhält er zunächst einen Namen:

```
In[1]:= a = x^3 + 27 x^2 + 9 x + 16 + 7/x

                7                 2     3
Out[1]=16 + - + 9 x + 27 x   + x
                x


In[2]:= D[a,x]

                7               2
Out[2]=9 - -- + 54 x + 3 x
                2
                x
```

2. Es soll die 1. Ableitung von $x \sin(x)$ berechnet werden:

```
In[3]:= b = x sin[x];

General::spell1: Possible spelling error: new symbol name
"sin"
        is similar to existing symbol "Sin".
```

Falls Sie diese freundliche Meldung trotz der leuchtenden roten Farbe überlesen und einfach weitermachen, also eingeben

```
In[4]:= D[b,x]
Out[4]= sin[x] + x sin'[x]
```

so werden Sie diese Antwort nicht erwartet haben – sollte *Mathematica* etwa die Ableitung von $x \sin(x)$ nicht kennen? Fehler dieser Art gehören zu den häufigsten, die Ihnen im Umgang mit *Mathematica* unterlaufen können und die durch die Meldung verhindert werden sollen: der üblichen Schreibweise entsprechend wurde ein kleines „s" statt des von *Mathematica* zwingend geforderten großen „S" eingegeben, so daß die Funktion als unbekannt eingestuft wird. Korrigieren wir unsere Eingabe:

```
In[5]:= b = x Sin[x];
```

und lassen die Ableitung berechnen:

```
In[6]:= D[b,x]
Out[6]= x Cos[x] + Sin[x]
```

Der Versuch, einfach `b'` einzugeben, schlägt übrigens fehl, wie uns das Ergebnis `(x sin[x])'` zeigt. Die Angabe eines Apostrophs zur Kennzeichnung der Ableitung ist lediglich sinnvoll bei der Lösung von Differentialgleichungen.

3. Wir wollen versuchen, die Eingabe des 2. Beispiels zu variieren:

```
In[7]:= c = x Sin
Out[7]= Sin x
```

Der Versuch, das Argument wegzulassen, führt trotz der Großschreibung nicht zum Erfolg, wie die Ableitung zeigt:

```
In[8]:= D[c, x]
Out[8]= Sin
```

d.h. `Sin` wird als Konstante aufgefaßt. Die explizite Definition als Funktion

```
In[9]:= e[x_]= x Sin[x];
```

klappt dagegen ausgezeichnet:

```
In[10]:= D[e[x], x]
Out[10]= x Cos[x] + Sin[x]
```

Wie wir bereits im Kapitel 1 erwähnt haben, unterscheidet *Mathematica* zwischen der von Ihnen definierten Funktion $e(x)$ und einer Konstanten e, wie Sie hier sehen:

```
In[11]:= D[e, x]
Out[11]= 0
```

Falls Sie der Ableitung einen Namen geben wollen, beachten Sie bitte die entsprechenden Ausführungen im Abschnitt Funktionen des Paragraphen 2.4. Wenn Sie nämlich definieren:

```
In[12]:= estrich[x_]:= D[e[x], x]
```

so wird diese Definition zwar zur Kenntnis genommen, jedoch nicht ausgewertet. Wenn Sie ein konkretes Ergebnis sehen wollen, müssen Sie den Doppelpunkt weglassen:

```
In[13]:= estrich[x_] = D[e[x], x]
Out[13]= x Cos [x] + sin [x]
```

4. Produktregel: Mit $a = x^3 + 27x^2 + 9x + 16 + 7/x$ und $b = x \sin x$ können Sie zur Berechnung von $(ab)'$ eingeben:

```
In[14]:= D[a b,x]

                 7                2    3
Out[14]= x (16 + - + 9 x + 27 x  + x ) Cos[x] +
                 x

      7                2              7                2    3
x (9 - -- + 54 x + 3 x ) Sin[x] + (16 + - + 9 x + 27 x  + x ) Sin[x]
       2                                x
      x
```

Selbstverständlich können Sie das Produkt auch explizit in den Befehl hineinschreiben, wie wir im 2. Beispiel anhand von b gesehen haben.
Sie können *Mathematica* auch direkt nach der Produktregel fragen:

```
In[15]:= D[f[x] g[x],x]
Out[15]= g[x] f'[x] + f[x] g'[x]
```

5. Quotientenregel: Mit a = x^3 + 27 x^2 + 9 x + 16 + 7/x und b = x
Sin[x] können Sie zur Berechnung von $(a/b)'$ eingeben:

```
In[16]:= D[a/b,x]}

                    7              2     3
          (16 + - + 9 x + 27 x  + x ) Cos[x]
                x
Out[16]= -(-----------------------------------) +
                          2
                        x  Sin[x]


       7            2
   9 - -- + 54 x + 3 x           7              2     3
       2                     16 + - + 9 x + 27 x  + x
      x                          x
   ------------------------  -  -------------------------
         x Sin[x]                         2
                                        x  Sin[x]
```

Und falls Sie die Quotientenregel vergessen haben – hier ist sie:

```
In[17]:= h = D[f[x]/g[x],x]
              f'[x]    f[x] g'[x]
Out[17]= ----- - ----------
              g[x]          2
                          g[x]
```

Falls Ihnen dieser Ausdruck etwas merkwürdig erscheint, lassen Sie den Hauptnenner
bilden (darauf werden wir im Abschnitt 4.1.3 noch zurückkommen):

```
In[18]:= i = Together[h]

           g[x] f'[x] - f[x] g'[x]
Out[18]= -----------------------
                       2
                    g[x]
```

6. Kettenregel: Mit e[x_]= x Sin[x] können Sie zur Berechnung von $(e(e(x)))'$
angeben:

```
In[19]:= D[e[e[x]],x]
Out[19]= x Cos[x Sin[x]] Sin[x] (x Cos[x] + Sin[x]) +
             x Cos[x] Sin[x Sin[x]] + Sin[x] Sin[x Sin[x]]
```

Die Funktionen können hierbei beliebig tief ineinandergeschachtelt sein. Wer häufig
gezwungen ist, die Ableitung mehrfach zusammengesetzter Funktionen zu berechnen,
wird *Mathematica* bald nicht mehr missen wollen.

Falls Sie eine implizit durch $F(x, y) = 0$ gegebene Funktion $y(x)$ ableiten wollen, müssen Sie zunächst mit der Funktion von 2 Veränderlichen F starten und von F die totale Ableitung vermittels des Befehls `Dt[F,x]` berechnen lassen. Dabei wird von *Mathematica* dann nämlich angenommen, daß y von x abhängt. Um die Gleichung $Dt[y, x] = 0$ nach y' auflösen zu können, ersetzen Sie $\frac{dy}{dx}$ (in *Mathematica*-Schreibweise also `Dt[y,x]` durch einen geeigneten Variablennamen. Nun kann durch Aufruf von `Solve` die Ableitung ausgerechnet werden. Ist also z. B. $F(x, y) = 4x^2 + 3y^2 - 5 = 0$, so wird die Ableitung der hierdurch implizit definierten Funktion $y = f(x)$ berechnet durch:

```
In[20]:= F = 4 x^2 + 3 y^2 - 5

                    2       2
Out[20]= -5 + 4 x   + 3 y

In[21]:= r = Dt[F,x]

Out[21]= 8 x + 6 y Dt[y, x]

In[22]:= r1=r /. Dt[y,x] -> ystrich

Out[22]= 8 x + 6 y ystrich

In[23]:= Solve[r1==0,ystrich]

                        -4 x
Out[23]= {{ystrich -> ----}}
                        3 y
```

Höhere Ableitungen

Nehmen wir an, Sie benötigen von der Funktion `e[x_]= x Sin[x]` des letzten Abschnitts außer der 1. auch noch die 3. Ableitung, so stehen Ihnen zwei Möglichkeiten zur Verfügung:

- Sie können der Reihe nach die 1., 2. und 3. Ableitung ausrechnen lassen, dann erhalten Sie zwar die 2. Ableitung unnötigerweise, müssen sich aber nicht näher mit diesem Abschnitt befassen. Das sieht dann z.B. so aus:

```
In[24]:= estrich[x_] = D[e[x],x]
Out[24]= x Cos[x] + Sin[x]
In[25]:= e2strich[x_] = D[estrich[x],x]
Out[25]= 2 Cos[x] - x Sin[x]
In[26]:= e3strich[x_] = D[e2strich[x],x]
Out[26]= -(x Cos[x]) - 3 Sin[x]
```

- Sie können die 3. Ableitung auch direkt ausrechnen lassen mit dem Befehl

```
In[27]:= f[x_] = D[e[x],{x,3}]
Out[27]= -(x Cos[x]) - 3 Sin[x]
```

Dieses Verfahren hat, gerade bei komplizierten Funktionen, den Vorteil, daß Sie nicht in sinnlosen Informationen ertrinken. Selbstverständlich können Sie so auch anstelle der dritten andere höhere Ableitungen ausrechnen lassen. Der abzuleitende Ausdruck muß auch nicht als Funktion definiert sein: (mit a = x^3 + 27 x^2 + 9 x + 16 + 7/x)

```
In[28]:= D[a,{x,4}]
            168
Out[28]= ---
            5
           x
```

- Es ist übrigens auch möglich, einen entsprechend geschachtelten Befehl zu geben, also etwa

```
In[29]:= D[D[D[D[a,x],x],x],x]


            168
Out[29]= ---
            5
           x
```

Anwendungen

- Es soll das Differential der Funktion $f(x) = \sqrt{x^4 + 3}$ an der Stelle $x = 3$ zum Argumentzuwachs $h = 0.01$ berechnet werden:

```
In[30]:= f[x_]=Sqrt[x^4+3]

                  4
Out[30]= Sqrt[3 + x ]
In[31]:= fstrich[x_]=D[f[x],x]
               3
             2 x
Out[31]= -----------
                  4
         Sqrt[3 + x ]
In[32]:= h=0.01;
In[33]:= dy = fstrich[3] h

           0.27
Out[33]= --------
          Sqrt[21]
In[34]:= numerischerFunktionszuwachs = N[dy]
Out[34]= 0.0589188
```

• Es soll die Krümmung der Kurve $y = \sin(x^2)$ als Funktion von x berechnet werden:

```
In[35]:= g[x_]:=Sin[x^2]
In[36]:= kruemmung[x_] = D[g[x],{x,2}]/Sqrt[1+D[g[x],x]^2]
                 2       2      2
             2 Cos[x ] - 4 x  Sin[x ]
Out[36]= ---------------------------
                      2      2 2
             Sqrt[1 + 4 x  Cos[x ] ]
```

• Es sollen die Extremstellen der Funktion $f(x) = \dfrac{x^2+1}{x^3-4}$ gefunden werden. Bei Aufgaben dieser Art (gleiches gilt natürlich auch für die Berechnung von Wendepunkten) können Sie entweder die exakte Lösung suchen oder nach einer Näherungslösung fragen. Im 1. Fall ist also zunächst die Ableitung $f'(x)$ zu bestimmen:

```
In[37]:= f[x_]:= (x^2+1)/(x^3-1)
In[38]:= fstrich[x_]=D[f[x],x]

              2       2
         -3 x  (1 + x )       2 x
Out[38]= -------------- + -------
               3 2              3
          (-1 + x )        -1 + x
```

Zur Bestimmung der Nullstellen verwenden Sie z. B. den Befehl `Solve` (ausführliche Informationen finden Sie im Paragraphen 1.1 des Kapitels 4), wobei Sie *Mathematica* die Arbeit erleichtern können, indem Sie den Hauptnenner des Ergebnisses bilden lassen und dann nur die Nullstellen des Zählers suchen. (Auch die Befehle `Together` und `Numerator` werden im Paragraphen 1.3 des Kapitels 4 näher erläutert.)

```
In[39]:= fstrich1[x_] = Together[fstrich[x]]

               2     4
          -2 x - 3 x  - x
Out[39]= ----------------
                 3 2
           (-1 + x )

In[40]:= zaehler[x_] = Numerator[fstrich1[x]]

               2     4
Out[40]= -2 x - 3 x  - x
In[41]:= Solve[zaehler[x] == 0,x]
Out[41]=
                            -(1/3)                    1/3
{{x -> 0}, {x -> -(-1 + Sqrt[2])      + (-1 + Sqrt[2])    },
```

```
                            -(1/3)                  1/3
          -(-(-1 + Sqrt[2])        + (-1 + Sqrt[2])    )
{x -> --------------------------------------------- +
                           2


                              -(1/3)                1/3
      Sqrt[-3] ((-1 + Sqrt[2])       + (-1 + Sqrt[2])   )
      ----------------------------------------------------},
                           2


                            -(1/3)                1/3
        -(-(-1 + Sqrt[2])         + (-1 + Sqrt[2])    )
{x -> --------------------------------------------- -
                           2


                            -(1/3)                1/3
      Sqrt[-3] ((-1 + Sqrt[2])       + (-1 + Sqrt[2])   )
      ----------------------------------------------------}}
                           2
```

Es bietet sich jetzt der besseren Übersicht halber an, die Nullstellen numerisch ausgeben zu lassen

```
In[42]:= N[%]
Out[42]={{x -> 0.}, {x -> -0.596072},
         {x -> 0.298036 + 1.80734 I},
         {x -> 0.298036 - 1.80734 I}}
```

weil so direkt ersichtlich ist, daß lediglich zwei Nullstellen reell sind. Um herauszufinden, ob es sich um Extremstellen handelt und welcher Art sie sind, lassen wir die 2. Ableitung berechnen

```
In[43]:= f2strich[x_] = D[fstrich[x],x]
Out[43]=
      4       2         3              2
18 x  (1 + x )     12 x       6 x (1 + x )        2
-------------- - ---------- - ------------ + -------
        3 3           3 2          3 2            3
   (-1 + x )      (-1 + x )     (-1 + x )     -1 + x
```

und setzen die gefundenen Nullstellen ein:

```
In[44]:= y1=f2strich[0]
Out[44]= -2
In[45]:= y2=f2strich[-0.596072]
Out[45]= 1.65046
```

Also liegt bei $x = 0$ ein Maximum vor, der Funktionswert an dieser Stelle ist

```
In[46]:= y01 = f[0]
Out[46]= -1
```

An der Stelle $x = -0.596072$ liegt ein Minimum mit Funktionswert

```
In[47]:= y02 = f[-0.596072]
Out[47]= -1.11843
```

vor.

Genügt Ihnen die näherungsweise Bestimmung der Extremstellen und wissen Sie aufgrund Ihres Problems bereits, wo sie ungefähr liegen, so können Sie den Befehl `FindMinimum` verwenden, wobei jedoch äußerste Vorsicht geboten ist, wie wir in unserem Beispiel sehen werden. `FindMinimum` verwendet nämlich die Methode des steilsten Abstiegs, so daß der von Ihnen zu wählende Startpunkt auf der „richtigen" Seite des Minimums liegen muß, falls die Funktion auf der „anderen" Seite mit zu starkem Abfall gegen $-\infty$ geht. In unserem Beispiel bedeutet dies, daß bei Wahl des Startpunktes links vom wahren Minimum

```
In[48]:= FindMinimum[f[x],{x,-1}]
Out[48]= {-1.11843, {x -> -0.595958609058676}}
```

sowohl die Stelle, an der das Minimum auftritt, als auch der Funktionswert richtig berechnet wird, wenn Sie jedoch einen Startwert rechts vom wahren Minimum wählen `FindMinimum[f[x],{x,3}]`, so führt dies zu einer Fehlermeldung – der Befehl wird nicht ausgeführt. Allerdings ist auch eine scheinbar korrekte Ausgabe keine Garantie, den richtigen Wert zu erhalten, weil grundsätzlich bei jeder numerischen Berechnung Rundungsfehler auftreten und kumulieren können. Dies zeigt sich etwa, wenn wir in unserem Beispiel das Maximum suchen, indem wir `FindMinimum` auf die Funktion $-f(x)$ anwenden:

```
In[49]:= FindMinimum[-f[x],{x,0.5}]
Out[49]= {1., {x -> 0.000111786762123}}
```

Aufgrund der vorangegangenen Rechnung wissen wir jedoch, daß das wahre Maximum an der Stelle $x = 0$ liegt! Auch der Versuch, durch Benutzung der Option `MaxIterations` die Genauigkeit des Ergebnisses zu erhöhen, scheitert:

```
In[50]:= FindMinimum[-f[x],{x,0.5},MaxIterations->50]
Out[50]= {1., {x -> 0.000111786762123}}
```

Dieses Beispiel zeigt, daß Sie nur dann auf numerische Verfahren ausweichen sollten, wenn es unbedingt erforderlich ist, z. B. weil `Solve` keine Lösung(en) findet.

- Ist die von Ihnen betrachtete Kurve in Parameterform $x = x(t), y = y(t)$ gegeben, so müssen Sie zur Berechnung von dy/dx die Formel $y'(x) = \dot{y}/\dot{x}$ verwenden, also z. B. für die Zykloide

$$x(t) = 3(t - \sin t) \qquad y(t) = 3(1 - \cos t)$$

ergibt sich

```
In[51]:= x[t_] := 3 (t-Sin[t])
In[52]:= y[t_] := 3 (1-Cos[t])
In[53]:= ystrich = D[y[t],t]/D[x[t],t]

           Sin[t]
Out[53]= ----------
          1 - Cos[t]
```

Zumindest zur Zeit bleibt es jedoch Ihnen überlassen, y' als Funktion von x zu bestimmen bzw. x' als Funktion von y – vielleicht ändert sich dies mit einer der nächsten Versionen!

Und das dürfen Sie nicht

Natürlich kann auch *Mathematica* nicht mehr als die Mathematiker, und daher ist es verboten, nicht differenzierbare Funktionen ableiten zu wollen:

```
In[54]:= Probe = D[Abs[x],x]
Out[54]= Abs'[x]
```

Auch mit selbstgebastelten nicht ableitbaren Funktionen ist die Reaktion von *Mathematica* dieselbe, wie Sie z. B. mit der Treppenfunktion `f1[x_]:=2/;x>1;f1[x_]:=3/;x<=1` ausprobieren können. Das heißt, daß Sie immer dann, wenn *Mathematica* auf den Befehl `D[f[x],x]` mit `f'[x]` antwortet (wobei f irgendeine Funktion ist), Ihre Eingabe auf mögliche Fehler überprüfen sollten:

- Vielleicht haben Sie sich verschrieben – ein einziger fälschlich groß bzw. klein geschriebener Buchstabe kann das Unglück bewirkt haben.

- Vielleicht ist die Funktion nicht differenzierbar; wenn Sie unsicher sind, lassen Sie sich die Funktion durch `Plot[f[x],{x,xmin,xmax}]` für ein hinreichend großes Intervall `[xmin,xmax]` zeichnen (nähere Informationen finden Sie im Paragraphen 5.1 des Kapitels 5) – dies wird Ihnen in den meisten Fällen schon einen Hinweis geben.

- Vielleicht haben Sie diese Ausgabe auch beabsichtigt; dies kann z. B. sinnvoll sein, wenn Sie bei einer mehrfach zusammengesetzten Funktion sich zunächst eine Übersicht über die Ableitung verschaffen wollen.

Da *Mathematica* nicht weiß, ob nicht der letzte Fall vorliegt, wird jedenfalls *keine* Fehlermeldung ausgegeben.

2.1.2 Differentialrechnung mehrerer Veränderlicher

Partiell ableiten: D

Beim partiellen Ableiten einer Funktion von mehreren Veränderlichen nach einer der Variablen werden alle anderen Veränderlichen als konstant angesehen, daher können Sie für die partielle Ableitung den Befehl D benutzen:

```
In[1]:= f[x_,y_,z_] = x Sin[y] + y z Cos[x] + z Sin[x] Cos[y];
In[2]:= fpartiellx = D[f[x,y,z],x]
Out[2]= z Cos[x] Cos[y] - y z Sin[x] + Sin[y]
In[3]:= fpartielly = D[f[x,y,z],y]
General::spell1: Possible spelling error: new symbol name
"fpartielly" is similar to existing symbol "fpartiellx".
```

Eine solche Meldung erhalten Sie immer dann, wenn aufgrund ähnlicher Namen *Mathematica* einen Schreibfehler für möglich hält. Im folgenden lassen wir sie der Übersichtlichkeit halber weg.

```
Out[3]= z Cos[x] + x Cos[y] -  z Sin[x] Sin[y]
In[4]:= fpartiellz = D[f[x,y,z],z]
Out[4]= y Cos[x] + Cos[y] Sin[x]
```

Wieviele Variable Ihre Funktion hat und wie diese Variablen heißen, ist Ihnen und Ihren Problemen überlassen. Benötigen Sie bei einer Funktion von 3 Veränderlichen sämtliche partiellen Ableitungen, so empfiehlt es sich, diese auf einmal ausrechnen zu lassen, da mit dem Gradienten der Funktion meist noch sinnvoll weitergerechnet werden kann. Hierfür müssen Sie folgendermaßen vorgehen (nähere Informationen finden Sie im Abschnitt 2.2.2 des Paragraphen 2.2)

```
In[5]:= Needs["Calculus`VectorAnalysis`"]
In[6]:= SetCoordinates[Cartesian[x,y,z]]
Out[6]= Cartesian[x, y, z]
In[7]:= gradientf = Grad[f[x,y,z]]
Out[7]= {z Cos[x] Cos[y] - y z Sin[x] + Sin[y],
         z Cos[x] + x Cos[y] - z Sin[x] Sin[y],
         y Cos[x] + Cos[y] Sin[x]}
```

Mit dem Vektor `gradientf` können Sie nun weiterarbeiten; benötigen Sie in einer Folgerechnung nur die partielle Ableitung nach y, so können Sie diese mit `gradientf[[2]]` ansprechen. Zur Berechnung höherer partieller Ableitungen wie etwa $f_{yx} = \dfrac{\partial^2 f}{\partial x \partial y}$ können Sie der Reihe nach vorgehen, also etwa

```
In[8]:= D[D[f[x,y,z],y],x]
Out[8]= Cos[y] - z Sin[x] - z Cos[x] Sin[y]
```

Sie können stattdessen aber auch direkt eingeben:

```
In[9]:=
D[f[x,y,z],x,y]
Out[9]= Cos[y] - z Sin[x] - z Cos[x] Sin[y]
```

Beachten Sie bitte die jetzt geänderte Reihenfolge der Variablen! Falls Sie die Reihenfolge nicht beachten, kann dies nach dem Satz von Schwarz zu Fehlern führen, wenn die 2. partiellen Ableitungen nicht stetig sind. Dies zeigt sich etwa in folgendem Fall:

```
In[10]:= h[x_,y_] := x y (x^2-y^2)/(x^2+y^2);
In[11]:= hyx[x_,y_] = D[h[x,y],x,y];
In[12]:= hxy[x_,y_] = D[h[x,y],y,x];
```

Man kann für (x, y) hier nicht einfach den Nullpunkt einsetzen, weil dabei formal durch 0 geteilt werden müßte, daher lassen wir jeweils den Grenzwert ausrechnen (nähere Informationen finden Sie im Abschnitt 2.1.3), wenn wir uns dem Nullpunkt auf einer der Achsen nähern:

```
In[13]:= Limit[hyx[0,y],y->0]
Out[13]= -1
In[14]:= Limit[hxy[x,0],x->0]
Out[14]= 1
```

Die Richtungsableitung von $f(\vec{x})$ in Richtung $\vec{v}$ berechnen Sie gemäß

$$f_{\vec{v}} = \mathrm{grad}(f) \cdot \frac{\vec{v}}{\|\vec{v}\|}$$

Totale Ableitung Dt und ihre Anwendungen

Das totale Differential

$$df(\vec{x}) = \mathrm{grad}(f) \cdot d\vec{x}$$

erhalten Sie am einfachsten durch Verwendung des Befehls Dt[f], wie folgendes Beispiel mit a[x_,y_,z_]= x^2+y^3+z^4 zeigt:

```
In[15]:=Dt[a[x,y,z]]
                     2             3
Out[15]= 2 x Dt[x] + 3 y  Dt[y] + 4 z  Dt[z]
```

d. h. *Mathematica* gibt Ihnen anstelle von der üblichen Schreibweise dx, dy, dz die Bezeichnungen Dt[x], Dt[y], Dt[z] aus. Alle Anwendungen des totalen Differentials beruhen auf der Idee, daß in erster Näherung das totale Differential den Funktionszuwachs in einer kleinen Umgebung eines vorgegebenen Punktes beschreibt. Dies wollen wir anhand von 3 Beispielen erläutern.

- In einer kleinen Umgebung des Punktes $(x_0, y_0) = (1, 3)$ wird die Funktion $f(x, y) = x^y = e^{y \cdot \ln(x)}$ angenähert durch

$$z = f(x_0, y_0) + f_x(x_0, y_0)(x - x_0) + f_y(x_0, y_0)(y - y_0) \,,$$

also

```
In[16]:= f[x_,y_] = x^y; x0 = 1; y0 = 3;
In[17]:= fx[x_,y_]=D[f[x,y],x]

              -1 + y
Out[17]= x         y
In[18]:= fy[x_,y_]=D[f[x,y],y]


          y
Out[18]= x  Log[x]
In[19]:= z[x_,y_] = f[x0,y0]+fx[x0,y0](x-x0)+fy[x0,y0](y-y0)
Out[19]= 1 + 3 (-1 + x)
```

Um uns eine Vorstellung von der Genauigkeit dieser Rechnung zu machen, berechnen wir den angenäherten Funktionswert im Punkt $(1.02, 3.01)$:

```
In[20]:= z[1.02,3.01]
Out[20]= 1.06
```

Der wahre Funktionswert an dieser Stelle beträgt $1.061418168\ldots$

- Wird aufgrund von Meßfehlern statt der wahren Variablen $\vec{x}_0$ die Variable $\vec{x}$ zur Berechnung von $f(\vec{x})$ benutzt, so ist nach dem Gaußschen Fehlerfortpflanzungsgesetz der mittlere absolute Fehler bestimmt durch

$$|df(\vec{x}_0)| \approx \sqrt{\sum_{i=1}^{n} \left(\frac{\partial f(\vec{x}_0)}{\partial x_i} \Delta x_i \right)^2}$$

wobei Δx_i die Differenz der i-ten Komponenten von x_0 und x ist. Im obigen Beispiel mit $x_0 = 1.02$ und $y_0 = 3.06$, $\Delta x = 0.02$, $\Delta y = 0.06$ (also einem Meßfehler von 2%) ergibt sich für den mittleren absoluten Fehler

```
In[21]:=
u = Sqrt[(fx[1.02,3.06] 0.02)^2 + (fy[1.02,3.06] 0.06)^2]
Out[21]= 0.0637607
```

d. h. der relative Fehler beträgt etwa 6%.

- Die Tangentialebene an eine Niveaufläche $f(x, y, z) = c$ einer total differenzierbaren Funktion $f(x, y, z)$ im Punkt (x_0, y_0, z_0) geben Sie am einfachsten in der Normalform

$$f_x((x_0, y_0, z_0)(x - x_0) + f_y(x_0, y_0, z_0)(y - y_0) + f_z(x_0, y_0, z_0)(z - z_0) = 0$$

bzw. $\mathrm{grad}(f(x_0, y_0, z_0)) \cdot (x - x_0, y - y_0, z - z_0) = 0$ an und können, wenn Sie wollen, diese Form nach einer der Variablen auflösen lassen:

```
In[22]:= gradi[x_,y_,z_] = Grad[x^2 y z^3];
         {x0,y0,z0} = {1,2,3};
In[23]:= tangential=gradi[1,2,3] . {x-x0,y-y0,z-z0}
Out[23]= 108 (-1 + x) + 27 (-2 + y) + 54 (-3 + z)
In[24]:= Solve[tangential==0,z]

                   -(-12 + 4 x + y)
Out[24]={{z -> ----------------}}
                          2
```

Höhere Ableitungen

Für hinreichend oft stetig differenzierbare Funktionen mehrerer Veränderlicher gibt es eine Verallgemeinerung der Taylorformel, wobei das Taylorpolynom 2. Grades eine besonders wichtige Rolle spielt, weil es u. a. zur Berechnung der Schmiegequadrik an die Fläche $z = f(x, y)$ benutzt wird. Hierbei wird die Hesse- Matrix

$$H_f(\vec{x}) = (f_{x_i x_j}(\vec{x})) \tag{2.1}$$

benötigt. Ist f eine Funktion von 2 oder 3 Variablen, können Sie sie natürlich direkt angeben

```
Hessef =
{{D[f[x,y,z],{x,2}], D[f[x,y,z],y,x],  D[f[x,y,z],z,x]},
 {D[f[x,y,z],x,y],   D[f[x,y,z],{y,2}], D[f[x,y,z], x,z]},
 {D[f[x,y,z],x,z],   D[f[x,y,z],y,z],  D[f[x,y,z],{z,2}]}}
```

aber dieses Verfahren ist mühsam und anfällig gegen Tippfehler. Es ist einfacher, wenn Sie mit Matrizenoperationen arbeiten, weil Sie so die Matrix analog zu (2.1) definieren können. Entsprechend der Durchnumerierung der Matrixelemente müssen jetzt auch die Variablen durchnumeriert werden – damit beginnen wir:

```
In[25]:= X = Array[x,3]
Out[25]= {x[1], x[2], x[3]}
```

Nun verwenden wir anstelle der Ihnen gewiß vertrauteren Schreibweise $f = x \sin y \cosh z$ die Fassung $f = x_1 \sin x_2 \cosh x_3$

```
In[26]:= f = x[1] Sin[x[2]] Cosh[x[3]];
```

Der folgende Befehl definiert eine 3×3-Matrix, bei der in der i-ten Zeile und j-ten Spalte die partielle Ableitung $f_{x_i x_j}$ steht:

```
In[27]:= Hessef = Table[D[f,x[j],x[i]],{i,3},{j,3}]]
Out[27]= {{0, Cos[x[2]] Cosh[x[3]], Sin[x[2]] Sinh[x[3]]},
 {Cos[x[2]] Cosh[x[3]], -(Cosh[x[3]] Sin[x[2]] x[1]),
                                      Cos[x[2]] Sinh[x[3]] x[1]},
 {Sin[x[2]] Sinh[x[3]], Cos[x[2]] Sinh[x[3]] x[1],
                                      Cosh[x[3]] Sin[x[2]] x[1]}}
```

Zur Berechnung des quadratischen Anteils der Schmiegequadrik benötigen wir die Hesse-Matrix im Punkt x_0. Wir wählen z. B. $x_0 = (1, 2, 3)$ und setzen ein:

```
In[28]:= HessefX0 = Hessef /.{x[1]->1,x[2]->2,x[3]->3}
Out[28]= {{Cosh[3] Sin[2], Cosh[3] Sin[2], Cosh[3] Sin[2]},
          {Cos[2] Cosh[3], Cos[2] Cosh[3], Cos[2] Cosh[3]},
          {Sin[2] Sinh[3], Sin[2] Sinh[3], Sin[2] Sinh[3]}}
```

Der quadratische Anteil der Taylorformel ergibt sich gemäß

```
In[29]:= quadratischerAnteil= 0.5 Transpose[X-X0] .
HessefX0 .(X-X0);
```

Da meistens mit numerischen Werten weitergearbeitet werden muß, lassen wir statt der exakten (deren Ausgabe wir unterdrückt haben) eine numerische Näherungslösung ausgeben:

```
In[30]:= numeinfach = N[quadratischerAnteil]
                                              2
Out[30]=84.3088 - 41.515 x[1.] + 4.57725 x[1.]  - 1.48259 x[2.] +

                                   2
     2.48244 x[1.] x[2.] - 2.09481 x[2.]  - 41.3791 x[3.] +

                                                          2
     9.13186 x[1.] x[3.] + 2.4598 x[2.] x[3.] + 4.55461 x[3.]
```

Die Hesse-Matrix benötigen Sie auch, um Extrema ohne Nebenbedingungen zu finden; denn ein stationärer Punkt der Funktion f (d. h. ein Punkt $\vec{x}_0$ mit $\operatorname{grad} f(\vec{x}_0) = 0$) ist dann Extremstelle, wenn alle Eigenwerte der Hesse-Matrix $H_f(\vec{x}_0)$ gleiches Vorzeichen haben, und zwar ist $\vec{x}_0$ eine lokale Minimalstelle, wenn alle Eigenwerte positiv sind, anderenfalls eine lokale Maximalstelle. Gibt es dagegen sowohl positive wie negative Eigenwerte, so ist $\vec{x}_0$ ein Sattelpunkt. Ein Beispiel finden Sie im Abschnitt 4.3 des Kapitels 4.

Extrema mit Nebenbedingungen: Lagrange-Multiplikatoren

Gesucht sind z. B. bei einer Temperaturverteilung $T[x, y, z] = xy + xz$ die wärmsten Punkte auf der Sphäre $x^2 + y^2 + z^2 = 1$. Sie müssen zunächst diese Funktionen eingeben; da wir für die Lösung mit Lagrange-Multiplikatoren auch den Gradienten benötigen, sollten Sie jedoch *vorher* das Paket Vektoranalysis aufrufen (nähere Informationen finden Sie im Paragraphen 2.2).

```
In[1]:= Needs["Calculus`VectorAnalysis`"];
In[2]:= SetCoordinates[Cartesian[x,y,z]]; T = x y + x z;
In[3]:= neben = x^2+y^2+z^2-1;
```

Nun müßten Sie die Lagrange-Funktion `T[x,y,z]` + `lambda` `neben` bilden. Dann
sind die Nullstellen des Gradienten dieser Funktion Kandidaten für Extrema. Leider kennt
Mathematica nur den Gradienten von Funktionen dreier Veränderlicher. Um auf die korrekte
Fassung

$$\text{grad Lagrangefunktion} = (\text{grad}\, T + \lambda \cdot \text{grad} \cdot neben, neben)$$

also einen Vektor mit vier Komponenten zu kommen, müssen Sie so vorgehen:[1]

```
In[4]:= GradientL = Append[Grad[T]+lambda
Grad[neben],neben];
```

Nun können Sie die Nullstellen dieses i. a. nichtlinearen Gleichungssystems suchen lassen
(vgl. Kapitel 4 Abschnitt 4.3):

```
In[5]:= Solve[GradientL=={0,0,0,0},{x,y,z,lambda}]
```

```
                  1           1       1                     1
Out[5]= {{x -> -(-------), y -> -, z -> -, lambda -> -------},
                Sqrt[2]       2       2                 Sqrt[2]


              1           1         1             1
 {x -> -------, y -> -(-), z -> -(-), lambda -> -------},
        Sqrt[2]       2         2               Sqrt[2]


              1       1       1               1
 {x -> -------, y -> -, z -> -, lambda -> -(-------)},
        Sqrt[2]     2       2               Sqrt[2]


              1           1         1                 1
 {x -> -(-------), y -> -(-), z -> -(-),lambda -> -(-------)},
          Sqrt[2]       2         2                 Sqrt[2]


                   1               1
 {x -> 0, y -> -(-------), z -> -------, lambda -> 0},
                 Sqrt[2]         Sqrt[2]


              1               1
 {x -> 0, y -> -------, z -> -(-------), lambda -> 0}}
               Sqrt[2]         Sqrt[2]
```

Um nun die Maxima zu finden, setzen Sie alle gefundenen Kandidaten in die Funktion
T ein. Jede Lösung ist eine Liste von Ersetzungsregeln für x, y, z und λ. Alle Lösungen
bilden eine Liste mit sechs Elementen. Um alle möglichen Funktionswerte zu berechnen,
lassen wir also eine Liste erzeugen, deren Einträge gerade die Funktionswerte von T für
diese sechs verschiedenen Lösungen sind.

---

[1]Wenn Sie häufiger solche Probleme zu lösen haben, bietet sich die Alternative an, eine eigene Gradien-
tenfunktion zu definieren. Dies wird im Kapitel 6 Paragraph 2.3 erklärt.

```
In[6]:= Table[T /. Out[5][[i]], {i,6}]
               1          1          1          1
Out[6]= {-(-------), -(-------), -------, -------, 0, 0}
           Sqrt[2]      Sqrt[2]   Sqrt[2]   Sqrt[2]
```

Damit liegen in den Punkten $\pm(\frac{1}{\sqrt{2}}, \frac{1}{2}, \frac{1}{2})$ die Maxima, da die stetige Temperaturverteilung auf der Sphäre Punkte minimaler und maximaler Temperatur haben muß. Ein weiteres Beispiel einer Extremwertaufgabe mit Nebenbedingungen finden Sie im Abschnitt 4.3 des Kapitels 4.

2.1.3 Grenzwerte: `Limit`

Um den Grenzwert $\lim_{x \to 0} \sin x / x$ zu berechnen, geben Sie ein:

```
In[7]:= Limit[Sin[x]/x,x->0]
Out[7]= 1
```

Falls Sie einen Grenzwert für $x \to \infty$ berechnen lassen wollen: das Symbol ∞ hat in *Mathematica* den Namen `Infinity`.

```
In[8]:= Limit[1/x^2, x->Infinity]
Out[8]= 0
In[9]:= Limit[1/Sqrt[x], x->-Infinity]
Out[9]= 0
```

Mathematica versucht zunächst, den Grenzwert direkt zu berechnen; falls dies nicht möglich ist, greift es auf die Regeln von Bernoulli-L'Hospital zurück, wobei auch die üblichen Methoden benutzt werden, um einen Ausdruck zu erhalten, auf den diese Regeln anwendbar sind.

```
In[10]:= Limit[1/x^2-1/(Sinh[x])^2,x->0]
            1
Out[10]= -
            3
In[11]:= Limit[x^(1/(1-x)),x->1]
            1
Out[11]= -
            E
```

Falls Sie einen einseitigen Grenzwert berechnen müssen, z. B. $\lim\limits_{x \to 0^+} \left(\dfrac{1}{x}\right)^x$, können Sie den zusätzlichen Operanden `Direction` verwenden, dem die Werte 1 und -1 zugewiesen werden können. Dabei müssen Sie jedoch darauf achten, daß im Unterschied zur üblichen Schreibweise die Angabe `Direction -> -1` bedeutet, daß der rechtsseitige Grenzwert, bei dem sich die Variable also von oben dem kritischen Punkt nähert, gemeint ist!

```
In[12]:= Limit[(1/x)^x,x->0,Direction->-1]
Out[12]= 1
```

In einem gewissen Umfang dürfen die zu berechnenden Grenzwerte auch Konstanten enthalten, jedoch wird dann keine Fallunterscheidung getroffen, auch wenn diese für gewisse Spezialfälle nötig sein sollte. Dies führt manchmal zu richtigen, manchmal zu unvollständigen Ergebnissen.

```
In[13]:= Limit[(Exp[a x]-Exp[b x])/(Exp[x]-1),x->0]
Out[13]= a - b
In[14]:= Limit[a^x,x->0]
Out[14]= 1
```

Bei dieser Aufgabe wurde der Fall $a = 0$ nicht gesondert behandelt. Bei dem folgenden Problem findet *Mathematica* keinen Grenzwert, weil es nicht bereit ist, eine Fallunterscheidung zu machen:

```
In[15]:= Limit[a^x,x->Infinity]
                 x
Out[15]= Limit[a , x -> Infinity]
```

Falls die betrachtete Funktion in einer Umgebung des kritischen Punktes beschränkte Variation hat, wird als Antwort ein sogenanntes `RealInterval`-Objekt ausgegeben, mit dem *Mathematica* auch rechnen kann.

```
In[16]:= Limit[Sin[1/x],x->0]
Out[16]= RealInterval[{-1, 1}]
In[17]:= (%+3) 2
Out[17]= RealInterval[{4, 8}]
```

Die Funktion, deren Grenzwert Sie berechnen wollen, kann übrigens auch komplexwertig sein:

```
In[18]:= Limit[Sin[I x]/x,x->0]
Out[18]= I
```

Diese an sich erfreuliche Tatsache ist jedoch der Grund dafür, daß Sie auch dann eine Antwort erhalten, wenn Sie den Grenzwert einer Funktion in (reell) verbotener Art und Weise suchen, weil *Mathematica* annimmt, Sie meinen die komplexe Fortsetzung der Funktion:

```
In[19]:= Limit[(1/x)^x,x->0,Direction->1]
Out[19]= 1
In[20]:= Limit[Log[x],x->-1]
Out[20]= I Pi
```

2.1.4 Potenzreihen und Residuen: `Series` und `Residue`

Wir wollen die Potenzreihenentwicklung der Funktion $1/x$ um den Punkt $x_0 = 3$ bis zur Ordnung 4 finden:

```
In[1]:= Series[1/x,{x,3,4}]
                      2            3            4
         1   -3 + x   (-3 + x)     (-3 + x)     (-3 + x)                5
Out[1]=  - - ------ + --------- - --------- + --------- + O[-3 + x]
         3     9         27          81          243
```

Wie Sie sehen, wird das Restglied nicht exakt angegeben. Im Umgang mit Reihenentwick-
lungen sollten Sie jedoch stets beachten, daß die betrachtete Funktion nur dann durch die
abbrechende Reihe approximiert wird, wenn das Restglied gegen 0 geht. Wenn Sie z. B. in
die hier angegebene Reihe den Wert $x = -1$ einsetzen, erhalten Sie als Ergebnis 3.214, was
beim besten Willen nicht als Näherungswert für den wahren Funktionswert -1 angesehen
werden kann. Dies liegt daran, daß der Konvergenzradius der Reihenentwicklung von $1/x$
um den Punkt $x_0 = 3$ wegen der Singularität im Nullpunkt 3 ist, -1 jedoch von $x_0 = 3$
den Abstand 4 hat.

Falls die Funktion im Punkt x_0 keine Singularität hat, wird Ihnen durch den Befehl
Series die Taylorentwicklung bis zur Ordnung n um den Punkt x_0 berechnet. Liegt in x_0
ein Pol vor, so hängt es von der Funktion ab, was Sie erhalten; enthält sie weder gebrochene
Potenzen von x noch $\log x$, so wird die Laurententwicklung ausgegeben:

```
In[2]:= Series[1/x,{x,0,4}]
         1       5
Out[2]=  - + O[x]
         x
```

Gebrochene Potenzen von x sowie $\log x$ werden übernommen:

```
In[3]:= Series[Sqrt[x],{x,0,4}]
                        9/2
Out[3]= Sqrt[x] + O[x]
In[4]:= Series[Log[x],{x,0,4}]
                      5
Out[4]= Log[x] + O[x]
```

Natürlich können Sie die Taylorentwicklung der Funktion $\sqrt{x}$ um einen regulären Punkt
berechnen lassen, denn die angegebene Ausnahme gilt nur in Polstellen. Hat die Sie interessierende Funktion im Punkt x_0 eine wesentliche Singularität, so entdeckt *Mathematica*
dies und gibt eine entsprechende Meldung aus:

```
In[5]:= Series[Sin[1/x],{x,0,4}]
Series::esss:
                                   1       5
   Essential singularity encountered in Sin[- + O[x] ].
                                   x
                1
Out[5]= Series[Sin[-], {x, 0, 4}]
                x
```

Sie können eine Funktion auch um den Punkt ∞ entwickeln, falls sie dort keine wesentliche
Singularität hat:

```
In[6]:= Series[x^2 Sin[1/x],{x,Infinity,5}]
               1      1        1 4
Out[6]= x  -  ---  +  ------  +  O[-]
              6 x       3        x
                     120 x
```

Es spielt keine Rolle, ob die zu entwickelnde Funktion reell- oder komplexwertig ist; auch
der Entwicklungspunkt darf eine komplexe Zahl sein, wie das folgende Beispiel zeigt.

```
In[7]:= Series[1/(1-x),{x,I,2}]

          1   I   I               1    I             2              5
Out[7]= - + - + - (-I + x) + (-(-) + -) (-I + x)  + O[-I + x]
          2   2   2               4    4
```

Sie können auch die Potenzreihenentwicklung von zusammengesetzten Funktionen berechnen lassen, jedoch sollten Sie hierbei eine hinreichend hohe Ordnung angeben, bis zu der
gerechnet werden soll, da häufig etliche Summanden Null sind.

```
In[8]:= Series[Sin[Sinh[x]],{x,0,13}]
               5    7    9     11          13
               x    x    x     x      2417 x         14
Out[8]=   x  - -- - -- + ---- + ---- + -------- + O[x]
               15   90   5670   3150   48648600
```

Benötigen Sie eine Approximation der Umkehrfunktion, so können Sie die Reihe direkt
invertieren lassen, wobei Sie den Namen der Variablen neu wählen müssen.

```
In[9]:= InverseSeries[%,x]
              5    7      9      11          13
              x    x   25 x    3 x     59569 x          14
Out[9]= x  +  -- + -- + ----- + ----- + --------- + O[x]
              15   90   1134     350     5405400
```

Natürlich können Sie die Reihe ableiten lassen

```
In[10]:= D[%,x]
              4      6      8      10         12
              x    7 x   25 x   33 x    59569 x          13
Out[10]= 1 + -- + ---- + ----- + ------ + --------- + O[x]
              3    90     126     350      415800
```

oder auch integrieren.

```
In[11]:= Integrate[%%,x]
             2    6    8     10     12         14
             x    x    x    5 x     x    59569 x          15
Out[11]= -- + -- + --- + ----- + ---- + --------- + O[x]
             2    90   720   2268   1400   75675600
```

Wenn Sie mit dem Näherungspolynom rechnen, also den Term `O[x]` abschneiden wollen, geschieht dies durch den Befehl `Normal`

```
In[12]:= Normal[Out[50]]
               2    6    8        10      12               14
              x    x    x     5 x      x       59569 x
Out[12]=     -- + -- + --- + ----- + ---- + ---------
              2    90   720   2268     1400   75675600
```

Dieser Ausdruck ist ein echtes Polynom (d. h. er wird intern anders als eine Reihenentwicklung gespeichert).

Das folgende Beispiel soll Ihnen zeigen, wie Sie in *Mathematica* mit Hilfe des Potenzreihenansatzes Differentialgleichungen näherungsweise lösen können. Wir machen zunächst den Ansatz

$$y = \sum_{i=1}^{5} a_i x^i + \text{Terme höherer Ordnung:}$$

```
In[13]:= y = 1 + Sum[a[i] x^ i, {i,5}] + O[x]^6
                         2        3        4        5        6
Out[13]= 1 + a[1] x + a[2] x + a[3] x + a[4] x + a[5] x + O[x]
```

Nun geben wir die Differentialgleichung $(y')^2 - y = x^3$ ein – *Mathematica* ersetzt y und y' sofort durch die formale Potenzreihe bis zur Ordnung 4:

```
In[14]:= D[y,x]^2-y==x^3
                     2
Out[14]= (-1 + a[1] ) + (-a[1] + 4 a[1] a[2]) x +


               2                2
   (-a[2] + 4 a[2]  + 6 a[1] a[3]) x  +


                                      3
   (-a[3] + 12 a[2] a[3] + 8 a[1] a[4]) x  +


         2                                       4        5        3
   (9 a[3]  - a[4] + 16 a[2] a[4] + 10 a[1] a[5]) x  + O[x]      == x
```

Welche Gleichungen nun zu lösen sind, können Sie sich mit dem folgenden Befehl anschauen:

```
In[15]:= LogicalExpand[Out[14]]
                   2
Out[15]= -1 + a[1]   == 0 && -a[1] + 4 a[1] a[2] == 0 &&


                         2
           -a[2] + 4 a[2]  + 6 a[1] a[3] == 0 &&


           -1 - a[3] + 12 a[2] a[3] + 8 a[1] a[4] == 0 &&


         2
   9 a[3]  - a[4] + 16 a[2] a[4] + 10 a[1] a[5] == 0
```

```
In[16]:= Solve[Out[15]]
                              1                          1
Out[16]= {{a[1] -> 1, a[2] -> -, a[3] -> 0, a[4] -> -,
                              4                          8

               3                            1
   a[5] -> -(--)}, {a[1] -> -1, a[2] -> -, a[3] -> 0,
              80                           4

           1              3
   a[4] -> -(-), a[5] -> -(--)}}
           8             80
```

Damit Sie das Ergebnis auf einen Blick sehen können, lassen wir die errechneten Koeffizienten in y einsetzen:

```
In[17]:= Out[13] /.%
                     2    4      5
                    x    x    3 x          6
Out[17]= {1 + x + -- + -- - ---- + O[x] ,
                    4    8     80

                     2    4      5
                    x    x    3 x          6
           1 - x + -- - -- - ---- + O[x] }
                    4    8     80
```

Auch Funktionen von mehreren Veränderlichen können Sie entwickeln lassen, wobei *Mathematica zuerst* nach der zuletzt aufgeführten Variablen entwickelt:

```
In[18]:= Series[x y^2 + Sinh[x y],{x,0,3},{y,0,4}]
                                      3
                 2       10      y           10  3        4
Out[18]= (y + y  + O[y]  ) x + (-- + O[y]  ) x  + O[x]
                                 6
```

Ist $f(x)$ eine im konzentrischen Kreisring um x_0 analytische (komplexe) Funktion, so heißt der (-1)-te Koeffizient der Laurententwicklung von f um x_0 das Residuum Res $f(x)_{x=x_0}$ von $f(x)$ in x_0. Dies dient manchmal der Berechnung bestimmter Integrale. Ist nämlich z. B. $f(x)$ eine in der ganzen oberen (komplexen) Halbebene einschließlich der reellen Achse analytische Funktion mit Ausnahme der singulären Punkte $a_1, a_2, \ldots, a_n$, so gilt $\int\limits_{-\infty}^{+\infty} f(x)dx = 2\pi i \sum\limits_{j=1}^{n} Res f(x)_{x=a_j}$. Um ein Beispiel zu rechnen, bestimmen wir $\int\limits_{-\infty}^{+\infty} \dfrac{dx}{(1+x^2)^3}$. Die einzige Singularität in der oberen Halbebene liegt in $x = i$ vor, daher berechnen wir

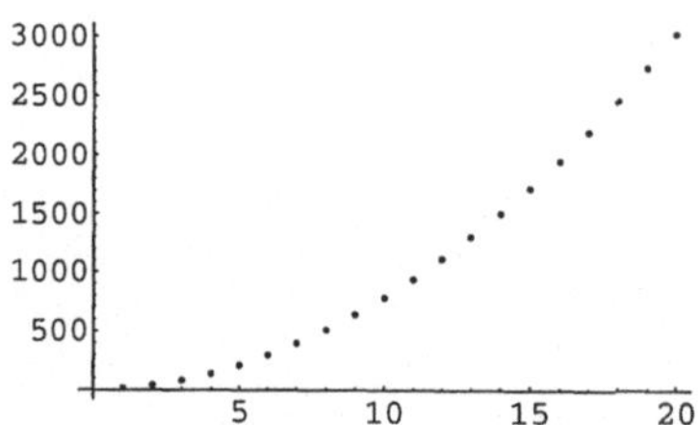

Bild 2.1 Meßdaten

```
In[19]:= Residue[1/(1+x^2)^3,{x,I}]
            -3 I
Out[19]= ----
             16
```

Also ist $\displaystyle\int\limits_{-\infty}^{+\infty}\frac{dx}{(1+x^2)^3}=\frac{2\pi i\cdot(-3i)}{16}=\frac{3}{8}\pi.$

2.1.5 Interpolation

Wenn Sie zu einer Liste von Meßwerten eine geeignete Funktion finden müssen, so gibt es eine Reihe von Möglichkeiten des Vorgehens, die wir an einigen Beispielen vorstellen wollen. Grundsätzlich sucht *Mathematica* unter den von Ihnen angegebenen Möglichkeiten immer jene, die $\chi^2=\sum_i|F_i-f_i|^2$ minimiert, wobei f_i Ihre Meßwerte und F_i die entsprechenden Funktionswerte sind. Um die Güte der Interpolation bewerten zu können, lassen wir die Funktionen sowie die Liste der Meßwerte jeweils zeichnen. Nähere Informationen hierzu finden Sie im Kapitel 5.

Beispiel:

Wir erzeugen zunächst eine Tabelle von Meßwerten. Damit wir die Güte verschiedener Interpolationen besser überprüfen können, legen wir eine Funktion, nämlich $f(x)=2+5.1x+7.3x^2$, zugrunde. Die graphische Darstellung der Funktionswerte in den Punkten $1,2,\ldots,20$ sehen Sie in Bild 2.1

```
In[1]:= f[x_] = 2+5.1 x + 7.3 x^2; data1 = Table[f[x],{x,20}];
In[2]:= liplo = ListPlot[data1, PlotStyle->PointSize[0.01]]
```

Wenn wir ein quadratisches Interpolationspolynom für die Daten suchen, sind die Funktionen $1, x$ und x^2 anzugeben[2]. *Mathematica* bestimmt dann die Koeffizienten, mit denen

---

[2]Es ist also jeweils eine Basis des Funktionenraums anzugeben, in dem die interpolierende Funktion liegen

diese Funktionen zu multiplizieren sind, damit die Meßdaten möglichst gut interpoliert werden. In diesem Fall erhalten wir tatsächlich das ursprüngliche Polynom.

```
In[3]:= f1 = Fit[data1,{1,x,x^2},x]
                    2
Out[3]= 2. + 5.1 x + 7.3 x
```

Wir wollen uns in *einer* Graphik die Meßwerte und die interpolierende Funktion ansehen. Da jedoch unterschiedliche Befehle - nämlich `ListPlot` und `Plot` - benötigt werden, erzeugen wir die Darstellungen zunächst getrennt. Das Semikolon soll nur andeuten, daß wir diese Graphik eigentlich nicht benötigen; in Wahrheit gibt es keine Möglichkeit, die Ausgabe dieses Bildes zu unterdrücken.

```
In[4]:= fit1 = Plot[f1,{x,0,20}];
```

In Bild 2.2(a) sehen Sie die Daten zusammen mit der Interpolationsfunktion.

```
In[5]:= Show[{fit1,liplo}]
```

Wenn wir die Meßwerte linear interpolieren lassen, ergeben sich starke Abweichungen (Bild 2.2(b)).

```
In[6]:= f2 = Fit[data1,{1,x},x]
Out[6]= -560.1 + 158.4 x
In[7]:= fit2 = Plot[f2,{x,0,20}];
In[8]:= Show[{fit2,liplo}]
```

Wenn wir neben 1, x und x^2 auch noch x^3 für die Interpolation zulassen, wird ein von Null verschiedener, wenn auch sehr kleiner Koeffizient für x^3 bestimmt, d. h. *Mathematica* fühlt sich verpflichtet, alle angegebenen Funktionen auch tatsächlich zu benutzen, selbst wenn dies zu einem ungünstigeren Ergebnis führt. Dies können Sie durch Anwendung von `Chop` auf das Ergebnis unterdrücken lassen.

```
In[9]:= f3 = Fit[data1,{1,x,x^2,x^3},x]
                    2            -15  3
Out[9]= 2. + 5.1 x + 7.3 x  + 1.26982 10   x
In[10]:= Chop[f3]
                     2
Out[10]= 2. + 5.1 x + 7.3 x
```

Anstelle von Potenzen von x können Sie auch irgendwelche anderen Funktionen für die Interpolation benutzen.

```
In[11]:= f4 = Fit[data1,{1,Sin[x],Sin[2 x],Sin[3 x], Exp[x]},x]
                          -6  x
Out[11]= 887.221 + 6.08091 10   E  - 261.254 Sin[x] -

         95.8153 Sin[2 x] + 22.6103 Sin[3 x]
```

soll.

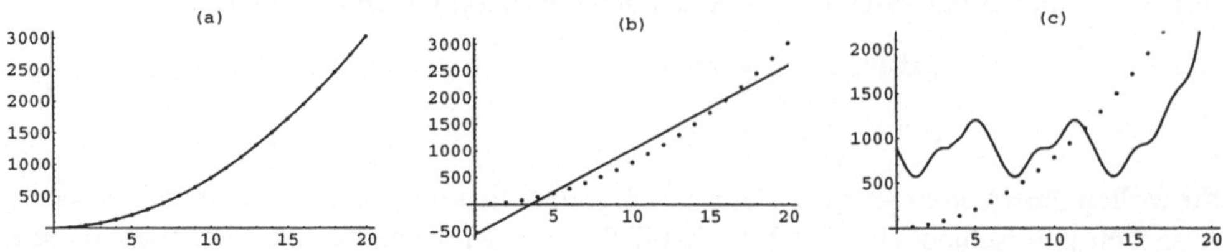

Bild 2.2 (a) Quadratische Interpolation, (b) lineare Interpolation, (c) Interpolation mit trigonometrischen und Exponentialfunktionen an die Meßdaten von 2.1

Daß diese Wahl für die Interpolation nicht günstig ist, sehen Sie in Bild 2.2(c).

```
In[12]:= fit4 = Plot[f4,{x,0,20}];

In[13]:= Show[{fit4,liplo}]
```

Durch $n + 1$ Punkte der Ebene wird eindeutig ein Polynom n-ten Grades bestimmt, dessen Graph durch diese Punkte verläuft, das sog. Interpolationspolynom. Auch dieses können Sie von *Mathematica* berechnen lassen.[3]

```
In[14]:= InterpolatingPolynomial[data1,x]
Out[14]=
                             -15                 -15
14.4 + (27. + (7.3 + (-2.36848 10    + (2.07242 10      +


              -15                -16                -16
   (-1.18424 10    + (4.83564 10    + (-1.438 10     +


             -17                -18                -19
   (3.01346 10    + (-3.60284 10    + (-2.09513 10     +


             -19                -20                -20
   (2.43156 10    + (-7.69134 10    + (1.73305 10     +


             -21               -22                -23
   (-3.2112 10    + (5.17206 10    + (-7.44289 10     +


            -24                -24                -25
   (9.7131 10    + (-1.15992 10    + 1.27688 10     (-19 + x))
```

---

[3]In solchen Fällen sollten Sie auf gar keinen Fall Fit benutzen, da die zugrundeliegenden Algorithmen unterschiedlich sind, was dazu führen kann, daß Sie mit Fit nicht dasselbe Polynom erhalten. Das können Sie z. B. an den Meßwerten $\{4.5, 5.9, 4.2, 4.7, 7.9, 7.5, 14.5, 12.1, 13.9, 12.9, 5.0, 3.4, 1.0, -1.0\}$ ausprobieren. Das Ergebnis wird auch nicht besser, wenn Sie die Daten als exakte Zahlen eingeben.

```
(-18 + x))  (-17 + x))  (-16 + x))  (-15 + x))  (-14 + x))

(-13 + x))  (-12 + x))  (-11 + x))  (-10 + x))  (-9 + x))

(-8 + x))  (-7 + x))  (-6 + x))  (-5 + x))  (-4 + x))

(-3 + x))  (-2 + x))  (-1 + x)
```

Die Bild 2.3(a) zeigt die gute Übereinstimmung des Polynoms mit den Meßwerten.

```
In[15]:= fit5 = Plot[%,{x,0,20}];
In[16]:= Show[fit5,liplo]
```

Daß dies kein Wunder ist, sehen Sie durch Verwendung von Chop: bis auf die nun unterdrückten Störterme handelt es sich beim Interpolationspolynom um die ursprüngliche Funktion.

```
In[17]:= Expand[Chop[%%%]]
                           2
Out[17]= 2. + 5.1 x + 7.3 x
```

Die Ausgabe des Interpolationspolynoms erfolgt gemäß der angewandten Newtonschen Methode; wenn Sie die übliche Darstellung erreichen wollen, müssen Sie den Befehl Expand verwenden.

```
In[18]:= Expand[Out[14]]
Out[18]=
                      2             -7  3              -8  4
2. + 5.1 x + 7.3 x  + 1.39031 10   x  - 8.28209 10   x  +

            -8  5              -8  6              -9  7
3.51409 10    x  - 1.10784 10    x  + 2.66795 10   x  -

            -10  8               -11  9               -12  10
4.99979 10     x  + 7.37901 10     x  - 8.63546 10     x   +

            -13  11               -14  12               -15  13
8.03204 10     x    - 5.92534 10     x   + 3.44279 10     x    -

            -16  14               -18  15              -19  16
1.55501 10     x    + 5.34294 10     x   - 1.3484 10     x    +

            -21  17               -23  18               -25  19
2.35514 10     x    - 2.54207 10     x   + 1.27688 10     x
```

Wenn die betrachteten Meßwerte nicht von einem Polynom herrühren, hat dieses Verfahren große Nachteile, da zwischen den Meßwerten die interpolierende Funktion starken Schwankungen unterworfen ist. Um Ihnen dies zu demonstrieren, legen wir eine Tabelle von Werten der Funktion $\sqrt[3]{x}$ an.

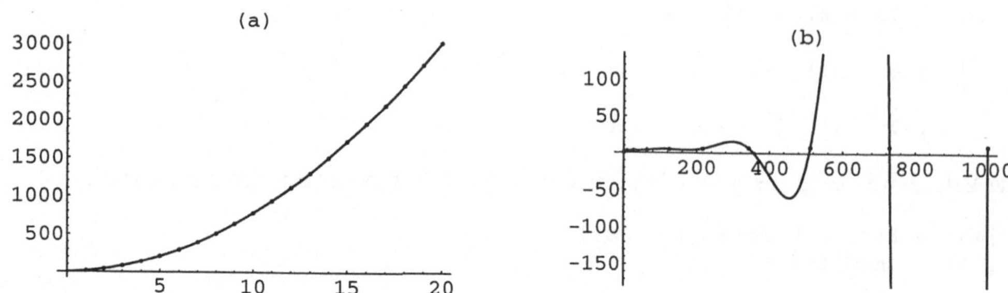

Bild 2.3 Interpolationspolynom (a) einer quadratischen Funktion, (b) von $\sqrt[3]{x}$

```
In[19]:= data2 = Table[{i^3,i},{i,10}];
In[20]:= liplo2 = ListPlot[data2, PlotStyle -> PointSize[0.01]]
```

Da wir das Interpolationspolynom nur zeichnen lassen wollen, unterdrücken wir die Ausgabe.

```
In[21]:= InterpolatingPolynomial[data2,x];
```

Bild 2.3(b) zeigt, daß die Schwankungen so groß sind, daß sie das Format der Zeichnung sprengen. Insbesondere treten negative Werte auf, was bei $\sqrt[3]{x}$ für positives Argument gewiß nicht der Fall ist.

```
In[22]:= f7 = Plot[Out[21],{x,0,1000}]
In[23]:= Show[{liplo2,f7}]
```

Um möglichst glatte Interpolationen zu erhalten, werden in vielen technischen Anwendungen Splinefunktionen benutzt. Dies ist auch in *Mathematica* möglich, allerdings müssen Sie hierfür das entsprechende Paket aufrufen:

```
In[24]:= <<Graphics`Spline`
```

Splinefunktionen werden nur graphisch ausgegeben. Als erstes legen wir daher die Punktgröße der Meßwerte fest, um sie in der Graphik gut erkennen zu können.

```
In[25]:= $SplineDots = {PointSize[0.02]};
```

Zunächst lassen wir einen kubischen Spline ausgeben (Bild 2.4(a)). Um das erzeugte graphische Objekt am Bildschirm ansehen zu können, sind die Befehle `Show` und `Graphics` zu verwenden. Die Beschriftung der x-Achse geben wir vor, auf der y-Achse soll sie von *Mathematica* erzeugt werden. Durch diese Optionen wird die Ausgabe der Koordinatenachsen erzwungen.

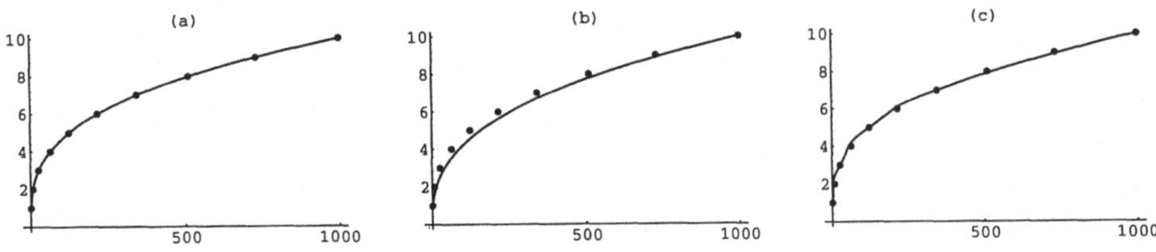

Bild 2.4 Splinefunktionen zu $\sqrt[3]{x}$: (a) kubisch, (b) `Bezier`, (c) `CompositeBezier`

```
In[26]:= kub = Show[Graphics[Spline[data2,Cubic]],
          Ticks->{{0,500,1000}, Automatic}]
```

In Bild 2.4(b) und (c) sehen Sie die anderen Splinekonstruktionen derselben Daten, die Sie von *Mathematica* berechnen lassen können. Diese verlaufen nicht durch alle gegebenen Punkte.

```
In[27]:= bez = Show[Graphics[Spline[data2,Bezier]],
               Ticks->{{0,500,1000},Automatic}]
In[28]:= compbez =
Show[Graphics[Spline[data2,CompositeBezier]],
               Ticks->{{0,500,1000},Automatic}]
```

Um die Unterschiede dieser Konstruktionen besser zu erkennen, stellen wir eine Ausschnittvergrößerung her, indem wir die Kurven über dem Intervall [0, 100] zeichnen lassen, an der Berechnungsgrundlage jedoch nichts ändern. Die Ergebnisse sehen Sie in Bild 2.5, wobei sehr schön zu erkennen ist, daß der Befehl `CompositeBezier` eine Kurve liefert, die durch jeden zweiten Punkt der Meßwerte verläuft.

```
In[29]:= kubmikro = Show[Graphics[Spline[data2,Cubic]],
                    PlotRange->{{0,100},{0,4.5}}, Axes -> True,
                    Ticks->{{0,50,100},Automatic}]

In[30]:= bezmikro =
Show[Graphics[Spline[data2,Bezier]],
                    PlotRange->{{0,100},{0,4.5}}, Axes -> True,
                    Ticks->{{0,50,100},Automatic}]

In[31]:= compbezmikro =
Show[Graphics[Spline[data2,CompositeBezier]],
                    PlotRange->{{0,100},{0,4.5}}, Axes -> True,
                    Ticks->{{0,50,100},Automatic}]
```

Bei noch stärkerer Vergrößerung werden in Bild 2.6 die Unterschiede deutlich erkennbar.

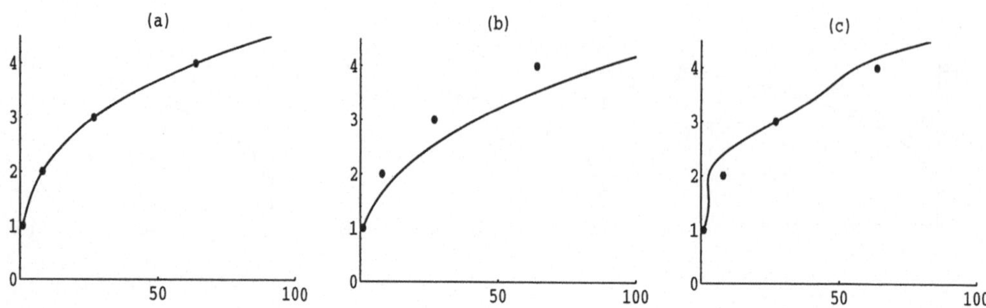

Bild 2.5 Splinefunktionen zu $\sqrt[3]{x}$ vergrößert auf das Intervall $[0, 100]$: (a) kubisch, (b) `Bezier`, (c) `CompositeBezier`

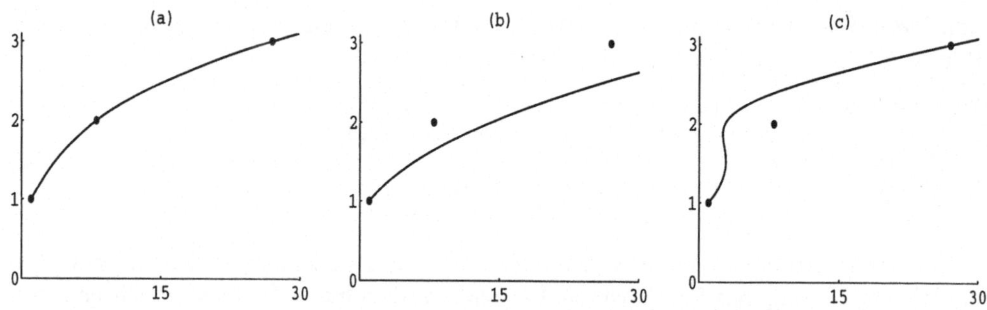

Bild 2.6 Splinefunktionen zu $\sqrt[3]{x}$ vergrößert auf das Intervall $[0, 30]$ (a) kubisch, (b) `Bezier`, (c) `CompositeBezier`

```
In[32]:= kubnano = Show[Graphics[Spline[data2,Cubic]],
               PlotRange->{{0,30},{0,3.1}},Axes -> True,
               Ticks -> {{0,15,30},{0,1,2,3}}]

In[33]:= beznano = Show[Graphics[Spline[data2,Bezier]],
               PlotRange->{{0,30},{0,3.1}},Axes -> True,
               Ticks -> {{0,15,30},{0,1,2,3}}]

In[34]:= compbeznano =
Show[Graphics[Spline[data2,CompositeBezier]],
               PlotRange->{{0,30},{0,3.1}},Axes -> True,
               Ticks -> {{0,15,30},{0,1,2,3}}]
```

2.2 Vektoranalysis

2.2.1 Koordinatensysteme

Mathematica kennt viele verschiedene Koordinatensysteme, die im Paket

```
In[1]:= <<Calculus`VectorAnalysis`
```

zu finden sind. Sie sollten darauf achten, daß Sie vor Aufruf dieses Pakets die üblichen Koordinatennamen nicht verwendet haben; sollte das doch der Fall sein, müssen Sie sie vor dem Aufruf mit `Clear` löschen. Zunächst ist anzugeben, welches Koordinatensystem Sie im folgenden verwenden wollen und welche Namen die Koordinaten tragen sollen. Falls Sie diese letzte Angabe weglassen, werden die in der Literatur üblichen verwendet.

```
In[2]:= SetCoordinates[Cartesian[x,y,z]]; T=x y + x z;
```

Wenn Sie nun etwa beabsichtigen, von kartesischen in Zylinderkoordinaten umrechnen zu lassen, können Sie sich zunächst über diese informieren lassen. Hierbei erfahren Sie die Bedeutung des Namens, die Standardbezeichnungen der Koordinaten sowie den Wertebereich.

```
In[3]:= ??Cylindrical
Cylindrical represents the cylindrical coordinate system with
    default variable names. Cylindrical[r, theta, z]
    represents the cylindrical coordinate system with variable
    names r, theta, and z.

Attributes[Cylindrical] = {Protected}

Coordinates[Cylindrical] ^= {r, theta, z}

Parameters[Cylindrical] ^= {}
In[4]:= CoordinateRanges[Cylindrical]
{0 <= r < Infinity, -Pi < theta <= Pi,  -Infinity < z < Infinity}
```

Wir lassen die kartesischen Koordinaten (x, y, z) eines Punktes in Zylinderkoordinaten umrechnen.

```
In[5]:= CoordinatesFromCartesian[{x,y,z}, Cylindrical]
                 2   2
Out[5]= {Sqrt[x  + y ], ArcTan[x, y], z}
```

Es ist deutlich schwieriger, die Gleichung einer Kurve in kartesischen Koordinaten zu finden, die in anderen Koordinaten gegeben ist. Als Beispiel wählen wir die Polardarstellung $r = a\sqrt{2\cos 2\phi}$ einer Lemniskate, deren dritte Zylinderkoordinate θ also den Wert Null hat.

```
In[6]:= L = {a Sqrt[2 Cos[2 phi]],phi,0};
```

Durch den folgenden Befehl erhalten wir die (x, y, z)- Darstellung, allerdings in Abhängigkeit von den Zylinderkoordinaten.

```
In[7]:= Lkart = CoordinatesToCartesian[L,Cylindrical]
Out[7]= {Sqrt[2] a Cos[phi] Sqrt[Cos[2 phi]],

         Sqrt[2] a Sqrt[Cos[2 phi]] Sin[phi], 0}
```

Wir überzeugen uns nun davon, daß die Lemniskatengleichung in kartesischen Koordinaten $(x^2 + y^2)^2 - 2a^2(x^2 - y^2) = 0$ lautet. Dazu lassen wir erst $x^2 + y^2$ berechnen, wobei für x die erste und für y die zweite Komponente des Ergebnisses `Lkart` zu benutzen sind.

```
In[8]:= Simplify[Lkart[[1]]^2+Lkart[[2]]^2]
             2
Out[8]= 2 a   Cos[2 phi]
```

Nun bestimmen wir nach demselben Verfahren $x^2 - y^2$.

```
In[9]:= Simplify[Lkart[[1]]^2-Lkart[[2]]^2]
             2           2
Out[9]= 2 a   Cos[2 phi]
```

Das Ergebnis unterscheidet sich von dem vorherigen nur um den Faktor $\cos 2\phi$, daher quadrieren wir $x^2 + y^2$

```
In[10]:= Out[8]^2
             4           2
Out[10]= 4 a   Cos[2 phi]
```

So ist die gesuchte Gleichung gefunden.

```
In[11]:= %-2a^2 Out[11]
Out[11]= 0
```

Im Einzelfall, in dem Ihnen das Ergebnis nicht bekannt ist, hilft nur längeres Probieren, das natürlich durch *Mathematica* deutlich vereinfacht wird.

Das dritte wichtige Koordinatensystem sind die Kugelkoordinaten, auch sphärische Koordinaten genannt.

```
In[12]:= ??Spherical
Spherical represents the spherical coordinate system with
   default variable names.  Spherical[r, theta, phi]
   represents the spherical coordinate system with variable
   names r, theta, and phi.

Attributes[Spherical] = {Protected}

Coordinates[Spherical] ^= {r, theta, phi}

Parameters[Spherical] ^= {}

In[13]:= CoordinateRanges[Spherical]
{0 <= r < Infinity, 0 <= theta <= Pi, -Pi < phi <= Pi}
```

Das Vektoranalysis-Paket enthält eine Reihe wichtiger Befehle, die Ihnen das Leben erleichtern können. Dies wollen wir Ihnen an einigen Beispielen vorführen. Für eine parametrisierte Kurve $\vec{x}(t)$ sind die Länge, das begleitende Dreibein, Krümmung und Torsion zu berechnen, wobei die Kurve eine Spirale sein soll.

```
In[14]:= Spirale = {t Cos[t], t Sin[t], t};
```

`ArcLengthFactor` berechnet die Länge des Bogenelements im vorgegebenen Koordinatensystem (in unserem Fall also in kartesischen Koordinaten).

```
In[15]:= ds = ArcLengthFactor[Spirale,t]
                               2                      2
Out[15]= Sqrt[1 + (t Cos[t] + Sin[t])  + (Cos[t] - t Sin[t]) ]
```

Um diesen Ausdruck besser überschauen zu können, lassen wir ihn vereinfachen.

```
In[16]:= ds1 = Simplify[ds]
                2
Out[16]= Sqrt[2 + t ]
```

Die Länge des Federstücks, das sich aus zwei Windungen ergibt, ist dann also $\displaystyle\int_{0}^{4\pi} \sqrt{t^2 + 2}\, dt$.

```
In[17]:= Laenge = Integrate[%,{t,0,4Pi}]
General::intinit: Loading integration packages.
                        2           3/2
Out[17]= 2 Pi Sqrt[2 + 16 Pi ] + ArcSinh[2   Pi]
In[18]:= N[%]
Out[18]= 82.336
```

Zur Berechnung des begleitenden Dreibeins $(\vec{T}, \vec{N}, \vec{B})$ bedienen wir uns der Formeln

$$\vec{T} = \frac{\dot{\vec{x}}}{|\dot{\vec{x}}|} \qquad \vec{B} = \frac{\dot{\vec{x}} \times \ddot{\vec{x}}}{|\dot{\vec{x}} \times \ddot{\vec{x}}|} \qquad \vec{N} = \vec{B} \times \vec{T}$$

wobei wir der Übersichtlichkeit halber das Argument t jeweils weggelassen haben.

```
In[19]:= xpunkt = D[Spirale,t]
Out[19]= {Cos[t] - t Sin[t], t Cos[t] + Sin[t], 1}
```

Da die Länge von $\dot{\vec{x}}$ gerade die Bogenlänge ist, gilt

```
In[20]:= Tangentialvektor = 1/ds1 xpunkt
Out[20]=
  Cos[t] - t Sin[t]   t Cos[t] + Sin[t]           1
{----------------, ------------------, ------------}
          2                 2                 2
   Sqrt[2 + t ]      Sqrt[2 + t ]      Sqrt[2 + t ]
```

Zur Bestimmung des Binormalenvektors berechnen wir $\ddot{\vec{x}}$

```
In[21]:= x2punkt = D[xpunkt,t]
Out[21]= {-(t Cos[t]) - 2 Sin[t], 2 Cos[t] - t Sin[t], 0}
```

und das Kreuzprodukt (das ja ebenfalls in diesem Paket enthalten ist).

```
In[22]:= kreuz = Simplify[CrossProduct[xpunkt,x2punkt]]
                                                                2
Out[22]= {-2 Cos[t] + t Sin[t], -(t Cos[t]) - 2 Sin[t], 2 + t }
```

Nun ist die Länge dieses Vektors zu bestimmen. Die Verwendung von `Simplify` und `Expand` ist erforderlich, um einen einfachen Ausdruck zu erhalten.

```
In[23]:= betrag =
Sqrt[Simplify[Sum[Expand[kreuz[[i]]^2],{i,3}]]]
                       2    4
Out[23]= Sqrt[8 + 5 t  + t ]
In[24]:= Binormalenvektor = 1/betrag kreuz
Out[24]=

                                                                    2
   -2 Cos[t] + t Sin[t]   -(t Cos[t]) - 2 Sin[t]          2 + t
  {--------------------, --------------------, --------------------}
            2    4                  2    4                  2    4
   Sqrt[8 + 5 t  + t ]     Sqrt[8 + 5 t  + t ]     Sqrt[8 + 5 t  + t ]
```

Damit ergibt sich der Hauptnormalenvektor, wobei `Together` die Zusammenfassung der auftretenden Brüche bewirkt.

```
In[25]:= Hauptnormalenvektor = Together[
        CrossProduct[Binormalenvektor, Tangentialvektor]]
Out[25]=
                     3                      2
  -3 t Cos[t] - t  Cos[t] - 4 Sin[t] - t  Sin[t]
  {--------------------------------------------,
                 2            2    4
       Sqrt[2 + t ] Sqrt[8 + 5 t  + t ]

              2                      3
  4 Cos[t] + t  Cos[t] - 3 t Sin[t] - t  Sin[t]
  --------------------------------------------,
                 2            2    4
       Sqrt[2 + t ] Sqrt[8 + 5 t  + t ]

          2             2
   -(t Cos[t] ) - t  Sin[t]
  ------------------------------}
                 2            2    4
  Sqrt[2 + t ] Sqrt[8 + 5 t  + t ]
```

Die Krümmung κ wird nach der Formel

$$\kappa = \frac{|\dot{\vec{x}} \times \ddot{\vec{x}}|}{|\dot{\vec{x}}|^3}$$

berechnet.

```
In[26]:= Kruemmung = betrag/ds1^3
                      2    4
            Sqrt[8 + 5 t  + t ]
Out[26]= -------------------
                  2 3/2
             (2 + t )
```

Zur Berechnung der Torsion benötigen wir die 3. Ableitung, da

$$\tau = \frac{\det(\dot{\vec{x}}, \ddot{\vec{x}}, \dddot{\vec{x}})}{\left|\dot{\vec{x}}\right|^2}$$

gilt

```
In[27]:= x3punkt = D[x2punkt,t]
Out[27]= {-3 Cos[t] + t Sin[t], -(t Cos[t]) - 3 Sin[t], 0}
In[28]:= Torsion = Simplify[1/betrag^2
Det[{xpunkt,x2punkt,x3punkt}]]
                   2
              6 + t
Out[28]= -------------
                  2    4
           8 + 5 t  + t
```

Bei Flächen- oder Volumenintegralen führt ein Koordinatenwechsel häufig zu einem einfacheren Integral. Hierbei tritt die Funktional- oder Jacobideterminante auf. Als Beispiel wollen wir ein Trägheitsmoment berechnen. Das axiale Trägheitsmoment der vollen Kugel K vom Radius R mit homogener Dichte der Gesamtmasse 1 um die z-Achse beträgt

$$\iiint_K (x^2 + y^2)\, dx\, dy\, dz$$

Hier bietet sich die Verwendung von Kugelkoordinaten an. Zur Abkürzung setzen wir

```
In[29]:= i = x^2+y^2;
```

und lassen die Funktionalmatrix der Transformation von Kugel- zu kartesischen Koordinaten berechnen.

```
In[30]:= jac = JacobianDeterminant[Spherical]
               2
Out[30]= r  Sin[theta]
```

Nun müssen wir im Integranden noch x und y durch die entsprechenden Ausdrücke in Kugelkoordinaten ersetzen lassen. Zunächst lassen wir uns die Umrechnung von Kugel- in kartesische Koordinaten ausgeben.

```
In[31]:= CoordinatesToCartesian[{r,theta,phi},Spherical]
Out[31]= {r Cos[phi] Sin[theta], r Sin[phi] Sin[theta], r Cos[theta]}
```

Nun können wir x und y durch die entsprechenden Ausdrücke ersetzen lassen[4].

```
In[32]:= int = i /.{x->%[[1]],y->%[[2]]}
               2              2    2        2          2
Out[32]= r  Cos[phi]  Sin[theta]  + r  Sin[phi]  Sin[theta]
```

Wir vereinfachen den ursprünglichen Integranden

```
In[33]:= int1 = Simplify[%]
             2          2
Out[33]= r  Sin[theta]
```

und berechnen das transformierte Integral.

```
In[34]:= traeg = Integrate[int1
jac,{r,0,R},{theta,0,Pi},{phi,0,2Pi}]
                   5
         8 Pi R
Out[34]= -------
            15
```

2.2.2 Gradient, Divergenz, Rotation und der Laplace-Operator

In der Physik und vielen technischen Anwendungen spielen Gradient, Divergenz, Rotation und der Laplace-Operator eine wichtige Rolle. Den Gradienten eines Skalarfeldes, das von 3 Veränderlichen abhängt, erhalten wir durch den Aufruf von `Grad`.

```
In[1]:= T = x y + x z;
In[2]:= Grad[T]
Out[2]= {y + z, x, x}
```

In diesem Paket ist nur die dreidimensionale Vektoranalysis implementiert. Wenn ihre Funktionen mehr als 3 Argumente haben, müssen Sie sich das entsprechende Gradientenfeld selbst definieren. Dies ist insbesondere sinnvoll, wenn Sie häufig zum Auffinden von Extrema mit Nebenbedingungen die Methode der Lagrangemultiplikatoren benutzen wollen[5]. Wie Sie eine solche Definition dauerhaft in einem Paket speichern können, können Sie im Abschnitt 2.3 des letzten Kapitels nachlesen. Das gleiche gilt für die Divergenz `Div` eines Vektorfeldes. Wir stellen zunächst fest, daß das Gradientenfeld von T quellenfrei ist.

```
In[3]:= Div[Grad[T]]
Out[3]= 0
```

Wir berechnen die Divergenz eines anderen Vektorfeldes

```
In[4]:= S = {x Sin[y^2+z],z^4,y x z};
In[5]:= Div[S]
                  2
Out[5]= x y + Sin[y  + z]
```

---

[4]Wenn Sie die Formeln auswendig wissen, können Sie natürlich auch direkt einsetzen lassen.
[5]Ein solches Beispiel finden Sie im Kapitel 4 im Paragraphen 4.3.

Rotation heißt auf englisch „curl", daher ist rot$S$ zu berechnen durch den Aufruf

```
In[6]:= Curl[S]
                    3              2                    2
Out[6]= {x z - 4 z , -(y z) + x Cos[y  + z], -2 x y Cos[y  +
z]}
```

Wir überprüfen die Aussage, daß jedes Rotationsfeld quellenfrei ist.

```
In[7]:= Div[Curl[{F1[x, y, z],F2[x, y, z],F3[x, y, z]}]]
Out[7]= 0
```

Einem Skalarfeld $f(x, y, z)$ wird durch den Laplace- Operator Δ das Skalarfeld $\Delta f(x, y, z)$ zugeordnet.

```
In[8]:= Laplacian[Div[S]]
                 2            2          2      2
Out[8]= 2 Cos[y  + z] - Sin[y  + z] - 4 y  Sin[y  + z]
```

Die Divergenz eines Gradientenfeldes ist dasselbe wie Δf:

```
In[9]:= Div[Grad[F[x,y,z]]]-Laplacian[F[x,y,z]]
Out[9]= 0
```

2.3 Gewöhnliche Differentialgleichungen

2.3.1 Richtungsfelder

Richtungsfelder sind eine einfache Möglichkeit, sich über die Gestalt der Lösung einer Differentialgleichung Klarheit zu verschaffen. Mit *Mathematica* lassen sich Vektorfelder zeichnen, also auch Richtungsfelder von Differentialgleichungen. Wir benötigen daher das Graphik-Paket `PlotFields` und den Befehl `PlotVectorField`. Bevor wir ihn jetzt benutzen, wollen wir kurz erklären, was wir machen. Wir haben eine Differentialgleichung $y' = f(x, y)$ ohne Anfangswertproblem. Dies bedeutet: setze ich einen konkreten Punkt (a, b) in f ein, so erhalte ich die Ableitung der Lösungskurve in diesem Punkt. Und genau dies ist ein Richtungsfeld. Es besteht aus kleinen Pfeilchen, die die Steigung einer Lösungskurve der Differentialgleichung in dem Fußpunkt des jeweiligen Pfeils angeben. Oder anders gesagt, verbindet man geschickt die Pfeile des Richtungsfeldes, so hat man die Differentialgleichung geometrisch gelöst. Dem Technical Report „Guide to Standard Mathematica Packages" entnehmen wir: `PlotVectorField[{fx,fy},{x,xmin ,` `xmax}, {y, ymin, ymax}]` zeichnet das Vektorfeld der vektorwertigen Funktion f. Nun, was wollen wir von *Mathematica* ausgeben lassen? Die Hypothenuse von Steigungsdreiecken! Die Kathete in x- Richtung hat die Länge 1, die Kathete in y-Richtung hat die Länge y', somit ergibt sich für die Differentialgleichung $y' = x + y$ folgender Aufruf (vgl. Bild 2.7):

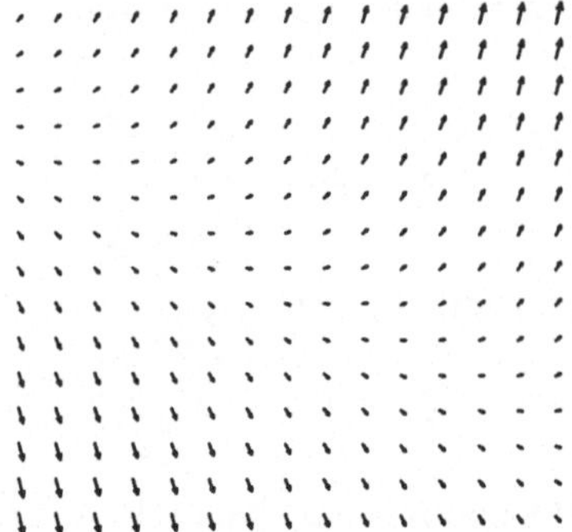

Bild 2.7 Richtungsfeld der Differentialgleichung $y' = x + y$

```
In[1]:=
<<Graphics`PlotField`
In[2]:=
PlotVectorField[{1,y+x},{x,-3,3},{y,-5,5}]
Out[2]=
- Graphics -
```

2.3.2 Lösen von einfachen Differentialgleichungen

Um in *Mathematica* Differentialgleichungen zu lösen, benötigen Sie nur die Kenntnis eines einzigen Befehls, `DSolve[ , , ]`. Entweder kann *Mathematica* damit die betrachtete Differentialgleichung lösen oder Sie haben Pech gehabt. Für Sie als Anwender ist es dabei wichtig, daß *Mathematica* anscheinend alle Differentialgleichungen mehr oder weniger mit der gleichen Methode löst, während man doch in der Theorie der gewöhnlichen Differentialgleichungen für verschiedene Typen von Differentialgleichungen verschiedene Ansätze kennt.

Wir beschränken uns hier aus einem einfachen Grund auf gewöhnliche Differentialgleichungen: die von uns betrachtete Version von *Mathematica* kann keine partiellen Differentialgleichungen lösen, außer Sie wissen, welche Familie von Funktionen die von Ihnen betrachtete partielle Differentialgleichung lösen kann und untersuchen gezielt diese Funktionen mit *Mathematica*. In der angekündigten Version 2.2 sollen die Möglichkeiten von *Mathematica* auf diesem Gebiet ausgeweitet werden. Bevor wir jetzt einige Differentialgleichungen lösen, müssen wir Sie noch warnen: Halten Sie sich immer genauestens an die Syntax. Falls Sie auch nur einen Fehler wie das einmalige Tippen eines Gleichheitszeichen machen, erhalten Sie eine mehr oder weniger deutliche Fehlermeldung. Außerdem kann es Ihnen dann passieren, daß *Mathematica* keine weitere Differentialgleichungen mehr löst, Sie also am besten einen Warmstart machen.

Betrachten wir nun eine Differentialgleichung, die man für gewöhnlich mit Trennung der Veränderlichen löst: $y' = t^{-2}\cos^2 y$. Wir werden sie penibel in die Syntax von *Mathematica* übertragen:

```
In[3]:=
DSolve[y'[t]==t^(-2) (Cos[y[t]])^2,y[t],t]
Solve::ifun:
    Warning: Inverse functions are being used by Solve, so
      some solutions may not be found.
Out[3]=
                        1
{{y[t] -> -ArcTan[- - C[1]]}}
                        t
```

Sie sehen, `DSolve` hat drei Parameter, als erstes die Differentialgleichung, als zweites die Funktion, die zu bestimmen ist, und als drittes die Variable. Dabei ist zu beachten, daß die Gleichung mit zwei Gleichheitszeichen und die Funktion immer als abhängig von der Variable geschrieben wird.[6] Soweit, so gut: wie ist es mit dem Anfangswertproblem? Die Anfangsbedingung ist eine weitere Gleichung, also schreiben Sie sie zu der Differentialgleichung. Als Beispiel betrachten wir jetzt den Spannungsabbau über eine Spule: $LI' + RI = 0$ mit $I(0) = U/R$, $U \neq 0$

```
In[4]:=
DSolve[{L*I'[t]+R*I[t]==0,I[0]==U/R},I[t],t]
Out[4]=
                    U
{{I[t] -> ----------}}
            (R t)/L
          E       R
```

Sie sehen, das erste Argument von `DSolve` ist eine Liste von Gleichungen geworden. Außerdem sehen Sie den nach unseren Erfahrungen einzigen Punkt, an dem Sie sich nicht an die Syntax halten müssen. Sie müssen nicht unbedingt die Differentialgleichung in der Form $Y'(x) == \ldots$ schreiben, so wie es im *Mathematica*-Buch steht. Betrachten wir noch etwas anderes:

```
In[5]:=
DSolve[y'[x]==x*Sin''[x],y[x],x]
Out[5]=
{{y[x] -> C[1] + x Cos[x] - Sin[x]}}
In[6]:=
DSolve[y'[x]==Exp''[x^2],y[x],x]
Out[6]=
                    Sqrt[Pi] Erfi[x]
{{y[x] -> C[1] + ----------------}}
                        2
```

---

[6]Die andere Möglichkeit des Aufrufs, die zu formalen Lösungen führt, interessiert hier nicht, weil sie zu abstrakt ist.

Mathematica nimmt Ihre Eingabe also wörtlich: Es wird jeweils die entsprechende Ableitung der Funktion berechnet und das Argument eingesetzt. Wenn Sie wollen, daß die Kettenregel beachtet wird, müssen Sie dies durch Verwendung von D erzwingen. Sie sehen an diesen Beispielen, daß auch andere Ableitungen in der Differentialgleichung vorkommen dürfen, nicht nur die der gesuchten Funktion.

Betrachten wir nun die Differentialgleichungen, die durch Substitutionsansätze gelöst werden: So nehmen wir zum Beispiel folgende Aufgabe: $ty' - y = t^3 \frac{t^2}{y^2}$.
Hilfe: Substituiere $v = \frac{y}{t}$

```
In[7]:=
DSolve[t*y'[t]-y[t]==t^3 * (t^2/y[t]^2), y[t],t]
Out[7]=

                      2
            3   3 t              1/3
  {{y[t] -> (t   (---- + C[1]))   },
                   2


                           2
              2/3  3   3 t             1/3
   {y[t] -> (-1)    (t   (---- + C[1]))   },
                          2


                           2
              4/3  3   3 t             1/3
   {y[t] -> (-1)    (t   (---- + C[1]))   }}
                          2
```

Mathematica löst diese Differentialgleichung und wir wissen nicht, ob es die Substitution durchgeführt hat. Andererseits ist diese Ausgabe auch wiederum typisch für *Mathematica*, es beschränkt sich nicht auf die reelle Lösung.

Damit ist aber nicht gesagt, daß *Mathematica* auch diese Klasse von Differentialgleichungen beherrscht. Nehmen wir als Beispiel eine ganz einfache Substitution $y'(x) = (x + y(x))^2, y(0) = 1$. Zur Lösung substituiert man $u(x) = x + y(x)$,

```
In[8]:=
DSolve[{y'[x]==(x+y[x])^2,y[0]==1},y[x],x]
Out[8]=
                        2
DSolve[{y'[x] == (x + y[x]) , y[0] == 1}, y[x], x]
```

Anscheinend kann diese Differentialgleichung nicht gelöst werden. Kann aber *Mathematica* die durch die Substitution hergeleitete Differentialgleichung lösen? Wir rechnen selber:

$$u' = 1 + y' \quad \Rightarrow \quad y' = u' - 1 = u^2 \quad \Rightarrow \quad u'[x] = u[x]^2 + 1$$

```
In[9]:=
DSolve[u'[x]==(u[x])^2+1,u[x],x]
Out[9]=
{{u[x] -> Tan[x + C[1]]}}
```

Diese Differentialgleichung war anscheinend *Mathematica* genehm. Wir müssen nur noch die Rücksubstitution selber vornehmen, um die Lösung unserer ursprünglichen Differentialgleichung zu bestimmen.

Betrachten wir eine andere Aufgabe: $y'(x) = \dfrac{y(x)}{x} - \left(\dfrac{x}{y(x)}\right)^2$, $y(1) = 1$ Auch hier empfiehlt die Aufgabensammlung eine Substitution, aber:

```
In[10]:=
DSolve[{y'[x]==y[x]/x-(x/y[x])^2,y[1]==1},y[x],x]
Out[10]=
             3                   1/3
{{y[x] -> (x   (1 - 3 Log[x]))   },

              2/3   3                 1/3
  {y[x] -> (-1)    (x   (1 - 3 Log[x]))   },

              4/3   3                 1/3
  {y[x] -> (-1)    (x   (1 - 3 Log[x]))   }}
```

Obwohl es sich um ein Anfangswertproblem handelt, werden mehrere Lösungen geliefert, so daß in automatischen Abläufen grundsätzlich eine Probe erforderlich ist. Versuchen wir uns an einer schwierigen Differentialgleichung höherer Ordnung:

```
In[11]:=
DSolve[y'''[x]+x^(-2)*y'[x]-x^(-3)*y[x]==x^(-2)*Log[x],y[x],x]
DSolve::dnim:
    Built-in procedures cannot solve this differential
equation.
Out[11]=
           y[x]     y'[x]     (3)        Log[x]
DSolve[-(----) + ----- + y   [x] ==  ------, y[x], x]
           3        2                   2
          x        x                   x
```

Sie sehen, *Mathematica* meldet hier sogar, daß es sie nicht lösen kann. Schlägt man in einem Lehrbuch nach, so liest man, daß man hier mit dem Koordinatenwechsel $x = \exp t$ weiterkommen soll. Wir rechnen also:

$$x = \exp t \;\; \Rightarrow \;\; u(t) = y(x(t)) \;\; \Rightarrow \;\; u' = y'x \;\; \Rightarrow$$
$$u'' = y''x^2 + y'x \;\; \Rightarrow \;\; u''' = y'''x^3 + 2x^2y'' + y''x^2 + y'x \;\; \Rightarrow$$
$$u''' - 3u'' + 3u' + u = t \exp t$$

Jetzt kommt der große Moment.

```
In[12]:=
DSolve[u'''[t]-3*u''[t]+3*u'[t]-u[t]==t*Exp[t],u[t],t]
General::intinit: Loading integration packages.
Out[12]=
```

```
                  t    4                                    2
            E  (t  + 24 C[1] + 24 t C[2] + 24 t  C[3])
{{u[t]  ->  ------------------------------------------}}
                               24
```

Fazit: *Mathematica* als Hilfsmittel ersetzt nicht das Denken!

2.3.3 Lineare Differentialgleichungen

Natürlich ergeben sich für *Mathematica* keine Probleme! Als Beispiel lösen wir die Differentialgleichung $y' - 5y = cos x$

```
In[1]:=
DSolve[y'[x]-5*y[x]==Cos[x],y[x],x]
Out[1]=
              5 x          5 Cos[x]   Sin[x]
{{y[x] -> E      C[1] - -------- + ------}}
                           26        26
```

Bei nicht-konstanten Koeffizienten wird die Bestimmung der Lösung mit Papier und Bleistift etwas schwieriger. Wir betrachten $y' + y(1 - 2t)/t^2 = 1$

```
In[2]:=
DSolve[y'[t]+(1-2*t)/t^2*y[t]==1,y[t],t]
Out[2]=
              2         1/t
{{y[t]  -> t  (1 + E     C[1])}}}
```

Falls die Koeffizienten unbekannt sind:

```
In[3]:=
DSolve[y''[t]+a*y'[t]+b*y[t]==0,y[t],t]



                                  C[1]
Out[3]= {{y[t]  -> ---------------------------
                                  2
                   ((a + Sqrt[a  - 4 b]) t)/2
                  E


                     2
      ((-a + Sqrt[a  - 4 b]) t)/2
  + E                                C[2]}}}
```

Ein typischer Vertreter für die Standardaufgabe „Eine erzwungene Schwingung mit Dämpfung" ist die Differentialgleichung $y''(x) - 2y'(x) + y(x) = x \exp[-x] \cos x$

```
In[4]:=
DSolve[y''[x]-2*y'[x]+y[x]==x*Exp[-x]*Cos[x],y[x],x]
Out[4]=
                  2 x              2 x
{{y[x] -> (125 E     C[1] + 125 E     x C[2] + 4 Cos[x] +

                                                              x
     15 x Cos[x] - 22 Sin[x] - 20 x Sin[x]) / (125 E )}}
```

2.3.4 Grenzen von `DSolve` bei Differentialgleichungen erster Ordnung

Wir betrachten die ganz harmlose Differentialgleichung: $y'(x) = \exp y(x) \sin x$

```
In[1]:=
DSolve[y'[x]==Exp[y[x]] * Sin[x],y[x],x]
Solve::ifun:
    Warning: Inverse functions are being used by Solve, so
       some solutions may not be found.
Out[1]=
                         1
{{y[x] -> Log[--------------]}}
                 -C[1] + Cos[x]
```

Sie sehen, hier erkennt *Mathematica* eigene Grenzen und Sie sollen entscheiden, ob *Mathematica* unterwegs Lösungen verloren hat. Aber es kann noch schlimmer kommen. Folgende Differentialgleichung konnte *Mathematica* nicht knacken, obwohl die Lösung $y(x) = x$ ist.[7]

```
In[2]:=
DSolve[{2*(y[x])^2-3*x*y[x]+(3*x*y[x]-2*x^2)*y'[x]==0,y[1]==1},y[x],x]

Out[2]=
                         2            2
DSolve[{-3 x y[x] + 2 y[x]  + (-2 x  + 3 x y[x]) y'[x] == 0,

   y[1] == 1}, y[x], x]
```

Hier hilft Ihnen ab Version 2.2 das Paket `Calculus`DSolve``. Wenn es vor dem Aufruf von `DSolve` geladen ist, erhalten Sie Lösungen, die recht unübersichtlich sind. Abhilfe schafft

```
In[3]:= PowerExpand[Together[Table[y[x] /. %[[i]],{i,1,3}]]]
Out[3]:= \{x,0,0\}
```

Auch hier ist bei automatischen Abläufen also eine Probe erforderlich.

---

[7]Zur Lösung: Man multipliziert die Differentialgleichung mit xy und „sieht" dann die Stammfunktion.

2.3.5 Nichtlineare Differentialgleichungen höherer Ordnung

Betrachten wir dazu die einfache Differentialgleichung: $y''(x) - xy'(x) + y(x) = 0$.

```
In[1]:=
DSolve[y''[x]-x*y'[x]+y[x]==0,y[x],x]
General::intinit: Loading integration packages.
Out[1]=
                                       2
                    2            C[1] /2
                   x /2         E           x C[2]
{{y[x] -> x C[1] - E       C[2] + -------------- +
                                      C[1]


        Pi                x            Pi             C[1]
   Sqrt[--] x C[2] Erfi[-------] -  Sqrt[--] x C[2] Erfi[-------]}}
        2               Sqrt[2]          2              Sqrt[2]
```

Sie sehen, die Schwierigkeiten dürften bei Ihnen liegen, denn Sie müssen gegebenenfalls
die Lösung verstehen. *Mathematica* kennt viele Funktionen und setzt sie zur Lösung ein.
Worum es sich bei der hier auftretenden Funktion `Erfi` handelt, sehen Sie hier:

```
In[2]:=
?Erfi
Erfi[z] gives the imaginary error function erfi(z) == -i erf(i z).
```

2.3.6 Lineare Differentialgleichungen höherer Ordnung

Die Theorie sagt dazu, daß man die Nullstellen des charakteristischen Polynoms bestimmen
muß. Dies ist manchmal nicht so einfach. Dazu betrachten wir eine Differentialgleichung,
die *Mathematica* nicht nur nicht konnte, sondern auf die es sogar mit Fehlermeldung und
anschließendem Absturz reagierte:

$$y'''''' + 3y'''' + 3y'' + y = 0$$

Aber *Mathematica* kann die Nullstellen des charakteristischen Polynoms bestimmen:

```
In[1]:=
Solve[u^6+3*u^4+3*u^2+1==0]
Out[1]=
{{u -> I}, {u -> -I}, {u -> I}, {u -> -I}, {u -> I}, {u -> -I}}
```

Somit müssen Sie bei dieser Differentialgleichung doch noch einen Teil des Lösungsweges
alleine gehen. Das muß aber nicht immer der Fall sein, wie eine andere Differentialgleichung
höherer Ordnung Ihnen zeigt:

```
In[2]:=
DSolve[y''''[x]-2*y''[x]+y[x]==x*Exp[x],y[x],x]
```

```
Out[2]=
                   x  2       x  3
            -(E   x )     E  x       C[1]    x C[2]      x          x
{{y[x]  ->  --------- + ----- + ---- + ------ + E  C[3] + E  x C[4]}}
                8          24      x         x
                                  E         E
```

2.3.7 Vektorielle Differentialgleichungen

Da es in diesem Zusammenhang nicht so einfach ist, vektorwertige Funktionen direkt zu verwenden, geben wir vektorielle Differentialgleichungen zeilenweise ein:

```
In[1]:=
DSolve[{x'[t]==-x[t]+5*y[t]-3*z[t],y'[t]==x[t]+z[t],
z'[t]==x[t]-4*y[t]+3*z[t]},{x[t],y[t],z[t]},t]
```

```
Out[1]=
                         2 t           3 t
  {{x[t]  -> (4 C[1] - 3 E    C[1] + 2 E     C[1] - 4 C[2] -

         2 t         3 t               2 t
     3 E    C[2] + 7 E    C[2] + 4 C[3] - 3 E    C[3] -

       3 t         t
     E    C[3]) / (3 E ),

                2 t              2 t              2 t
      -C[1] + E    C[1] + C[2] + E    C[2] - C[3] + E    C[3]
y[t]  -> -------------------------------------------------------,
                                  t
                               2 E

                  2 t           3 t
  z[t]  -> (-5 C[1] + 9 E    C[1] - 4 E    C[1] + 5 C[2] +

         2 t          3 t               2 t
     9 E    C[2] - 14 E    C[2] - 5 C[3] + 9 E    C[3] +

       3 t         t
     2 E    C[3]) / (6 E )}}
```

Wie Sie sehen, stellt *Mathematica* die Lösungen nicht explizit mit Hilfe der Eigenwerte und Eigenvektoren der zugehörigen Matrix dar, wie Sie es in der Mathematik gelernt haben. Falls Sie Anfangswerte vorgeben, werden infolgedessen die Ausgabelisten länger und unübersichtlicher.

```
In[2]:=
N[DSolve[{x'[t]==-x[t]+5*y[t]-3*z[t],y'[t]==x[t]+z[t],
z'[t]==x[t]-4*y[t]+3*z[t],x[0]==0,y[0]==1,z[1]==1},
```

```
{x[t],y[t],z[t]},t]]


Out[2]=
              -1.33333                    t                    2. t
{{x[t] -> ----------- - 1. 2.71828   + 2.33333 2.71828       +
              1. t
          2.71828


                 1.33333                  t                    2. t
     2.22288 (----------- - 1. 2.71828   -   0.333333 2.71828     ),
                 1. t
             2.71828



             0.5                   t
   y[t] -> ----------- + 0.5 2.71828   +
             1. t
         2.71828


               -0.5                 t
     2.22288 (----------- + 0.5 2.71828 ),
               1. t
           2.71828


             0.833333                t                    2. t
   z[t] -> ----------- + 1.5 2.71828   - 2.33333 2.71828       +
             1. t
         2.71828


                -0.833333             t                    2. t
     2.22288 (----------- + 1.5 2.71828   +   0.333333 2.71828     )}}
                 1. t
             2.71828
```

2.3.8 Numerisches Lösen von Differentialgleichungen

Man löst dann Differentialgleichungen numerisch, wenn man keine exakten Lösungen gefunden hat oder es keine exakten Lösungen gibt. Dazu benutzt man den Befehl `NDSolve`, der fast die gleiche Syntax wie `DSolve` hat. Nehmen wir also an, uns wäre die Differentialgleichung $y' = x$ zu schwierig gewesen.

```
In[1]:=
NDSolve[{y'[x]==x,y[0]==1},y,{x,-1,2}]
Out[1]=
{{y -> InterpolatingFunction[{-1., 2.}, <>]}}
```

Wir erhalten von *Mathematica* eine Interpolationsvorschrift als Ergebnis. Meistens will man dann wissen, wie sich das System, das durch die Differentialgleichung beschrieben

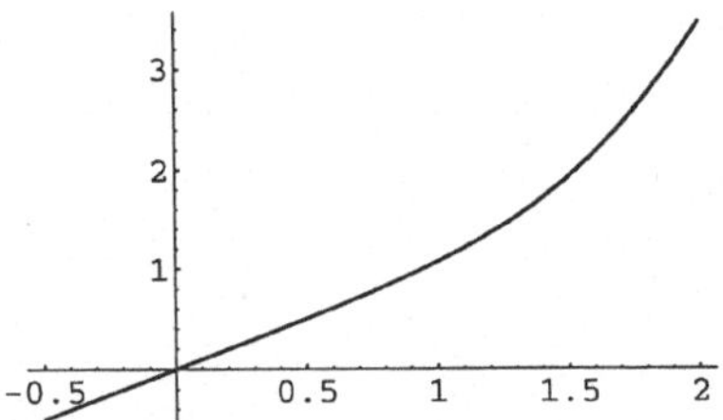

Bild 2.8 Numerische Lösung von $y'(x) = x^2 + \exp -(y(x))^2$ mit der Anfangsbedingung $y(0) = 0$

wird, zu einem bestimmten Zeitpunkt entwickelt hat:

```
In[2]:=
y[2]/.%
Out[2]=
{3.}
```

Man kann natürlich auch versuchen, die Interpolationsvorschrift als Funktion zu benutzen. Dazu betrachten wir folgende Differentialgleichung

$$y'(x) = x^2 + \exp[-(y(x))^2]\,, y(0) = 0$$

```
In[3]:=
NDSolve[{y'[x]==x^2+Exp[-(y[x])^2],y[0]==0},y,{x,-1,2}]
Out[3]=
{{y -> InterpolatingFunction[{-1., 2.}, <>]}}
In[4]:= y[2]/.%
Out[4]= {3.47617}
In[5]:= f=y/.First[Out[3]]
Out[5]= InterpolatingFunction[{-1., 2.}, <>]
In[6]:= f[1.1]
Out[6]= 1.20802
```

Sie sehen, man reduziert die Anweisung „y wird eine Interpolationsvorschrift zugeordnet" auf die Interpolation selbst. Zum Abschluß wollen wir noch die numerisch bestimmte Lösung zeichnen (Bild 2.8):

```
In[7]:= Plot[Evaluate[y[x]/.Out[3]],{x,-0.5,2}]
Out[7]=
-Graphics-
```

2.3.9   Das Zeichnen von Scharen von Lösungskurven

Hat man eine Differentialgleichung gelöst und möchte eine Aussage über das qualitative Verhalten der Lösungskurven in Abhängigkeit von verschiedenen Anfangswerten machen, ist es sehr eindruckvoll, wenn man Lösungskurven für verschiedene Anfangswerte in ein Bild zeichnet. Also wollen wir dies auch einmal versuchen.

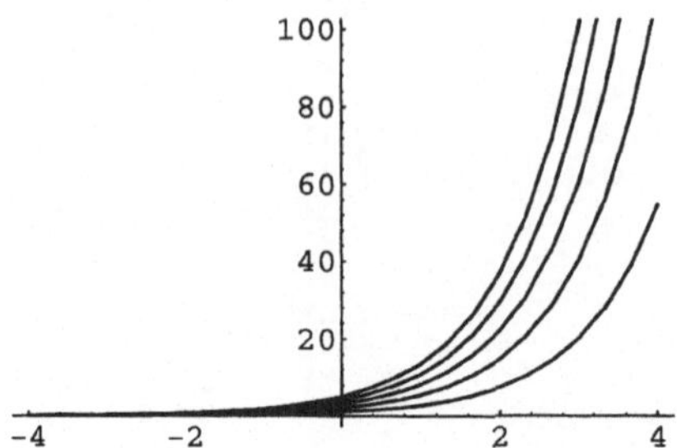

Bild 2.9 Lösung der Differentialgleichung $y'(x) = y(x)$ für verschiedene Anfangswerte

```
In[1]:=
Table[y[x] /.DSolve[y'[x]==y[x],y[x],x]  /. C[1]->i,{i,5}]
Out[1]=
     x        x        x        x        x
{{E }, {2 E }, {3 E }, {4 E }, {5 E }}
```

Wir erzeugen also eine Liste von Funktionen, indem wir `DSolve` aufrufen und anschließend den Parameter `C[1]` bestimmte Werte annehmen lassen. Jetzt fehlt nur noch der Befehl zum Zeichnen (Bild 2.9):

```
In[2]:=
Plot[Evaluate[%],{x,-4,4}]
Out[2]=
-Graphics-
```

2.3.10 Übungen

1. Folgende Grenzwerte sind zu bestimmen:
   a) $\lim_{x \to 0}(\cos x)^{\frac{1}{x}}$
   b) $\lim_{x \to 0+}(\ln \frac{1}{x})^x$
   c) $\lim_{x \to 1} \frac{x^n - 1}{x^m - 1}$ (n, m von 0 verschiedene ganze Zahlen)
   d) Wir betrachten die quadratische Gleichung $ax^2 + bx + c = 0$. Was geschieht mit den Nullstellen dieser Gleichung, wenn a gegen Null geht?

2. Bestimmen Sie die Extrem- und Wendepunkte der folgenden Kurven, falls es sie gibt!
   a) $\arctan(x^2 + 1)$
   b) $x^2 \ln |x|$ $(x \neq 0)$
   c)
   $$f(v) = \begin{cases} \dfrac{2}{\sigma^3 \cdot \sqrt{2\pi}} v^2 \cdot \exp(-\dfrac{v^2}{2\sigma^2}) & \text{falls } v > 0 \\ 0 & \text{falls } v \leq 0 \end{cases}$$

(Diese Funktion tritt für $v > 0$ im Maxwellschen Verteilungsgesetz der Geschwindigkeiten von Gasmolekülen auf, wobei v die Molekülgeschwindigkeit ist und $2\sigma^2 = v_0^2$ gilt mit der wahrscheinlichsten Geschwindigkeit v_0.)

3. Gegeben ist die Kurve $F(x, y) = 12y^5 - 20xy^3 + 5x^4 = 0$ (mit $x > 0, y > 0$). In der Umgebung welcher Punkte ist hierdurch implizit eine Funktion $y = f(x)$ bestimmt? Geben Sie dort die Ableitung $f'(x)$ an!

4. Zwischen den Größen x, y, z bestehe der Zusammenhang

$$F(x, y, z) = \exp xy + y \sin y \cdot z \cdot \exp x - \exp x - 2\pi z = 0$$

Offenbar ist $F(0, \pi, \frac{1}{2}) = 0$. Geben Sie die Abschätzung nach Gauß für die Veränderung von z an, wenn x um $\Delta x = 0.1$ und y um $\Delta y = -0.01$ verändert wird.

5. Bestimmen Sie bei der Kurve

$$x^4(x - y) + 2x^2 y(x + y) + y(x^2 + y^2) + c = 0$$

die Konstante c so, daß die Kurve durch den Punkt $P_0 = (1, 1)$ geht. Fassen Sie diese Kurve als Niveaulinie von $F(x, y) = 0$ auf und bestimmen Sie den Winkel, mit dem sie die Gerade g durch P_0 mit Richtungsvektor $(1, 4)$ schneidet.

6. Bestimmen Sie die Torsion von $\vec{w}(t) = (\exp t, \exp(-t), \sqrt{2} \cdot t)$ für $t \in [0, 5]$!

7. Bestimmen Sie die Tangentialebene an das Ellipsoid

$$\frac{x^2}{4} + y^2 + \frac{z^2}{16} = 1$$

im Punkt $(1, \frac{1}{2}, 2\sqrt{2})$

8. Bestimmen Sie die Schmiegquadrik an die Niveaufläche

$$x \cos y + y \cos z + z \cos x = 2$$

im Punkt $(0, 0, 2)$. Was ist ihre Normalform?

9. Rechnen Sie für stetig differenzierbare dreidimensionale Vektorfelder $\vec{v}(\vec{x}), \vec{w}(\vec{x})$ die Beziehung

$$\operatorname{grad}(\vec{v}(\vec{x}) \cdot \vec{w}(\vec{x})) = J_{\vec{v}}^t \vec{w}(\vec{x}) + J_{\vec{w}}^t \vec{v}(\vec{x})$$

nach, wobei $J_{\vec{v}}$ die Jacobimatrix des Vektorfeldes $\vec{v}$ bezeichnet.

3 Integralrechnung

3.1 Integralrechnung einer Veränderlichen

3.1.1 Unbestimmte Integrale: `Integrate`

Das unbestimmte Integral über die (beschränkte) Funktion $f(x)$ erhalten Sie durch den Befehl `Integrate[f[x],x]`. Dabei kann die Funktion f eine *Mathematica* bekannte Funktion sein oder von Ihnen definiert werden, und die Variable kann selbstverständlich auch einen anderen Namen haben.

Falls es sich um einen von Ihnen definierten Ausdruck handelt, müssen Sie ihn beim Aufruf genauso nennen wie bei der Definition, d. h. nach der Benennung `a=x^2` müssen Sie zur Berechnung des Integrals `Integrate[a,x]` eingeben. Haben Sie stattdessen jedoch `b[x_]=x^2` eingegeben, muß der Befehl `Integrate[b[x],x]` lauten, weil anderenfalls b als Konstante gilt, die die Stammfunktion bx hat. *Mathematica* kennt die üblichen Integrationsregeln und wendet sie an.

Es spielt in diesem Zusammenhang für *Mathematica* keine Rolle, ob die zu integrierende Funktion reell- oder komplexwertig ist. *Mathematica* berechnet, falls dies möglich ist, die Stammfunktion, läßt die Integrationskonstante jedoch weg. Bei der Berechnung der Stammfunktion wird nicht darauf geachtet, ob der Integrand Pole hat. Alles, was wir über die Verwendung benutzereigener Namen im Abschnitt Differentialrechnung einer Veränderlichen gesagt haben, gilt auch hier, so daß wir es nicht wiederholen wollen. Beispiele:

1. Es ist die Stammfunktion von $x^3 + 27x^2 + 9x + 16 + 7/x$ zu berechnen. Wir geben diesem Ausdruck zunächst einen Namen und lassen ihn dann integrieren.

```
In[1]:= a = x^3 + 27 x^2 + 9 x + 16 + 7/x

                 7                 2     3
Out[1]:=16 + - + 9 x + 27 x  + x
                 x

In[2]:= Integrate[a,x]
                   2            4
                 9 x      3    x
Out[2]=16 x + ---- + 9 x  + -- + 7 Log[x]
                 2            4
```

2. Die komplexwertige Funktion $\sin(ix) + ix^2$ soll integriert werden:

```
In[3]:= Integrate[Sin[I x] + I x^2,x]
           I  3
Out[3]= - x   + I Cosh[x]
           3
```

3. Sie können sich auch die Regel der partiellen Integration ausgeben lassen:

```
In[4]:= Integrate[f[x] D[g[x],x],x]
Out[4]= f[x] g[x] - Integrate[g[x] f'[x], x]
```

wobei zu bemerken ist, daß die Eingabe `Integrate[f[x] g'[x],x]` zum gleichen Ergebnis führt.

4. Das gleiche gilt für die logarithmische Ableitung:

```
In[5]:= Integrate[f'[x]/f[x],x]
Out[5] = Log[f[x]]
```

5. Ist der Integrand eine ganz-rationale Funktion, benutzt *Mathematica* die Partialbruchzerlegung zur Berechnung des Integrals:

```
In[6]:= Integrate[(x^3+2)/(x^3-x^2+x-1),x]
             3    I       -1 + x     3   I       1 + x
Out[6]= x + (-(-) - -) ArcTan[------] + (- - -) ArcTan[------] +
             4    4        1 + x      4   4        -1 + x

                        2
   3 Log[-1 + x]    Log[1 + x ]
   ------------- - -----------
        2               4
```

6. Falls *Mathematica* die Stammfunktion nicht finden kann, wird Ihre Eingabe wiederholt; jedoch kann *Mathematica* mit diesem Objekt weiterrechnen, es also z. B. ableiten, wie das folgende Beispiel, bei dem die Funktionen f und h nicht näher definiert sind, zeigt:

```
In[7]:= g = Integrate[h[t,x] f[x],x]
Out[7]=Integrate[f[x] h[t, x], x]
In[8]:= gstricht = D[g,t]
                         (1,0)
Out[8]=Integrate[f[x]   h      [t, x], x]
In[9]:= gstrichx = D[g,x]
Out[9]=f[x] h[t, x]
```

7. Im Gegensatz zur Ableitung einer Funktion kann eine Kombination einer rationalen Funktion in x mit z. B. einer trigonometrischen Funktion bereits nicht mehr elementar integrierbar sein; auch in einem solchen Fall zeigt *Mathematica* dies an:

```
In[10]:= Integrate[Sin[x]/x,x]
Out[10]= SinIntegral[x]
```

3.1.2 Bestimmte Integrale: `Integrate`

Das bestimmte Integral über die (beschränkte) Funktion $f(x)$ im Intervall $[a, b]$ erhalten Sie durch den Befehl `Integrate[f[x], {x, a, b}]`. Alles, was wir über die Verwendung (benutzereigener oder *Mathematica* bekannter) Namen im Abschnitt 3.1.1 gesagt haben, gilt auch hier, so daß wir es nicht wiederholen wollen. Beispiele:

1. Es ist das bestimmte Integral von $x^3 + 27x^2 + 9x + 16 + 7/x$ im Intervall $[1, 4]$ zu berechnen.

```
In[1]:= Integrate[x^3+27 x^2+9 x+16 + 7/x,{x,1,4}]
General::intinit: Loading integration packages.
        2985
Out[1]= ---- + 7 Log[4]
         4
```

2. Die komplexe Funktion $\sin(ix) + ix^2$ soll entlang der Strecke von i nach 2 integriert werden:

```
In[2]:= Integrate[Sin[I x] + I x^2,{x,I,2}]
         1     8 I
Out[2]= -(-) + --- - I Cos[1] + I Cosh[2]
         3      3
```

3. Häufig wird das bestimmte Integral für Flächenberechnungen benötigt; hierbei ist jedoch erhöhte Vorsicht erforderlich, falls die Funktion im betrachteten Intervall sowohl positive wie negative Funktionswerte besitzt.

```
In[3]:= Integrate[Sin[x],{x,0,2 Pi}]
Out[3]= 0
```

Die in Mathematikvorlesungen empfohlene Methode, über den Absolutbetrag der Funktion zu integrieren, führt bei *Mathematica* leider nicht zum Erfolg:

```
In[4]:= Integrate[Abs[Sin[x]],{x,0,2 Pi}]
Out[4]= Integrate[Abs[Sin[x]],{x, 0, 2 Pi}]
```

Daraus ergibt sich, daß Sie zunächst Vorbereitungen treffen müssen, wenn Sie eine Fläche berechnen wollen. Eine Zeichnung wie in Bild 3.1 der Funktion zeigt Ihnen, ob es negative Funktionswerte gibt. Falls dies der Fall ist, lassen Sie zunächst die im Integrationsintervall liegenden Nullstellen des Integranden suchen und berechnen dann die gesuchte Fläche als Summe der Absolutbeträge der Teilflächen. Wie mit Hilfe von `Solve` bei der Nullstellensuche zu verfahren ist, entnehmen Sie dem Kapitel Algebra. Beispiel: Es ist die Fläche von $f(x) = x^3 - 6x^2 + 11x - 6$ im Intervall $[0, 4]$ zu bestimmen.

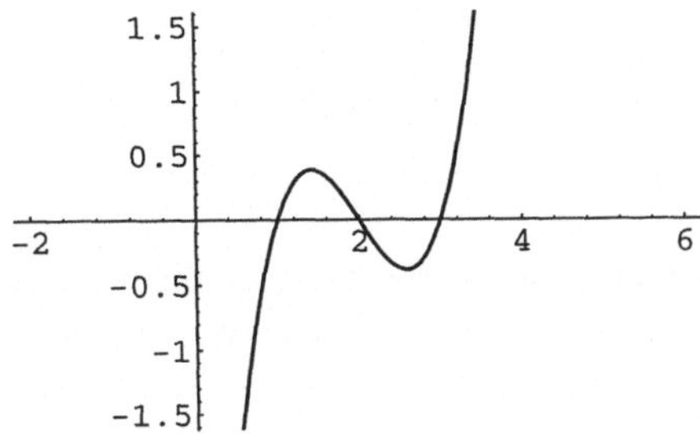

Bild 3.1 Die Funktion $f(x) = x^3 - 6x^2 + 11x - 6$

```
In[5]:= f = -6 + 11 x - 6 x^2  + x^3;
In[6]:= Plot[f,{x,-2,6}]
```

Wir bestimmen die Nullstellen von f,

```
In[7]:= Solve[f == 0, x]
Out[7]= {{x -> 3}, {x -> 2}, {x -> 1}}
```

integrieren über die Teilintervalle und addieren die Absolutbeträge dieser Integrale.

```
In[8]:= F =
Abs[Integrate[f,{x,0,1}]]+Abs[Integrate[f,{x,1,2}]]+
          Abs[Integrate[f,{x,2,3}]]+Abs[Integrate[f,{x,3,4}]]
Out[8]= 5
```

Um die dabei auftretende lästige Schreiberei zu vermeiden, können Sie auch alle vorkommenden Intervallgrenzen in einen Vektor packen:

```
In[9]:= X = {0,1,2,3,4}
Out[9]= {0, 1, 2, 3, 4}
```

und die Summe dann mit dem Summenbefehl berechnen lassen:

```
In[10]:= F =
Sum[Abs[Integrate[f,{x,X[[i]],X[[i+1]]}]],{i,1,4}]
Out[10]= 5
```

4. Viele wichtige nicht elementar integrierbare Funktionen sind *Mathematica* bekannt; einige tragen sogar eigene Namen wie z. B. das Integral über die Normalverteilung.

```
In[11]:= Integrate[Exp[-x^2/(2 sigma^2)]/(sigma Sqrt[2 Pi]),
                   x,-sigma,sigma}]
                      1
Out[11]= Erf[-------]
               Sqrt[2]
In[12]:= N[%]
Out[12]= 0.682689
```

Im Gegensatz zur Normalverteilung werden manche Funktionen nicht erkannt. Im folgenden Beispiel wird das unvollständige elliptische Integral zweiter Gattung berechnet:

```
In[13]:= Integrate[Sqrt[1-0.5 (Sin[theta])^2],{theta,0,Pi/6}]
                                        2          Pi
Out[13]= Integrate[Sqrt[1 - 0.5 Sin[theta] ], {theta, 0, --}]
                                                          6
```

Bei der numerischen Berechnung gibt es keine Probleme.

```
In[14]:= N[%]
Out[14]= 0.512049
```

Obwohl es nach dieser Erfahrung so aussieht, als kenne *Mathematica* die elliptischen Funktionen nicht, ist dies nicht richtig, wie Sie sehen, wenn Sie sie mit dem „richtigen" Funktionsnamen `EllipticE` aufrufen. Es wird sofort der numerische Wert ausgegeben.

```
In[15]:= EllipticE[Pi/6,0.5]
Out[15]= 0.512049
```

5. Wenn Sie nun den Eindruck haben, daß Ihnen in Zukunft alle Arbeit mit dem Integrieren abgenommen wird, so ist dies nicht ganz richtig, wie das folgende Beispiel zeigt. Der Halbkreis in der oberen Halbebene um den Nullpunkt mit Radius r hat die Fläche $\frac{1}{2}\pi r^2$. Wir lassen $\int_{-r}^{+r} \sqrt{r^2 - x^2}\, dx$ berechnen.

```
In[16]:= F = Integrate[Sqrt[r^2-x^2],{x,-r,r}]
                 2         r
Out[16]=    r  ArcSin[--------]
                           2
                       Sqrt[r ]
```

Die Antwort kommt Ihnen wahrscheinlich recht merkwürdig vor, erweist sich jedoch nach konkretem Ausrechnen von $\arcsin(1) = \pi/2$ als richtig. Falls Sie vorhaben, auf diesem Weg die Länge des Halbkreisbogens zu bestimmen, haben Sie wenig Erfolg, wie Sie im folgenden sehen werden.

```
In[17]:= f = Sqrt[r^2-x^2];
In[18]:= fstrich = D[f,x];
```

Die Länge ist dann $\int_{-r}^{+r} \sqrt{1 + [f'(x)]^2}\, dx$, wenn Sie jedoch dieses Integral berechnen lassen wollen, erhalten Sie eine Reihe von Fehlermeldungen.

```
In[19]:= U = Integrate[Sqrt[1+fstrich^2],{x,-r,r}]
$RecursionLimit::reclim: Recursion depth of 256
exceeded.
$RecursionLimit::reclim: Recursion depth of 256
exceeded.
$RecursionLimit::reclim: Recursion depth of 256
exceeded.
General::stop:
   Further output of $RecursionLimit::reclim
      will be suppressed during this calculation.
```

Die Berechnung wird nur dadurch abgebrochen, daß Sie die Notbremse ziehen: etwa durch Anklicken der (helfenden) Hand in der Piktogrammzeile und anschließendes Wählen von Abort. Anschließend sollten Sie *Mathematica* neu laden oder noch besser einen Warmstart machen. Wenn Sie das nächste Mal die Länge des Halbkreisbogens berechnen wollen, sollten Sie die Parameterdarstellung $(r\cos t, r\sin t)$ der Kurve benutzen!

```
In[20]:= Integrate[Sqrt[r^2 (Sin[t])^2+r^2 (Cos[t])^2],{t,0,Pi}]
                2
Out[20]= Pi Sqrt[r ]
```

Auch hier zeigt sich wieder, daß kleinere Retuschen von Ihnen selbst vollbracht werden müssen.

```
In[21]:= PowerExpand[%]
Out[21]= Pi r
```

6. Falls Sie ein Vektorfeld $\vec{v}$ längs einer parametrisierten Kurve $\vec{w}(t)$ mit Anfangspunkt $\vec{w}(t_0)$ und Endpunkt $\vec{w}(t_1)$ integrieren wollen gemäß der Formel $\int_{\vec{w}} \vec{v} \cdot d\vec{w} = \int_{t_0}^{t_1} \vec{v}(\vec{w}(t)) \cdot \dot{\vec{w}}(t)\, dt$, so empfiehlt sich folgende Vorgehensweise, die wir am Beispiel erläutern wollen. Es soll das Vektorfeld $\vec{v}(x,y) = (y^2, x^2)$ längs des im Gegenuhrzeigersinn durchlaufenen, oberhalb der x-Achse gelegenen Teiles der Ellipse $\frac{1}{4}x^2 + \frac{1}{9}y^2 = 1$ berechnet werden. Als Parametrisierung wählen wir $\vec{w}(t) = (2\cos t, 3\sin t)$ und erhalten:

```
In[22]:= w = {2 Cos[t], 3 Sin[t]};
In[23]:= wpunkt = {D[w[[1]],t],D[w[[2]],t]}
Out[23]= {-2 Sin[t], 3 Cos[t]}
In[24]:= v = {y^2,x^2};
```

Zur Berechnung von $\vec{v}(\vec{w}(t))$ ersetzen wir x durch die erste, y durch die zweite
Komponente von $\vec{w}(t)$ und integrieren dann das Skalarprodukt.

```
In[25]:= vlaengsw = v /. {x->w[[1]], y->w[[2]]}
                          2              2
Out[25]= {9 Sin[t] , 4 Cos[t] }
In[26]:= Integrate[vlaengsw . wpunkt, {t,0,Pi}]
Out[26]= -24
```

3.1.3   Uneigentliche Integrale

Wenn Sie ein bestimmtes Integral berechnen wollen, in dessen einer Grenze die Funktion
nicht definiert ist, so kann es sein, daß dieses uneigentliche Integral nicht konvergiert:

```
In[1]:= Integrate[1/(x-1),{x,0,1}]
Out[1]= -Infinity
```

Es kann aber auch sein, daß es konvergiert

```
In[2]:= Integrate[1/Sqrt[x-1],{x,1,2}]
Out[2]= 2
```

Dabei kann die kritische Grenze auch der Punkt ∞ sein:

```
In[3]:= Integrate[1/(x-1)^2,{x,2,Infinity}]
Out[3]= 1
```

Falls der Integrand im betrachteten Intervall einen Pol besitzt, wird die Integration in der
komplexen Ebene durchgeführt:

```
In[4]:= Integrate[1/(x-1),{x,0,2}]
Out[4]= -I Pi
```

Die betrachteten Funktionen dürfen auch solche sein, die nicht elementar integrierbar sind:

```
In[5]:= Integrate[Sin[x]/x,{x,0,1}]
Out[5]= SinIntegral[1]
In[6]:= Integrate[Sin[x]/x,{x,0,Infinity}]
         Pi
Out[6]= --
         2
```

Falls Sie numerische Ergebnisse wollen, sollten Sie den nachfolgenden Abschnitt „Numerische Integration" lesen.

3.1.4 Numerische Integration

Es macht für *Mathematica* einen großen Unterschied, ob Sie ein bestimmtes Integral zunächst exakt berechnen und sich dann das numerische Ergebnis ausgeben lassen oder sofort das Paket zur numerischen Integration durch den Befehl NIntegrate aufrufen. Um dies zu zeigen, verwenden wir im folgenden Beispiel zusätzlich den Befehl Timing, der die benötigte CPU-Zeit zusammen mit dem Ergebnis ausgibt.

```
In[1]:= Timing[Integrate[ArcSin[x]/x,{x,0,0.5}]]
Out[1]= {4.95 Second, 0.507471}
In[2]:= Timing[N[%]]
Out[2]= {0. Second, {4.95 Second, 0.507471}}
In[3]:= Timing[NIntegrate[ArcSin[x]/x,{x,0,0.5}]]
Out[3]= {0.05 Second, 0.507471}
```

Auf Ihrem Rechner können diese absoluten Zeitangaben natürlich variieren, der relative Zeitunterschied wird jedoch derselbe sein.

Ein merkwürdiges Phänomen ist der folgende Fehler, den uns auch R. Maeder, einer der Mitentwickler von *Mathematica*, nicht erklären konnte. Wenn bei diesem Integral die untere Grenze etwas nach oben verschoben wird, kann es nicht mehr berechnet werden! Die dabei auftretenden Meldungen sind ein Hinweis darauf, daß *Mathematica* Integrale nach einer ganz anderen als der von Ihnen benutzten Methode berechnet.

```
In[4]:= Timing[Integrate[ArcSin[x]/x,{x,0.1,0.5}]]

General::ivar: 0 is not a valid variable.
General::ivar: 0 is not a valid variable.
General::ivar: 0 is not a valid variable.
General::stop:
   Further output of General::ivar
      will be suppressed during this calculation.
Out[4]= {75.69 Second, Series[0.407415, {0, 0, 1}]}
```

Bei der Benutzung des Befehls NIntegrate liegt es in Ihrer eigenen Verantwortung, das Ergebnis zu überprüfen, und Sie sollten dies auf keinen Fall vernachlässigen. Das Problem liegt darin, daß bei der numerischen Berechnung des Integrals von *Mathematica* nur die Funktionswerte an einer gewissen Anzahl von Stützstellen benutzt werden unter der Annahme, daß die Funktion zwischen diesen Stellen keine große Änderung erfährt. Falls dies jedoch nicht zutrifft, die zu integrierende Funktion also etwa in einem kleinen Teilintervall sehr steil ansteigt und wieder fällt, so hängt es von dem Längenverhältnis des Teilintervalls zum Integrationsintervall ab, ob diese Spitze gefunden wird oder nicht, wobei ab Version 2.1 entsprechende Warnungen ausgegeben werden. Wir wollen dies an einem einfachen Beispiel demonstrieren (Bild 3.2).

```
In[5]:= Plot[10 Exp[-x^2],{x,-5,5},PlotRange->All]
```

Im Intervall $[-5, 5]$ ergibt sich kein Unterschied bei der Berechnung.

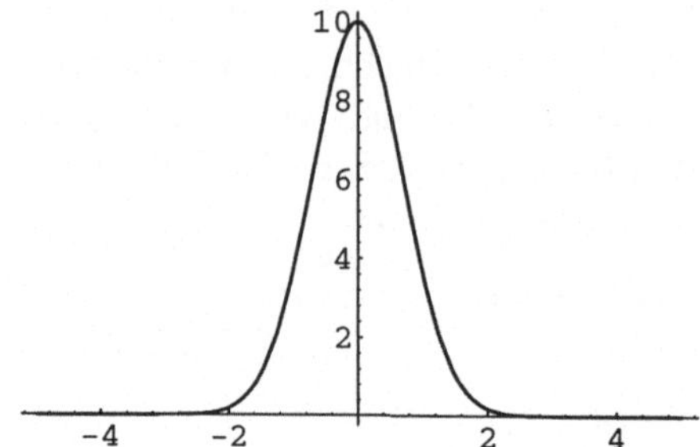

Bild 3.2 Die Funktion $f(x) = 10e^{-x^2}$

```
In[6]:= {NIntegrate[f,{x,-5,5}], N[Integrate[f,{x,-5,5}]]}
Out[6]= {17.7245, 17.7245}
```

Ganz anders verhält es sich bei dem Intervall $[-100, 100]$, wobei allerdings die Ergebnisse im wesentlichen noch übereinstimmen.

```
In[7]:= N[Integrate[f,{x,-100,100}]]
Out[7]= 17.7245
In[8]:= NIntegrate[f,{x,-100,100}]
NIntegrate::ncvb:
   NIntegrate failed to converge to prescribed accuracy after
    7 recursive bisections in x near x = 0.78125.
Out[8]= 17.72454
```

Wenn Sie das Intervall noch größer machen, etwa $[-1000, 1000]$, so erhalten Sie von `NIntegrate` eine Reihe von Fehlermeldungen und ein falsches Ergebnis.

```
In[9]:= N[Integrate[f,{x,-1000,1000}]]
Out[9]= 17.7245
In[10]:= NIntegrate[f,{x,-1000,1000}]
NIntegrate::slwcon:
   Numerical integration converging too slowly; suspect one
    of the following: singularity, oscillatory integrand, or
    insufficient WorkingPrecision.
NIntegrate::slwcon:
   Numerical integration converging too slowly; suspect one
    of the following: singularity, oscillatory integrand, or
    insufficient WorkingPrecision.
NIntegrate::slwcon:
   Numerical integration converging too slowly; suspect one
    of the following: singularity, oscillatory integrand, or
    insufficient WorkingPrecision.
General::stop:
```

```
Further output of NIntegrate::slwcon
   will be suppressed during this calculation.
NIntegrate::ncvb:
   NIntegrate failed to converge to prescribed accuracy after
   7 recursive bisections in x near x = 554.687.
Out[10]= 0.
```

Meldungen der hier gezeigten Art bzw. Abweichungen in den Ergebnissen von `NIntegrate` und `N[Integrate]` sollten für Sie daher stets ein Anlaß sein, die Funktion genauer zu untersuchen (s. auch den folgenden Abschnitt). Eine weitere Möglichkeit, die Genauigkeit der Rechnung zu verbessern, besteht darin, die Option `WorkingPrecision` vom voreingestellten Wert `$MachinePrecision` auf einen höheren Wert einzustellen:

```
In[11]:= $MachinePrecision
Out[11]= 16
In[12]:= NIntegrate[f,{x,-1000,1000},WorkingPrecision->40]
NIntegrate::ncvb:
   NIntegrate failed to converge to prescribed accuracy after
   7 recursive bisections in x near x = 7.8125.
Out[12]= {57.62 Second, 17.72}
```

Dieses Vorgehen ist jedoch erheblich zeitaufwendiger als `N[Integrate]`!

Wenn Sie die y-Koordinate des geometrischen Schwerpunktes der Kardioide

$$x = (1 + \cos(t))\cos(t), \quad y = (1 + \cos(t))\sin(t)$$

berechnen lassen, so ist aus Symmetriegründen klar, daß das Ergebnis 0 sein muß. Dies ist bei exakter Berechnung auch der Fall; bei der numerischen Berechnung tritt eine interessante Fehlermeldung auf:

```
In[13]:= w1 = (1+Cos[t]) Cos[t]; w2=(1+Cos[t])Sin[t];
In[14]:= w1p = D[w1,t]; w2p = D[w2,t];
In[15]:= Sy = Integrate[w2 Sqrt[w1p^2+w2p^2],{t,0,2 Pi}]
Out[15]= 0
In[16]:= sy = NIntegrate[w2 Sqrt[w1p^2+w2p^2],{t,0,2 Pi}]
NIntegrate::ploss:
   Numerical integration stopping due to loss of precision.
      Achieved neither the requested PrecisionGoal nor
      AccuracyGoal; suspect one of the following: highly
      oscillatory integrand or the true value of the integral
      is 0.
Out[16]= 0.
```

3.1.5 Probleme beim Integrieren

Neben den im letzten Abschnitt behandelten treten sie z. B. immer dann auf, wenn bei einem bestimmten Integral der Integrand positiv ist, jedoch aufgrund interner Umrechnungen diese Eigenschaft verloren geht. Wir demonstrieren dies am Beispiel $\sqrt{1 + \cos(t)}$

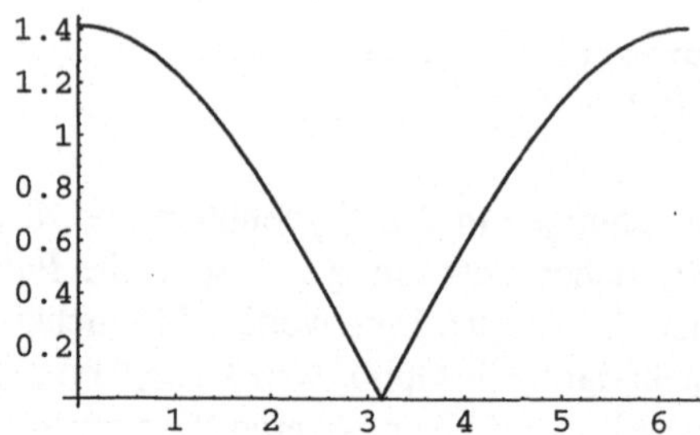

Bild 3.3 Die Funktion $f(t) = \sqrt{1 + \cos(t)}$

```
In[1]:= Plot[Sqrt[1+Cos[t]],{t,0,2 Pi}]
```

Obwohl der Integrand im Intervall $[0, \pi]$ nicht negativ ist, gibt *Mathematica* einen negativen Wert für das Integral

```
In[2]:= Integrate[Sqrt[1+Cos[t]],{t,0,Pi}]
              3/2
Out[2]= -2
```

Auch durch den Versuch, sich eine Vereinfachung des Ausdrucks ausgeben zu lassen, ist der Grund für diese Fehlleistung nicht zu erkennen:

```
In[3]:= Simplify[Sqrt[1+Cos[t]]]
Out[3]= Sqrt[1 + Cos[t]]
```

Dies ist einer der Gründe, warum wir uns inzwischen angewöhnt haben, trotz des zeitlichen Mehraufwandes bei bestimmten Integralen grundsätzlich beide Varianten zu verwenden und bei Unstimmigkeiten nähere Untersuchungen folgen zu lassen.

```
In[4]:= NIntegrate[Sqrt[1+Cos[t]],{t,0,Pi}]
Out[4]= 2.82843
```

Dies ist $2^{\frac{3}{2}}$:

```
In[5]:= 2^1.5
Out[5]= 2.82843
```

Daher muß dieses Ergebnis richtig sein. Falls Sie im Einzelfall auch nach zusätzlichen Überlegungen trotzdem nicht sicher sind, welches Ergebnis nun stimmt, empfiehlt sich in kritischen Fällen u. U. die Hinzuziehung einer Mathematikerin oder eines Mathematikers.

3.2 Integralrechnung mehrerer Veränderlicher

Zur Berechnung von Mehrfachintegralen können Sie entweder den Befehl `Integrate` entsprechend oft verwenden – dies empfiehlt sich etwa, wenn Sie die Zwischenergebnisse ebenfalls benötigen – oder direkt im Befehl eine Mehrfachintegration veranlassen. Zur Berechnung von $\iint x^2 y^3 \, dy \, dx$ müssen Sie dann eingeben

```
In[1]:= Integrate[x^2 y^3,x,y]
             3  4
            x  y
Out[1]= -----
            12
```

Hierbei wird zuerst nach y (der letzten Integrationsvariablen) integriert. Für ein bestimmtes Integral können die Integrationsgrenzen auch Funktionen von x sein.

```
In[2]:= Integrate[x^2 y^3,{x,0,2},{y,Sin[x],x+Sin[x]}]
Out[2]=
328                       15 Cos[4]    5 Cos[6]    71 Sin[2]
--- - 109 Cos[2] - --------- + -------- - --------- -
35                            4            9           2

  33 Sin[4]    17 Sin[6]
  --------- - ---------
     16          54
```

Die Anzahl der Variablen darf selbstverständlich auch größer als 2 sein.

```
In[3]:= Integrate[x y z,{x,0,1},{y,0,x},{z,0,y^2}]
            1
Out[3]= --
            96
```

Die Schwierigkeit besteht bei bestimmten Mehrfachintegralen also hauptsächlich darin, den Bereich, über den integriert werden soll, als Normalbereich bzw. Vereinigung von Normalbereichen darzustellen. Diese Aufgabe kann *Mathematica* Ihnen nicht abnehmen, aber es kann Sie dabei unterstützen. Dies wollen wir an einem Beispiel zeigen. Es ist

$$\iint_B x^2 y^3 \, dy \, dx$$

zu berechnen, wobei B von den Kurven $y = x$, $x \cdot y = 1$ und $y = 2$ berandet sein soll. Um von *Mathematica* eine Zeichnung fertigen zu lassen, können Sie z. B. jede der Gleichungen nach derselben Variablen auflösen und dann zeichnen lassen.

```
In[4]:= Plot[{x,1/x,2},{x,0.3,2.5}]
```

Die andere Möglichkeit, die sich vor allem für den Fall komplizierter implizit gegebener Funktionen empfiehlt, ist die Verwendung des Befehls `ImplicitPlot` aus dem Graphikpaket (genauere Informationen s. Kapitel 5)

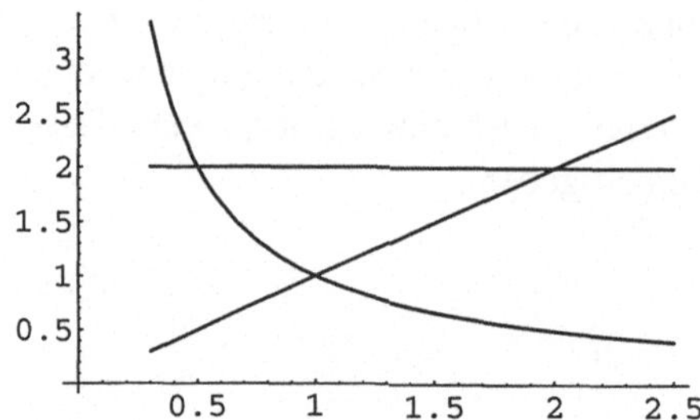

Bild 3.4 Die das Gebiet B berandenden Funktionen

```
In[5]:= <<Graphics'ImplicitPlot'
In[6]:= ImplicitPlot[{y==x, x y==1, y==2},{x,0.3,2.5}]
```

Nehmen wir an, Sie wollen B in der Form

$$B = \{(x,y) \in \mathbb{R}^2 : a \leq x \leq y, s(x) \leq y \leq t(y)\}$$

schreiben. Durch `Solve` können Sie die Schnittpunkte der Kurven berechnen lassen. Sollte dies wegen der Komplexität der beteiligten Funktionen nicht exakt möglich sein, so verwenden Sie das numerische Lösungsverfahren `NSolve`.

```
In[7]:= Solve[x == 1/x, x]
Out[7]= {{x -> 1}, {x -> -1}}
In[8]:= Solve[1/x == 2,x]
                 1
Out[8]= {{x -> -}}
                 2
```

Die Zeichnung Bild 3.4 zeigt Ihnen, welche dieser Schnittpunkte tatsächlich in Frage kommen. Um nun die richtige Beschreibung von B zu finden, beachten wir, daß für die x-Werte gilt $0.5 \leq x \leq 2$. Genauer gilt: für jedes x mit $0.5 \leq x \leq 1$ liegen die zugehörigen y-Werte (auf der eingezeichneten linken Hilfsgeraden) zwischen $1/x$ und 2, für jedes x mit $1 \leq x \leq 2$ liegen die zugehörigen y- Werte (auf der eingezeichneten rechten Hilfsgeraden) zwischen x und 2. Damit ergibt sich

$$B = \{(x,y) : 0.5 \leq x \leq 1, 1/x \leq y \leq 2\} \cup \{(x,y) : 1 \leq x \leq 2, x \leq y \leq 2\}$$

Nun können Sie das Integral berechnen:

```
In[9]:= Integral = Integrate[x^2 y^3,{x,0.5,1},{y,1/x,2}] +
                   Integrate[x^2 y^3,{x,1,2},{y,x,2}]
Out[9]= 5.71429
```

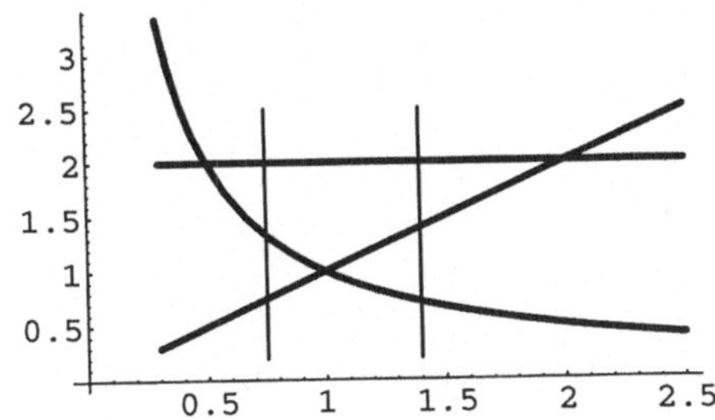

Bild 3.5 Zur Beschreibung von B als Vereinigung von Normalbereichen

3.3 Fourierreihen und Fouriertransformation

3.3.1 Fourierreihen periodischer Funktionen

Ist eine Funktion $f(x)$ stückweise stetig differenzierbar und periodisch mit der Periode T, so gilt für die Fourierentwicklung

$$S_f(t) = \sum_{k=-\infty}^{\infty} c_k \exp i\omega k = \frac{a_0}{2} + \sum_{n=1}^{\infty} (a_n \cos n\omega t + b_n \sin n\omega t)$$

mit $\omega = 2\pi/T$ und

$$c_k := \frac{1}{T} \int_0^T f(t)e^{-ik\omega t}\, dt \quad (k \in \mathbb{Z})$$

bzw.

$$a_n := \frac{2}{T} \int_0^T f(t) \cos n\omega t\, dt$$

und

$$b_n := \frac{2}{T} \int_0^T f(t) \sin n\omega t\, dt \quad (n \in \mathbb{N})$$

- Ist f stetig auf dem Intervall $I = [a, b]$, so konvergiert S_f auf I gleichmäßig gegen f.
- Für jede Sprungstelle t von f gilt $S_f(t) = \frac{1}{2}(f(t+) + f(t-))$.

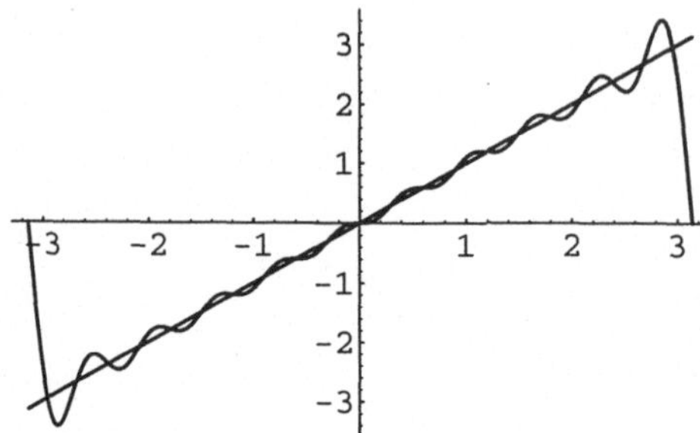

Bild 3.6 Sägezahnfunktion und die ersten 10 Summanden der Fourierentwicklung

Für Funktionen, die symmetrisch zur y-Achse sind, ist die Fourierreihe eine reine Cosinusreihe; für zum Nullpunkt punktsymmetrische Funktionen enthält S_f nur Sinusfunktionen. Die Darstellung einer Funktion als Fourierreihe finden Sie im Paket `Calculus`FourierTransform``, wobei Sie zwischen der Exponential- und der trigonometrischen Darstellung wählen können. Natürlich erhalten Sie nicht die vollständige Fourierreihe, sondern lediglich die ersten n Summanden, wobei Sie n selbst festlegen können. Allerdings sollten Sie beachten, daß für große Werte von n die Rechenzeit sehr groß wird. Beispiele:

- Die punktsymmetrische Funktion $f(x) = x$ soll außerhalb des Intervalls $[-\pi, \pi]$ symmetrisch fortgesetzt sein („Sägezahnfunktion"). Wir berechnen die ersten 10 Summanden der trigonometrischen Fourierreihenentwicklung und lassen die benötigte Rechenzeit mit ausgeben.

```
In[1]:= <<Calculus`FourierTransform`
In[2]:= Ftx10 = Timing[FourierTrigSeries[x,{x,-Pi,Pi},10]]
Out[2]=
                                    2 Sin[3 x]   Sin[4 x]
{15.76 Second, 2 Sin[x] - Sin[2 x] + ---------- - -------- +
                                         3            2

  2 Sin[5 x]   Sin[6 x]   2 Sin[7 x]   Sin[8 x]
  ---------- - -------- + ---------- - -------- +
      5           3           7           4

  2 Sin[9 x]   Sin[10 x]
  ---------- - ---------}
      9           5
```

In Bild 3.6 sehen Sie, daß dies bereits eine sehr gute Näherung ist. Für die Zeichnung dürfen Sie nur den 2. Teil der Ausgabe von `Ftx10` benutzen, weil der erste eine

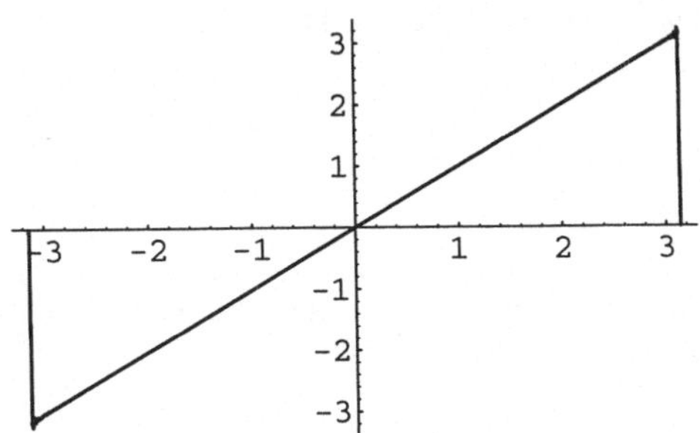

Bild 3.7 Sägezahnfunktion und die ersten 1000 Summanden der Fourierentwicklung

Zeitangabe ist.

```
In[3]:= Plot[{x,Ftx10[[2]]},{x,-Pi,Pi}]
```

Wenn Sie die ersten 1000 Summanden ausrechnen lassen, sollten Sie viel Geduld mitbringen – bei uns dauert die Rechnung etwa 30 Minuten. Bild 3.7 zeigt allerdings auch nur noch eine kleine Abweichung in den Eckpunkten.

```
In[4]:=Ftx1000 = FourierTrigSeries[x,{x,-Pi,Pi},1000];
In[5]:= Plot[{x,Ftx1000},{x,-Pi,Pi}]
```

Wenn Sie die Abweichung von der ursprünglichen Funktion berechnen lassen wollen, werden Sie eine der folgenden Fehlermeldung ähnliche Information zu sehen ·bekommen.

```
In[6]:= NIntegrate[Abs[Ftx10-x],{x,-Pi,Pi}]
NIntegrate::ncvb: NIntegrate failed to converge to
               prescribed accuracy after 7 recursive
               bisections in x near x = 2.67526.
Out[6]= 1.228
```

- Anstelle der trigonometrischen Fourierentwicklung können Sie sich auch die exponentielle Fourierentwicklung ausgeben lassen.

```
In[7]:= Ftxexp10 = Timing[FourierExpSeries[x, {x,-Pi,Pi},2]]
                   -I  -2 I x        -I x     I x    I  2 I x
Out[7]= {2.47 Second, -- E       + I E      - I E     + - E      }
                    2                                    2
```

- Und wenn Sie nur ganz bestimmte Fourierkoeffizienten benötigen, lassen Sie sich gezielt nur diese ausgeben. Dabei bezieht sich bei der Exponentialform die von Ihnen angegebene Nummer j des Koeffizienten auf den Exponenten $-j$.

```
In[8]:= Ftxexp2te = FourierExpSeriesCoefficient[x,{x,-Pi,Pi},2]
          -I
Out[8]= --
          2
```

Auf dieselbe Art können Sie sich auch die Koeffizienten des Sinus- bzw. Cosinus-Anteils der Entwicklung ausgeben lassen.

```
In[9]:= Ftx10achte = FourierSinSeriesCoefficient[x,{x,-Pi,Pi},8]
             1
Out[9]= -(-)
             4
```

Alle diese Befehle gibt es auch in der numerischen Fassung, bei der also direkt auf die numerischen Algorithmen von *Mathematica* zugegriffen wird ohne den Versuch, eine exakte Lösung zu finden. Das folgende Beispiel zur Benutzung dieser Befehle soll Ihnen jedoch zeigen, daß Funktionen, die mit dem Absolutbetrag einer Zahl gebildet sind, bei der Fourierentwicklung zum einen sehr viel Zeit benötigen (die Ausführung des Befehls `FourierExpSeries` dauerte etwa viermal so lange!), zum anderen regelmäßig zu Fehlermeldungen wegen numerischer Schwierigkeiten führen.

```
In[10]:= Timing[NFourierTrigSeries[Abs[x], {x,-Pi,Pi},4]]
NIntegrate::ploss:
   Numerical integration stopping due to loss of precision.
     Achieved neither the requested PrecisionGoal nor
     AccuracyGoal; suspect one of the following: highly
     oscillatory integrand or the true value of the integral
     is 0.
General::stop:
   Further output of NIntegrate::ploss
     will be suppressed during this calculation.
NIntegrate::ncvb:
   NIntegrate failed to converge to prescribed accuracy after
     7 recursive bisections in x near x = 3.14159.
Out[10]=
                   4.9348     4. Cos[x]      0. Cos[2 x]
{45.1 Second, ------ - --------- - ----------- -
                     Pi            Pi              Pi


   0.444444 Cos[3 x]     0. Cos[4 x]     0. Sin[x]
   ----------------- - ----------- + --------- +
          Pi                 Pi             Pi
```

```
   0. Sin[2 x]     0. Sin[3 x]     0. Sin[4 x]
  ----------- + ----------- + -----------}
      Pi              Pi              Pi
```

Zur besseren Lesbarkeit der Fourierentwicklung empfiehlt sich

```
In[11]:= Simplify[%[[2]]]
         0.222222 (22.2066 - 18. Cos[x] - 2. Cos[3 x])
Out[11]= ---------------------------------------------
                              Pi
```

3.3.2 Fourierentwicklung periodisch fortgesetzter Funktionen

Es gibt verschiedene Methoden, eine im Intervall $[0, T]$ definierte Funktion periodisch fortzusetzen. Als Beispiel wählen wir die Funktion $f(x) = x$ für $x \in [0, \pi]$, setzen sie nach den unterschiedlichen Verfahren fort, lassen das Ergebnis und die jeweils ersten 10 Summanden der Fourierreihe ausgeben.

1. Sie können die Funktion direkt mit Periode T fortsetzen, indem Sie den Graphen von f auf jedes Intervall $[nT, (n + 1)T]$ verschieben, d. h.

$$g(x) = f(x - n\pi) \qquad x \in [n\pi, (n + 1)\pi]$$

Wir wollen $g(x)$ im Intervall $[-\pi, \pi]$ definieren.

```
In[1]:= g[x_]:=x /; 0 <= x
In[2]:= g[x_]:=x+Pi /;   x < 0
```

Die Fourierentwicklung stückweise definierter Funktionen ist *Mathematica* nur unter Verwendung der numerischen Algorithmen möglich, trotzdem erscheint eine Reihe von Meldungen.

```
In[3]:= zahn = NFourierExpSeries[g[x],{x,-Pi,Pi},10]
NIntegrate::ncvb:
    NIntegrate failed to converge to prescribed accuracy after 7
      recursive bisections in x near x = 3.14159.
NIntegrate::ncvb:
    NIntegrate failed to converge to prescribed accuracy after 7
      recursive bisections in x near x = 3.14159.
NIntegrate::ncvb:
    NIntegrate failed to converge to prescribed accuracy after 7
      recursive bisections in x near x = 3.14159.
General::stop:
    Further output of NIntegrate::<<1>> will be suppressed
      during this calculation.
NIntegrate::ploss:
    Numerical integration stopping due to loss of precision.
```

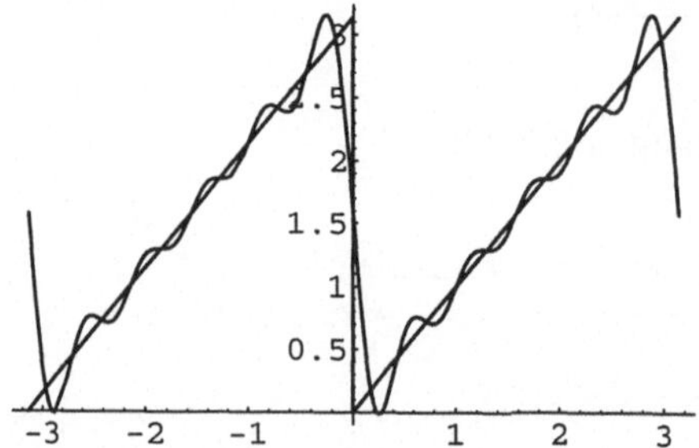

Bild 3.8 Periodisch durch Verschieben fortgesetzte Sägezahnfunktion und die ersten 10
Summanden der Fourierentwicklung

```
    Achieved neither the requested PrecisionGoal nor
    AccuracyGoal; suspect one of the following: highly
oscillatory
    integrand or the true value of the integral is 0.
NIntegrate::ploss:
   Numerical integration stopping due to loss of precision.
    Achieved neither the requested PrecisionGoal nor
    AccuracyGoal; suspect one of the following: highly
oscillatory
    integrand or the true value of the integral is 0.
In[4]:= Plot[{g[x],zahn},{x, -Pi, Pi}]
```

2. Sie können die Funktion achsensymmetrisch $2T$- periodisch fortsetzen, indem Sie
   zunächst den Graphen von f an der y-Achse spiegeln und dann weiter wie unter
   Punkt 1 verfahren, d. h. Sie setzen

$$h(x) = \begin{cases} x & \text{falls } x \in [0,\pi] \\ -x & \text{falls } x \in [-\pi,0] \end{cases}$$

und setzen dann wie in Punkt 1 mit der Periode 2π fort.

```
In[5]:= h = Abs[x];
In[6]:= abs = NFourierTrigSeries[h,{x,-Pi,Pi},10];
```

Die Fourierreihe der entstehenden (geraden) Funktion ist eine Kosinusreihe. In Bild 3.9
ist der Unterschied zwischen der Fourierentwicklung und der Funktion fast nicht zu
erkennen.

```
In[7]:= Plot[{h,abs},{x,-Pi,Pi}]
```

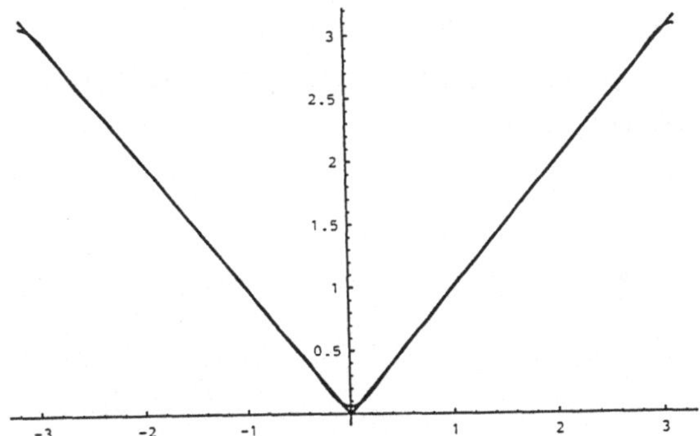

Bild 3.9 Periodisch als gerade Funktion fortgesetzte Sägezahnfunktion und die ersten 10 Summanden der Fourierentwicklung

3. Sie können die Funktion auch punktsymmetrisch $2T$-periodisch fortsetzen, indem sie zunächst den Graphen von f am Nullpunkt spiegeln und dann weiter wie unter Punkt 1 verfahren, d.h. Sie setzen

$$h(x) = x \qquad \text{für} x \in [-\pi, \pi]$$

und setzen dann wie in Punkt 1 mit der Periode 2π fort. Die Fourierreihe der entstehenden (ungeraden) Funktion ist eine Sinusreihe. Diesen Fall haben wir bereits behandelt, die Abbildung der Fourierentwicklung finden Sie in Bild 3.6.

3.3.3 Diskrete Fouriertransformation

Zur Analyse von Meßwerten ist es häufig erforderlich, die Foriertransformierte (auch Spektrum genannt) dieser Daten zu finden. Hierzu dienen die Befehle `Fourier` bzw. `InverseFourier` zur Bestimmung der inversen Fouriertransformierten. In verschiedenen Gebieten werden bei der Definition unterschiedliche Konventionen benutzt. *Mathematica* greift auf die übliche physikalische Definition der Fouriertransformierten b_s der n Meßdaten a_r zurück:

$$b_s = \frac{1}{\sqrt{\pi}} \sum_{r=1}^{n} a_r e^{2\pi i \frac{(r-1)(s-1)}{n}}$$

In elektrotechnischen Anwendungen wird das Vorzeichen umgedreht, so daß diese Liste umzukehren ist. Wir berechnen die Fouriertransformierte einer Liste von Daten.

```
In[1]:= daten = {1,1,1,1,1,-1,-1,-1,-1};
In[2]:= Fourier[daten]
Out[2]=
{0.333333 + 0. I, 0.333333 + 1.89043 I, 0.333333 - 0.121323 I, 0.333333 +
```

```
   0.57735 I, 0.333333 - 0.2797 I, 0.333333 + 0.2797 I, 0.333333 -
   0.57735 I, 0.333333 + 0.121323 I, 0.333333 - 1.89043 I}
```

Wenden wir auf diese Liste die inverse Fouriertransformation an, ergibt sich erst nach
Anwendung von Chop die ursprüngliche Liste.

```
In[3]:= InverseFourier[%]
Out[3]=
                    -17                    -16                    -17
{1. - 7.40149 10      I, 1. - 1.07842 10      I,  1. - 7.50991 10      I,


             -16                  -16                    -17
  1. - 1.38109 10      I, 1. - 1.23129 10      I, -1. - 7.45208 10      I,


             -18                  -17                    -16
 -1. - 9.92045 10      I, -1. - 4.16153 10      I,  -1. - 1.84222 10      I}


In[4]:= Chop[%]
Out[4]= {1., 1., 1., 1., 1., -1., -1., -1., -1.}
```

Bei der Bilddatenverarbeitung treten zweidimensionale Fouriertransformationen auf. Hierzu sind die Meßdaten als geschachtelte Liste einzugeben.

```
In[5]:= daten2 = {{1,1.5},{1.2,-1.4},{-1.2,1.3},{-1,-1}};
Out[5]= Fourier[daten2]
{{0.141421 + 0. I, -0.141421 + 0. I}, {0.848528 + 0.636396 I, 0.707107 +
   0.919239 I}, {1.69706 + 0. I, -1.9799 + 0. I}, {0.848528 - 0.636396 I,
   0.707107 - 0.919239 I}}
```

Auch hier können Sie durch InverseFourier und Chop die ursprünglichen Daten
zurückgewinnen.

```
In[6]:= InverseFourier[%]
                                                            -16
Out[6]= {{1. + 0. I, 1.5 + 0. I}, {1.2 + 1.33227 10      I,


             -17
  -1.4 + 3.88578 10      I}, {-1.2 + 0. I, 1.3 + 0. I},


             -16                  -17
  {-1. - 1.33227 10      I, -1. - 3.88578 10      I}}


In[7]:= Chop[%]
Out[7]= {{1., 1.5}, {1.2, -1.4}, {-1.2, 1.3}, {-1., -1.}}
```

Falls Sie höherdimensionale Fouriertransformationen benötigen, sind die Meßdaten in
entsprechend tief geschachtelten Listen einzugeben.

3.3.4 Fouriertransformation

Die Spektralfunktion oder Fouriertransformierte $F(\omega)$ der Funktion $f(t)$ ist gegeben durch

$$F(\omega) = A \int_{-\infty}^{\infty} e^{Bi\omega t} f(t)\, dt$$

falls dieses Integral für alle reellen ω existiert. Beachten Sie bitte, daß die Konstanten A und B in dieser Definition in der Literatur nicht immer dieselben Werte haben. Für *Mathematica* ist im Gegensatz zu elektrotechnischen Anwendungen $A = B = 1$; falls Sie diese Voreinstellung ändern wollen, so müssen Sie für A die `FourierOverallConstant` und für B die `FourierFrequencyConstant` ändern.

```
In[1]:= FourierTransform[Exp[-a Abs[t]],t,w]
           2 a
Out[1]= -------
          2   2
         a + w
```

Wollen Sie eine der Konstanten `FourierOverallConstant` bzw. `FourierFre-quencyConstant` ändern, so müssen Sie angeben

```
In[2]:=
  FourierTransform[Exp[-a Abs[t]],t,w,$FourierFrequencyConstant->-2]
          -4 a
Out[2]= ---------
          2     2
         a + 4 w
```

Der globale Wert wird hierdurch nicht geändert.

```
In[3]:= $FourierFrequencyConstant
Out[3]= 1
```

Bei der Ausgabe des Ergebnisses müssen Sie auf einige Überraschungen gefaßt sein. Die Fouriertransformierte der Spaltfunktion $\sin x / x$ ist eine Rechteckfunktion

```
In[4]:= FourierTransform[Sin[x]/x,x,w]
Out[4]= 2 I Pi (-I Pi UnitStep[-1 - w] + I Pi UnitStep[1 - w])
In[5]:= Plot[%,{w,-2,2}]
In[6]:= InverseFourierTransform[%%,w,x]
Out[6]=
2 I Pi (I Pi InverseFourierTransform[UnitStep[1 - w], w, x] -

                                      2
                  2 3/4       Sqrt[x ]                2
     -I Sqrt[Pi] (x )     Sqrt[--------] Cos[Sqrt[x ]]
                                  2
  I                              Pi x
  - (----------------------------------------------------- -
  2                              2
  2                             x
                              x
```

```
                     2 3/4        Sqrt[x ]                  2
     Sqrt[Pi] (x )        Sqrt[--------] Sin[Sqrt[x ]]
                                    2
                            Pi x
      --------------------------------------------------))
                              2
                             x
```

Daß es sich hierbei um die ursprüngliche Funktion handelt, ist nicht leicht zu erkennen,
auch der Versuch, eine Zeichnung fertigen zu lassen, scheitert:

```
In[7]:= Plot[%,{x,-2,2}]
Plot::plnr: CompiledFunction[{x}, <<1>>, -CompiledCode-][x]
     is not a machine-size real number at x = -2..
Out[7]= $Aborted
```

(Nach 1286 Sekunden abgebrochen, weil aufgrund der Fehlermeldung bereits klar war,
daß keine Zeichnung entstehen würde). Daß bei all diesen Rechnungen im Gegensatz zu
unseren sonstigen Erfahrungen mit *Mathematica* sehr lange Wartezeiten anfallen, sehen
Sie hier immer wieder.

3.4 Übungen

1. Berechnen Sie die Fläche, die von der Geraden $y = 0$ sowie den folgenden Kurvenstücken berandet wird (Skizze?!): in $[0, 1]$ durch die Winkelhalbierende des 1. Quadranten, in $[1, 2]$ durch den Graphen der Funktion $y = x^2 - 2x + 2$, in $[2, 3]$ durch den
   Graphen der Funktion $y = -2(x - 3)^3$ und in $[3, 4]$ durch den Graphen der Funktion
   $y = (x - 3)(x - 4)$

2. Bestimmen Sie das Volumen des Körpers, dessen Grundfläche der Kreis mit Radius
   2 in der x-y-Ebene und dessen Deckfläche $h(x, y) = 2 + \exp x$ ist.

3. Es sei die Funktion $\vec{f}(x, y) = (xy, 2x^2 y)$ und die Kurve K gegeben. K verlaufe
   zunächst geradlinig von $(2, 1)$ nach $(0, -1)$, danach geradlinig von $(0, -1)$ nach
   $(1, 2)$ und schließlich von $(1, 2)$ nach $(2, 1)$ auf der Kurve, die durch $\gamma(t) = (e^t, 2e^{-t})$
   parametrisiert ist mit $t \in [0, \ln 2]$ (Skizze?!). Bestimmen Sie $\oint_K f \, dK$!

4. Für welche Funktion $g(x, y)$ ist $\vec{v}(x, y, z) = (2x + yz, 4y + xz, 2z + g(x, y))$ ein
   Gradientenfeld?

5. Berechnen Sie $\int_{w_i} \vec{v} \cdot d\vec{x}$ für die drei Wege
   $\vec{w}_1(t) = $ Verbindungsstrecke von $(0, 1)$ nach $(1, 2)$
   $\vec{w}_2(t) = $ zuerst Verbindungsstrecke von $(0, 1)$ nach $(1, 1)$, danach Verbindungsstrecke
   von $(1, 1)$ nach $(1, 2)$

$$\vec{w}_3(t) = (t, t^2 + 1) \qquad 0 \leq t \leq 1$$

für die Vektorfelder

a) $\vec{v}(x, y, z) = (x^2 - y, y^2 + x)$

b) $\vec{v}(x, y, z) = (x^3 - 3xy^2, y^3 - 3yx^2)$

6. Für welche Werte von a liegt ein Potentialfeld vor?

$$\vec{v}(x, y, z) = (\frac{ay}{x - y^2}, \frac{2x}{x - y^2 + 1}, z); (x, y, z) \in \mathbb{R}^3, x \neq y$$

Bestimmen Sie gegebenenfalls für ein geeignetes Gebiet das Potential!

7. Berechnen Sie die Masse M des Bereiches

$$B = \{(x, y) : x \geq 0, y \geq 0, \frac{x^2}{a^2} + \frac{y^2}{b^2} \leq 1\}$$

bei gegebener Massenbelegung $\mu(x, y) = x \cdot y$

8. Berechnen Sie das Volumen des Bereichs

$$V = \{(x, y, z) : x^2 + y^2 \leq 1, z^2 + x^2 \leq 1\}$$

4 Algebra

4.1 Nichtlineare Gleichungen

4.1.1 Lösungen nichtlinearer Gleichungen

Vielleicht ist Ihnen bekannt, daß es keine algebraischen Ausdrücke gibt, um allgemein die Nullstellen von Polynomen vom Grad 5 (oder höheren Grades) zu beschreiben. Da natürlich auch *Mathematica* den mathematischen Gesetzen unterworfen ist, können Sie hier keine Wunder erwarten. Trotz allem ist die Leistungsfähigkeit des Systems erstaunlich. Zum Auffinden der Lösungen einer oder mehrerer Gleichungen in einer oder mehreren Variablen dienen die Anweisungen `Solve[gleichungen, variablen]` und `Reduce[gleichungen, variablen]`. Falls es sich um ein lineares Gleichungssystem handelt, können Sie weitere Möglichkeiten im Paragraphen 4.2 nachschlagen. Für spezielle Probleme wie z.B. ganzzahlige Lösungen gibt es weitere Befehle, über die Sie im Abschnitt 4.1.4 nähere Informationen finden. Die Sonderfälle, daß die betrachtete Gleichung ein Polynom oder eine rationale Funktion ist, werden in den Abschnitten 4.1.2 und 4.1.3 ausführlich behandelt.

Der Befehl `Solve`

Wenn Sie sämtliche Lösungen der Gleichung $f(x) = 0$ suchen, sollten Sie eingeben `Solve[f[x] == 0, x]`, wobei Sie die doppelte Eingabe des Gleichheitszeichens auf gar keinen Fall unterlassen dürfen. *Mathematica* versucht dann, alle reellen oder auch komplexen Zahlen x, die der Gleichung $f(x) = 0$ genügen, zu finden. Komplexe Lösungen werden gesucht, falls die Gleichung algebraisch ist. Das Ergebnis ist eine Liste aller Nullstellen, allerdings in der Form `{x -> x0}`, also als Ersetzungsregeln. Diese Darstellung hat Auswirkungen auf die Art, wie Sie die gefundenen Lösungen in Gleichungen einsetzen können (s.u.). Es sollen alle Nullstellen der Gleichung

$$x^4 - 10x^3 + 47x^2 - 102x + 90 = 0$$

berechnet werden.

```
In[1]:=  Solve[x^4 - 10 x^3 + 47 x^2 - 102 x + 90 = 0, x]
                        4        3        2
Set::write: Tag Plus in x   - 10 x   + 47 x   + <<1>> + 90
```

```
     is Protected.
Solve::eqf: 0 is not a well-formed equation.
Out[1]= Solve[0, x]
```

Die Fehlermeldung erfolgt aufgrund des fehlenden zweiten Gleichheitszeichens. Daher noch einmal, diesmal mit Angabe der Rechenzeit.

```
In[2]:=  Timing[Solve[x^4 - 10 x^3 + 47 x^2 - 102 x + 90 == 0, x]]
Out[2]= {0.27 Second,   {{x -> 3 - 3 I}, {x -> 3 + 3 I},
                         {x -> 2 - I},   {x -> 2 + I}}}
```

Wenn Sie jemals versucht haben, eine nicht biquadratische Gleichung 4. Grades „eigenhändig" zu lösen, wissen Sie, wie aufwendig und fehleranfällig die Rechnung ist. Wir haben zwar die Koeffizienten der Gleichung so gewählt, daß die Ausgabe nicht sehr viel Raum beansprucht, aber auch bei komplizierteren Zahlen beträgt die Rechenzeit nicht mehr als ca. 10 Sekunden. Eine gewisse Vorsicht ist allerdings geboten: beim Versuch, eine Gleichung 4. Grades zu lösen, bei der sowohl algebraische als auch transzendente Koeffizienten auftraten (genauer gesagt waren es $\sqrt{n}$ und sin n für verschiedene natürliche Zahlen n), wurde zwar die Rechnung ausgeführt (geschätzte Dauer etwa 12 Sekunden), an der Bildschirmausgabe „verschluckte" sich *Mathematica* aber dermaßen, daß auch nach mehr als anderthalb Stunden nichts vom Ergebnis zu sehen war. In solchen Fällen ist es dann sehr gut, wenn Sie alle vorherige Arbeit rechtzeitig gesichert haben! Falls die Vielfachheit einer Nullstelle größer als 1 ist, wird sie entsprechend ihrer Vielfachheit mehrfach aufgelistet.

```
In[3]:=  Solve[x^3 + 3x^2 + 3x + 1 == 0, x]
Out[3]= {{x -> -1}, {x -> -1}, {x -> -1}}
```

Die zusätzliche Angabe des Variablennamens kann weggelassen werden, wenn die betrachtete Gleichung keine Parameter enthält.

```
In[4]:=  Solve[x^2 + 1 == 0]
Out[4]= {{x -> I}, {x -> -I}}
```

Enthält Ihre Gleichung dagegen weitere Parameter, so versucht *Mathematica*, soviele Variablen wie möglich zu eliminieren, wobei das Ergebnis nicht unbedingt Ihren Vorstellungen entsprechen wird. Im folgenden Beispiel werden die Lösungen der allgemeinen quadratischen Gleichung $x^2 + px + q = 0$ gesucht.

```
In[5]:=  Solve[ x^2 + p x + q == 0]
Out[5]= {{q -> (-p - x) x}}
```

In solchen Fällen ist es also unbedingt erforderlich, die Variable(n) anzugeben, nach der (bzw. denen) aufgelöst werden soll.

```
In[6]:=  Solve[x^2 + p x + q == 0, x]
                     2                              2
           -p + Sqrt[p  - 4 q]            -p - Sqrt[p  - 4 q]
Out[6]= {{x -> -------------------}, {x -> -------------------}}
                     2                              2
```

Falls Sie mehrere Variablen angeben, versucht *Mathematica*, alle Werte zu finden, so daß die Gleichung erfüllt ist.

```
In[7]:=  Solve[x^2 + p x + q == 0, {x, p, q}]
                  q
Out[7]= {{p -> -(-) - x}, {q -> 0, x -> 0}}
                  x
```

Einige Beispiele sollen Ihnen zeigen, welche Art von Aufgaben Sie nun lösen können.

- Gesucht sind alle reellen Zahlen, die die Gleichung $\sqrt{2x - 4} - \sqrt{x - 1} = 1$ erfüllen.

```
In[8]:=  linkeSeite = Sqrt[2x - 4] - Sqrt[x - 1];
In[9]:=  loes = Solve[linkeSeite == 1, x]
Out[9]= {{x -> 10}, {x -> 2}}
```

Wir müssen nun noch prüfen, ob tatsächlich beide Werte Lösungen sind. Dazu müssen die beiden Ersetzungsvorschriften, die für *Mathematica* die Namen `loes[[1]]` und `loes[[2]]` tragen, auf die Gleichung angewandt werden. (In komplizierteren Fällen lassen wir, um die falschen Werte gleich aussortieren zu können, die numerischen Ergebnisse berechnen.)

```
In[10]:=  Probe1 = linkeSeite /. loes[[1]]
Out[10]= 1
In[11]:=  Probe2 = linkeSeite /. loes[[2]]
Out[11]= -1
```

Damit ist klar, daß nur die erste Ersetzungsvorschrift in Frage kommt.

- Gesucht sind alle reellen Zahlen, für die $x^3 - x^2 < 2x - 2$ ist. Da `Solve` nur Gleichungen kennt, müssen Sie zunächst die Gleichung $x^3 - x^2 = 2x - 2$ lösen. Damit wir später nicht in zwei Ausdrücke einsetzen müssen, bringen wir alle Terme auf die linke Seite der Gleichung.

```
In[12]:=  ls = x^3 - x^2 - 2x + 2;
In[13]:=  loes = Solve[ls == 0, x]
Out[1]= {{x -> 1}, {x -> Sqrt[2]}, {x -> -Sqrt[2]}}
```

Um die richtige Reihenfolge der Nullstellen auf der x- Achse zu finden, lassen wir die Werte numerisch bestimmen.

```
In[14]:=  loesnum = N[loes]
Out[14]= {{x -> 1.}, {x -> 1.41421}, {x -> -1.41421}}
```

Um nun die Intervalle zu finden, in denen $x^3 - x^2 - 2x + 2 < 0$ ist, setzen wir in ls einen Wert ein, der kleiner als die kleinste Nullstelle ist.

```
In[15]:=  ls1 = ls /. x->-2

Out[15]= -6
```

Damit ist klar, daß die gesuchte Antwort lautet $x \in (-\infty, -\sqrt{2}) \cup (1, \sqrt{2})$, da ein
Polynom 3. Grades mit drei reellen einfachen Nullstellen zwischen diesen jedesmal
das Vorzeichen wechselt. (Falls Sie sich nicht sicher sind, können Sie natürlich aus
jedem in Frage kommenden Intervall einen Punkt einsetzen oder auch das Polynom
zeichnen lassen.)

- Implizite Funktionen: Gesucht sind alle Punkte (x, y) der Ebene, die der Gleichung
$(x + y)^2 - (x - 2y)^2 = 1$ genügen. Je nachdem, ob wir nach x oder nach y auflösen
lassen, ergeben sich ein oder zwei Ersetzungsregeln. Anders gesagt: x läßt sich als
Funktion von y darstellen, y jedoch nicht als Funktion von x.

```
In[16]:=  Solve[(x+y)^2 - (x - 2y)^2 == 1, x]
                      2
              -(-1 - 3 y )
Out[16]= {{x -> -----------}}
                  6 y


In[17]:=  Solve[(x + y)^2 - (x - 2y)^2 == 1, y]
                                          2
              6 x + 2 Sqrt[3] Sqrt[-1 + 3 x ]
Out[17]= {{y -> -------------------------------},
                            6


                                          2
              6 x - 2 Sqrt[3] Sqrt[-1 + 3 x ]
          {y -> -------------------------------}}
                            6
```

- Ein typischer Fehler kann entstehen, wenn Sie bei der Angabe der Variablen die geschweiften Klammern vergessen. Solve läßt nämlich auch die zusätzliche Angabe
von zu eliminierenden Variablen zu. Daher wird der folgende Befehl als Frage aufgefaßt, unter welchen Bedingungen an x die Gleichung $ax + by + c = 0$ nach y aufgelöst
werden kann. Die Antwort zeigt, daß es keine Restriktionen für x gibt.

```
In[18]:=  Solve[a x + b y + c == 0, x, y]
Out[18]= {{}}
```

Wollten Sie stattdessen die Gleichung nach einer der Variablen auflösen lassen, so
müßten Sie eingeben

```
In[19]:=  Solve[a x + b y + c == 0, {x, y}]
                      c     b y
Out[19]= {{x -> -(-) - ---}}
                      a      a
```

- Leider kann *Mathematica* derzeit nicht Gleichungen vom Typ $|x + 1| - |x - 1| = 1$ exakt lösen:

```
In[20]:=  Solve[Abs[x + 1] - Abs[x - 1] == 1, x];
Solve::tdep:
   The equations appear to involve transcendental functions
     of the variables in an essentially non-algebraic way.
```

In solchen Fällen können Sie nur versuchen, numerisch Lösungen finden zu lassen.

```
In[21]:=  FindRoot[Abs[x + 1] - Abs[x - 1] == 1, {x, -1, 1}]
Out[21]= {x -> 0.5}
```

Mehr darüber finden Sie im Abschnitt 4.1.5.

- Auch der Versuch, vielleicht komplexe Lösungen dieser Gleichung zu finden, schlägt fehl, da nur formal die inverse Funktion benutzt wird.

```
In[22]:=
L1c[z_Complex] = Sqrt[(Re[z] + 1)^2 + Im[z]^2] -
                 Sqrt[(Re[z] - 1)^2 + Im[z]^2];
In[23]:=  Solve[L1c[z] == 1, z]
                    (-1)
Out[23]= {{z -> L1c      [1]}}
```

Die einzige Möglichkeit besteht darin, den Real- und Imaginärteil der Zahl als eigene Variablen zu benutzen, und sich hinterher aus der von *Mathematica* gefundenen Lösung selbst die komplexe Zahl zusammenzubasteln.

```
In[24]:=  L2 = Sqrt[(a - 1)^2 + (b)^2] -
               Sqrt[(a + 1)^2 + b^2];
In[25]:=  Solve[L2 == 1, {a, b}]
                        2                          2
              Sqrt[3 + 4 b ]          -Sqrt[3 + 4 b ]
Out[25]= {{a -> --------------}, {a -> ---------------}}
              2 Sqrt[3]                 2 Sqrt[3]
```

Damit sind komplexe Lösungen alle die Zahlen, deren Realteil einer dieser beiden Bedingungen genügt.

Beachtung von Sonderfällen – der Befehl `Reduce`

Wenn Sie die allgemeine Lösung der quadratischen Gleichung $ax^2 + bx + c = 0$ suchen, so gibt es neben dem Fall der echten quadratischen Gleichung auch Sonderfälle, wenn nämlich der Koeffizient a Null ist, also gar kein quadratischer Term vorhanden ist. Die lineare Gleichung $bx + c = 0$ hat dann die Lösung $x = -c/b$, falls nicht auch b verschwindet. Falls auch b Null ist, gibt es entweder keine Lösung – wenn nämlich c nicht verschwindet –, da eine Gleichung der Form $1 = 0$ widersprüchlich ist, oder unendlich viele Lösungen – für $c = 0$ –, weil jede Zahl x die Gleichung $0 = 0$ erfüllt. Wenn Sie nun versuchen, diese Lösungen mit `Solve` zu finden, so sehen Sie, daß nur die „Standardlösung" für $a \neq 0$ ausgegeben wird.

```
In[1]:=   quagl = a x^2 + b x + c;
In[2]:=   Solve[quagl == 0, x]
Out[2]=
                       2                              2
        b      Sqrt[b  - 4 a c]       b      Sqrt[b  - 4 a c]
      -(-)  + ----------------      -(-)  - ----------------
        a            a                a            a
{{x -> ------------------------},  {x -> ------------------------}}

                2                              2
```

Wenn Sie aus irgendeinem Grund nicht nur diese generische Lösung benötigen, sondern zusätzlich alle speziellen Lösungen (d.h. Lösungen für die Fälle, in denen die Parameter spezielle Werte annehmen, müssen Sie den Befehl `Reduce` verwenden. Seine Syntax ist dieselbe wie die von `Solve`, die Lösungen werden jedoch wesentlich anders ausgegeben:

```
In[3]:=   Reduce[quagl==0, x]
                                     2
                       b      Sqrt[b  - 4 a c]
                     -(-)  + ----------------
                       a            a
Out[3]= a != 0 && (x == ------------------------ ||
                                 2


                  2
        b      Sqrt[b  - 4 a c]
      -(-)  - ----------------
        a            a
    x == ------------------------) ||
                 2


                                        c
    b != 0 && a == 0 && x == -(-) || a == 0 && b == 0 && c == 0
                                        b
```

Wie ist diese Ausgabe zu lesen? Die zwei senkrechten Striche stehen jeweils für „oder",
„&&" bedeutet „und" sowie „!=" „ungleich". Damit lautet die ausgegebene Lösung: für
$a \neq 0$ sind

$$x_{1,2} = \frac{\frac{-b}{a} \pm \frac{\sqrt{b^2-4ac}}{a}}{2}$$

die Lösungen der Gleichung; für $b \neq 0$ und $a = 0$ ist $x = -c/b$ die einzige Lösung;
für $a = 0$ und $b = 0$ und $c = 0$ gibt es keine Gleichung für x (d.h. jede Zahl x ist
Lösung); weitere Lösungen gibt es nicht. Sie sehen, daß `Reduce` durch Vereinfachen der
ursprünglichen Gleichung neue Gleichungen und Ungleichungen erzeugt, die durch &&
und || kombiniert sein können. Wenn Sie also eine solche Lösung in einen Ausdruck
einsetzen wollen, so müssen Sie beachten, daß es sich um (Un-)Gleichungen und keine
Ersetzungsregeln handelt. Wenn Sie dies vernachlässigen, reagiert *Mathematica* mit einer
Fehlermeldung.

```
In[4]:=  quagl /. %;
ReplaceAll::reps:
   {a == 0 && b == 0 && c == 0}
      is neither a list of replacement rules nor a valid
      dispatch table, and so cannot be used for replacing.
```

Wollen Sie die gefundenen Werte also einsetzen lassen, so müssen die gefundenen Gleichungen zunächst in Ersetzungsregeln umgewandelt werden. Dies geschieht durch den
Befehl `ToRules`.

```
In[5]:=  regeln = {ToRules[%%]}
Out[5]=
                      2                               2
         b     Sqrt[b  - 4 a c]        b     Sqrt[b  - 4 a c]
       -(-) + ----------------       -(-) - ----------------
         a           a                 a           a
{{x -> -----------------------}, {x -> -----------------------},
                  2                               2


                  c
 {a -> 0, x -> -(-)}, {a -> 0, b -> 0, c -> 0}}
                  b
```

Das Ergebnis ist nun die entsprechende Liste von Regeln. Wollen Sie etwa die 3. Regel in
den Ausdruck $\sin qx^2 + ax + b$ einsetzen, so ist hierfür einzugeben

```
In[6]:=  sinFall3 = Sin[q x^2 + a x + b] /. regeln[[3]]
                 2
              c q
Out[6]= Sin[b + ----]
                 2
                b
```

Um die Lösungen der quadratischen Gleichung einzusetzen, könnten Sie natürlich stattdessen den `Solve`-Befehl benutzen und dann ersetzen lassen.

```
In[7]:=  loes = Solve[quagl == 0, x];
In[8]:=  sinFall11 = Simplify[Sin[q x^2 + a x + b] /. loes[[1]]]
                     2                         2           2
              -b + Sqrt[b  - 4 a c]     (b - Sqrt[b  - 4 a c])  q
Out[8]= Sin[b + -------------------- + ------------------------]
                         2                          2
                                                 4 a
```

In den Sonderfällen ist dies jedoch nicht möglich, da zwar durch Angabe der speziellen
Parameterwerte von `Solve` die korrekte Lösung für x berechnet wird, beim Einsetzen
in die gewünschte Gleichung die Parameter aber nicht durch ihre speziellen Werte ersetzt
werden.

```
In[9]:=  Solve[quagl == 0 && a == 0 && b != 0, x]
                    c
Out[9]= {{x -> -(-)}}
                    b
In[10]:=  sinFallextra = Sin[q x^2 + a x + b] /. Out[%]
                          2
                 a c    c  q
Out[10]= {Sin[b - --- + ----]}
                   b     2
                        b
```

`Reduce` können Sie insbesondere benutzen, um zu einer gegebenen Funktion die Umkehrfunktion und deren Definitionsbereich in Form von Gleichungen und Ungleichungen
bestimmen zu lassen.

```
In[11]:=  h = Reduce[y == (3x + 4)/(7x + 2), x]
                                   22
                             -2 - -------
                                  3 - 7 y
Out[11]= -3 + 7 y != 0 && x == -----------
                                    7
```

Wir vertauschen die Variablennamen

```
In[12]:=  Out[%] /. {x->y, y->x}
                                  22
                            -2 - -------
                                 3 - 7 x
Out[12]= -3 + 7 x != 0 && y == -----------
                                    7
```

Um nun die 2. Gleichung wieder als Funktion benutzen zu können, wandeln wir sie in eine
Ersetzungsregel um

```
In[13]:=  r = ToRules[Out[12][[2]]]
                        22
               -2 - -------
                     3 - 7 x
Out[13]= {y -> ------------}
                     7
```

Die Ersetzungsregel wird nun auf y angewendet und so das Gewünschte erreicht.

```
In[14]:=  f = y /.r
                     22
             -2 - -------
                   3 - 7 x
Out[14]= ------------
               7
```

Im Abschnitt 4.1.3 finden Sie Informationen zum Befehl Together, der für eine Vereinfachung von *f* sorgt.

```
In[15]:=  Together[f]
           2 (2 - x)
Out[15]= ---------
          -3 + 7 x
```

Grenzen der Lösungsroutinen

Solve und Reduce dienen hauptsächlich zur Bearbeitung von polynomialen Gleichungen, wobei auch für Polynome von einem Grad, der größer als 4 ist, häufig Nullstellen
gefunden werden.

```
In[1]:=  gl = x^5 + 1;
In[2]:=  Solve[gl == 0, x]
                  1/5              3/5                      7/5
Out[2]= {{x -> (-1)   }, {x -> (-1)   }, {x -> -1}, {x -> (-1)   },

                 9/5
          {x -> (-1)   }}
```

Falls *Mathematica* weder Lösungen findet noch einen Grund für die Annahme, daß keine
existieren, so erfolgt die Ausgabe in einer speziellen Form unter Verwendung des Befehls
Roots.

```
In[3]:=  Solve[gl + 3 x == 0, x]
                            5
Out[3]= {ToRules[Roots[3 x + x  == -1, x]]}
```

Ein Element einer solchen Ausgabeliste können Sie nicht in einen Ausdruck einsetzen
lassen.

```
In[4]:=  3x^2 + 1 /. Out[3][[1]];

ReplaceAll::reps:
                            5
   {ToRules[Roots[3 x + x  == -1, x]]}
      is neither a list of replacement rules nor a valid
      dispatch table, and so cannot be used for replacing.
```

Sie können sich aber jederzeit die Liste der numerischen Ergebnisse ausgeben lassen.

```
In[5]:=  N[Out[3]]
Out[5]= {{x -> -0.839072 - 0.943852 I},
         {x -> -0.839072 + 0.943852 I}, {x -> -0.331989},
         {x -> 1.00507 - 0.937259 I}, {x -> 1.00507 + 0.937259 I}}
```

Falls nicht alle Lösungen gefunden werden, werden die nicht exakt angebbaren Wurzeln
mit Hilfe von Roots ausgegeben.

```
In[6]:=  Solve[x^6 - x^5 + 3x^2 - 2x - 1 == 0, x]
                                        5
Out[6]= {{x -> 1}, ToRules[Roots[1 + 3 x + x  == 0, x]]}
```

In den Fällen, in denen offensichtlich keine Lösung existiert, gibt *Mathematica* die leere
Liste aus (Solve) bzw. den Wahrheitswert False (Reduce).

```
In[7]:=  Solve[0 == 1]
Out[7]= {}
In[8]:=  Reduce[0 == 1]
Out[8]= False
```

Sobald die zu lösenden Gleichungen nicht nur Potenzen von x enthalten, werden sie häufig
mit Meldungen wie diesen abgewiesen.

```
In[9]:=  Solve[Sin[x] == Cos[x], x];
Solve::ifun:
   Warning: Inverse functions are being used by Solve, so
     some solutions may not be found.
Solve::tdep:
   The equations appear to involve transcendental functions
     of the variables in an essentially non-algebraic way.
```

Manchmal hilft es in solchen Fällen, wenn man weitere Beziehungen zwischen den in der
Gleichung auftretenden Termen auflistet. Im vorliegenden Fall muß merkwürdigerweise
Mathematica auf eine ihm gut bekannte Gleichung ausdrücklich hingewiesen werden, um
den Ansatz einer Lösung zu finden.

```
In[10]:=
Solve[{Sin[x] == Cos[x], Sin[x]^2 + Cos[x]^2 == 1},
               {Sin[x], Cos[x]}]
```

```
                                1                    1
Out[10]= {{Sin[x]  ->  -------, Cos[x]  ->  -------},
                             Sqrt[2]              Sqrt[2]


                                  1                    1
      {Sin[x]  ->  -(-------), Cos[x]  ->  -(-------)}}
                       Sqrt[2]                Sqrt[2]
```

Allerdings werden Sie trotz allem von *Mathematica* keine exakte Lösung für x erfahren, sondern müssen sich den numerischen Wert ausgeben lassen.

```
In[11]:=  N[ArcSin[1/Sqrt[2]]]
Out[11]= 0.785398
```

Daß *Mathematica* die benötigte zusätzliche Gleichung tatsächlich kennt, sehen Sie an folgendem Dialog.

```
In[12]:=  Simplify[Sin[x]^2 + Cos[x]^2]
Out[12]= 1
```

Es ist natürlich ausgesprochen schwierig, im Einzelfall auf die richtige Idee zu kommen, mit welchen zusätzlichen Gleichungen, die aber die Lösungsmenge nicht einschränken dürfen, die Lösungen gesucht werden müssen. Im Zweifelsfall sollten Sie entweder auf die numerischen Verfahren ausweichen oder eine Mathematikerin bzw. einen Mathematiker zu Rate ziehen, wenn Sie wirklich auf exakte Ergebnisse angewiesen sind.

4.1.2 Das Rechnen mit Polynomen

Polynome können in ganz unterschiedlicher Weise gegeben sein. So ist z. B.

$$x^2 + 2x + 1 = (x + 2)^2 = (x - 1)^2 + 4(x - 1) + 4 = (x - a)^2 + 4a(x - a) + 3a^2 + 1$$

(wobei a eine beliebige reelle Zahl ist. Je nachdem, was als nächstes mit dem Ausdruck geschehen soll, ist die eine oder andere Darstellung besonders günstig. Deshalb ist es wichtig, ein Polynom von einer in eine andere Darstellung überführen zu können.

Ausmultiplizieren und Zusammenfassen mit Hilfe von `Expand` *und* `Factor`

Neben der expliziten Eingabe eines Polynoms gibt es die Möglichkeit, mit Hilfe des Befehls `Sum` den allgemeinen Term $a_k x^k$ anzugeben, zusammen mit der Angabe, welche Werte k dabei annehmen soll. Dabei kann der Koeffizient a_k auf unterschiedliche Weise angegeben werden. Dies wollen wir zunächst demonstrieren. Falls es ein Bildungsgesetz für die a_k gibt, können Sie dies entweder direkt einsetzen[1]

---

[1] `Binomial[n, k]` ist der Binomialkoeffizient $\binom{n}{k}$.

```
In[13]:=  p1 = Sum[Binomial[4,k] x^k, {k, 0, 4}]
                       2     3     4
Out[13]= 1 + 4 x + 6 x  + 4 x  + x
```

oder vorher definieren

```
In[14]:=  a[k_] = k^2/(2k + 3);
In[15]:=  p2 = Sum[a[k] x^k, {k, 0, 4}]
                    2            4
          x    4 x     3    16 x
Out[15]= - + ---- + x  + -----
          5    7              11
```

Falls es kein allgemeines Bildungsgesetz gibt, können Sie die Koeffizienten in eine Liste packen, müssen dann aber beachten, daß *Mathematica* Listenelemente bei 1 beginnend durchnumeriert, während Ihr Polynom vielleicht ein nicht verschwindendes absolutes Glied besitzt, und Ihre Angabe entsprechend modifizieren.

```
In[16]:=  a = {3, 5, 7, 2, 11};
In[17]:=  p3 = Sum[a[[k + 1]] x^k, {k, 0, 4}]
                       2     3      4
Out[17]= 3 + 5 x + 7 x  + 2 x  + 11 x
```

Falls Ihnen die Nullstellen b_i des Polynoms bekannt sind, können Sie über Product die Darstellung $\alpha \prod_{i=1}^{n}(x - b_i)$ wählen, wobei für die b_i ebenfalls das für die a_k Gesagte gilt.

```
In[18]:=  p4 = Product[x - i, {i, 4}]
Out[18]= (-4 + x) (-3 + x) (-2 + x) (-1 + x)
```

Wenn Sie dieses Polynom in der üblichen Summendarstellung sehen wollen, so benutzen Sie den Befehl Expand zum Ausmultiplizieren der Klammern.

```
In[19]:=  Expand[p4]
                       2      3     4
Out[19]= 24 - 50 x + 35 x  - 10 x  + x
```

Um ein in Summendarstellung gegebenes Polynom als Produkt von Linearfaktoren darzustellen, können Sie den Befehl Factor aufrufen.

```
In[20]:=  Factor[p1]
                   4
Out[20]=  (1 + x)
```

```
In[21]:=  Factor[1 - 7 x + 10 x^2]
Out[21]= (1 - 5 x) (1 - 2 x)
```

Wenn das betrachtete Polynom reelle und komplexe Nullstellen besitzt, werden mit Factor nur die rationalen Nullstellen abgespalten.

```
In[22]:=  Factor[p2]
                         2         3
          x (77 + 220 x + 385 x  + 560 x )
Out[22]= ----------------------------------
                       385
```

Falls es keine rationalen Nullstellen gibt, wird das Polynom unverändert ausgegeben.

```
In[23]:=  Factor[p3]
                      2       3        4
Out[23]= 3 + 5 x + 7 x  + 2 x  + 11 x
```

Falls Sie eine komplexe Faktorisierung wünschen, so müssen Sie die Option `GaussianIntegers -> True` verwenden. Damit sind bei der Zerlegung ganze Gaußsche Zahlen als Koeffizienten zugelassen (d. h. Zahlen $a + bi$ mit ganzzahligen a, b).

```
In[24]:=  Factor[x^3 + x^2 + x + 1, GaussianIntegers -> True]
Out[24]= (-I + x) (I + x) (1 + x)
```

Wenn Sie die Faktoren in Form einer Liste benötigen, um sie weiterverarbeiten zu können, benutzen Sie am einfachsten

```
In[25]:=  FactorList[1 - 9 x + 24 x^2 - 20 x^3]

Out[25]= {{1 - 5 x, 1}, {-1 + 2 x, 2}}
```

Ausgegeben wird eine geschachtelte Liste, bei der jede Teilliste einen Faktor und seine Vielfachheit enthält.

Es ist manchmal wünschenswert, ein Polynom zu zerlegen in einen quadratischen und einen quadratfreien Anteil. Diese Zerlegung finden Sie (über den rationalen Zahlen) durch

```
In[26]:=  FactorSquareFree[x^5-x^3-x^2+1]
                  2              2     3
Out[26]= (-1 + x)  (1 + 2 x + 2 x  + x )
```

Um die vollständige Horner-Darstellung

$$f(x) = p_n(x - b)^n + p_{n-1}x^{n-1} + \cdots + p_1(x - b) + p_0$$

eines Polynoms zu finden, ist es am einfachsten, das Polynom um $x_0 = b$ in eine Taylorreihe zu entwickeln und diese wieder als Polynom aufzufassen. Nähere Informationen zu den Befehlen `Series` und `Normal` finden Sie im Abschnitt 2.1.4. Dabei sollte die Reihenentwicklung bis zum Grad des Polynoms ausgeführt werden. Diesen Grad können Sie explizit angeben

```
In[27]:=  p5 = Normal[Series[1 + 2x + x^2, {x, 1, 2}]]
                                 2
Out[27]= 4 + 4 (-1 + x) + (-1 + x)
```

oder implizit durch die Verwendung von `Exponent`, womit der höchste auftretende Exponent, also der Grad des Polynoms, bezeichnet ist.

```
In[28]:=  p6 = Normal[Series[p1,{x,1,Exponent[p1]}]]
                                    2
Out[28]= 64 + 128 (-1 + x) + 96 (-1 + x)
```

Rechnen mit Polynomen

Neben den einfachen Rechnungen, wie Addition, Subtraktion und Multiplikation von Polynomen, gibt es eine Reihe weiterer Operationen, die im folgenden kurz aufgelistet sind.

Sie können den größten gemeinsamen Teiler zweier Polynome bestimmen lassen. Das Ergebnis ist ein Polynom maximalen Grades, das beide Polynome teilt.

```
In[29]:=  p7 = PolynomialGCD[p1, 1 + 2x + x^2]
                    2
Out[29]= 1 + 2 x + x
In[30]:=  p8 = PolynomialGCD[p1, p2]
              1
Out[30]= ---
            385
```

Auch das kleinste gemeinsame Vielfache (kgV) von Polynomen können Sie berechnen lassen.

```
In[31]:=  p9 = PolynomialLCM[x^2 - 1, p4]
Out[31]= (-4 + x) (-3 + x) (-2 + x) (-1 + x) (1 + x)
```

Für diese Befehle gilt allerdings, daß sie nur über den ganzen Gaußschen Zahlen stets zum richtigen Ergebnis führen.

```
In[32]:=  PolynomialLCM[x^2 + 1, x^2 + 3 I x - 2]
                          2       3
Out[32]= 2 I + x + 2 I x  + x
```

Falls die Nullstellen des Polynoms algebraische Zahlen sind, so werden sie von *Mathematica* nicht selbständig gefunden, falls das Polynom nicht in der Produktdarstellung gegeben ist. Dies führt dann dazu, daß das Ergebnis ein polynomiales Vielfaches des kgV der beiden Polynome ist.

```
In[33]:=  PolynomialLCM[Expand[(x - Sqrt[2])
                        (x + 2Sqrt[2])], x^2 - 2]
                 3/2        2          3     4
Out[33]= 8 - 2    x - 6 x  + Sqrt[2] x  + x
```

Wenn das Ergebnis also nicht in Produktform ausgegeben wird, empfiehlt sich eine Probe mit Hilfe von `Solve` für die beteiligten Polynome.

```
In[34]:=  Solve[Out[33]==0, x]
Out[34]=
                                                      3/2
{{x -> Sqrt[2]}, {x -> Sqrt[2]}, {x -> -Sqrt[2]}, {x -> -2    }}

In[35]:=  Solve[x^2 - 2 == 0, x]

Out[35]= {{x -> Sqrt[2]}, {x -> -Sqrt[2]}}
```

Ein Vergleich aller Nullstellen ergibt das richtige Ergebnis $(x - \sqrt{2})(x + \sqrt{2})(x - 2\sqrt{2})$. Eine Rechenerleichterung ist `PolynomialLCM` also nur, falls die Nullstellen der beteiligten Polynome rational sind. Sind die algebraischen Nullstellen der Polynome aufgrund der Eingabe in Produktdarstellung *Mathematica* bekannt, so wird das kgV ebenfalls richtig bestimmt, in diesem Fall können Sie das ohne Schwierigkeit aber auch selbst bestimmen.

```
In[36]:=   PolynomialLCM[(x - Sqrt[2])(x + 2Sqrt[2]), x^2 - 2]
                          3/2              2
Out[36]= (Sqrt[2] - x) (2    + x) (-2 + x )
```

Zur Division von Polynomen dient der folgende Befehl, der auch für Polynome mit algebraischen Koeffizienten zum richtigen Ergebnis führt. Die Variable x muß angegeben werden, weil diese Befehle auch für Polynome in mehreren Veränderlichen zugelassen sind.

```
In[37]:=   p10 = PolynomialQuotient[p2, p7, x]
                         2
          226   21 x   16 x
Out[37]=  --- - ---- + -----
           77    11     11
```

Der Rest, der sich bei dieser Division ergibt, kann mit `PolynomialRemainder` abgefragt werden.

```
In[38]:=   p11 = PolynomialRemainder[p2, p7, x]
            226     1448 x
Out[38]= -(---) - ------
            77      385
```

Um die Probe zu machen, ob tatsächlich $p_{10}p_7 + p_{11} \equiv p_2$ gilt, können Sie den entsprechenden logischen Wahrheitswert bestimmen.

```
In[39]:=   TrueQ[p10 p7 + p11 == p2]
Out[39]= False
```

Warum ist das Ergebnis fälschlicherweise `False`? Es werden nur solche Polynome als gleich erkannt, die bei gleicher Darstellung gleiche Koeffizienten haben. Daß dies bei dem eingegebenen Ausdruck nicht der Fall ist, sehen Sie, wenn Sie sich die linke Seite der Gleichung ausgeben lassen. Daher lassen wir sie vereinfachen und fragen erst dann auf Gleichheit ab. Wäre der Rest Null, d.h. auf der linken Seite stünde ein Produkt, so müßten wir anstelle von `Simplify` den Befehl `Expand` benutzen.

```
In[40]:=   TrueQ[Simplify[p10 p7 + p11] == p2]
Out[40]= True
```

Das Problem, zu $n+1$ Punkten der Ebene ein Polynom vom Grad n zu finden, dessen Graph genau durch diese Punkte verläuft, haben wir bereits im Abschnitt 2.1.5 behandelt, wollen es aber der Vollständigkeit halber hier noch einmal lösen. `InterpolatingPolynomial` setzt entsprechend der Newton-Methode ein.

```
In[41]:=  werte = {{0,0},{1,1},{8,2},{27,3},{64,4}};
In[42]:=  p4 = InterpolatingPolynomial[werte, x]
Out[42]=
          3       239      30565 (-27 + x)
(1 + (-(--) + (----- - ---------------) (-8 + x)) (-1 + x)) x
         28       62244      515878272
```

Um zur üblichen Summendarstellung zu gelangen, müssen Sie das Polynom ausmultiplizieren und evtl. numerisch ausgeben lassen.

```
In[43]:=  Expand[p4]
                            2            3           4
         74199955 x   80771975 x    770293 x    30565 x
Out[43]= ---------- - ---------- + --------- - ---------
         64484784     515878272    128969568   515878272
In[44]:=  N[%]
                           2              3              4
Out[44]= 1.15066 x - 0.156572 x  + 0.00597267 x  - 0.0000592485 x
```

Polynome in mehreren Veränderlichen

In manchen Fragestellungen tauchen Polynome in mehreren Veränderlichen auf. Auch sie werden von *Mathematica* problemlos bearbeitet. Die bisher besprochenen Befehle können alle verwendet werden, allerdings kommen noch einige weitere Möglichkeiten hinzu, die wir hier auflisten wollen. Dazu definieren wir zunächst ein Polynom in zwei Variablen.

```
In[1]:=  p1 = Expand[(x - 2y)(1 + x)(x y + 1)]
              2          2     3     2       2 2
Out[1]= x + x  - 2 y - 2 x y + x y + x y - 2 x y  - 2 x  y
```

Bei einem Polynom in mehreren Veränderlichen dient es der besseren Übersicht, Terme geeignet zusammenzufassen, z.B. nach Potenzen von x geordnet. Dies geschieht durch den Befehl `Collect`.

```
In[2]:=  Collect[p1, x]
                3             2     2           2
Out[2]= -2 y + x  y + x (1 - 2 y - 2 y ) + x  (1 + y - 2 y )
```

Welche Variablen Ihr Polynom enthält, ist wohl nur bei sehr viel komplizierteren Ausdrücken eine spannende Frage, insbesondere, wenn sie im Verlauf eines von Ihnen geschriebenen *Mathematica*-Programms gestellt wird.

```
In[3]:=  liste = Variables[p1]
Out[3]= {x, y}
```

Allerdings müssen Sie vorsichtig sein mit Vermutungen, auch Parameter sind für *Mathematica* Variable, wie das folgende Beispiel zeigt.

```
In[4]:=  p2 = p1 + a x^5;
In[5]:=  liste = Variables[p2]
Out[5]= {a, x, y}
```

Wieviele Summanden enthält das Polynom p_2?

```
In[6]:=  laenge = Length[p2]
Out[6]= 9
```

Bei einem Polynom mehrerer Veränderlicher gibt es den Grad bzgl. der einzelnen Variablen

```
In[7]:=  Exponent[p2, x]
Out[7]= 5
```

und den Totalgrad. Da es keine eigene Funktion zur Ermittlung des Totalgrades gibt, müssen wir uns selbst helfen, indem wir jede Variable durch ein und dieselbe neue Variable z ersetzen lassen. Dann ist der Grad des neu entstandenen Polynoms in z der Totalgrad des ursprünglichen Polynoms.

```
In[8]:=  philf = p1 /. {x->z, y->z}
                  2   3     4
Out[8]= -z - z  - z  - z
In[9]:=  totalGradp1 = Exponent[philf, z]
Out[9]= 4
```

Wenn Sie einen bestimmten Koeffizienten des Polynoms benötigen, können Sie ihn sich direkt ausgeben lassen, z. B. den Koeffizienten von x^2 des Polynoms p_1.

```
In[10]:=  Coefficient[p1, x^2]
                       2
Out[10]= 1 + y - 2 y
```

Diese Methode liefert allerdings nur dann das richtige Ergebnis, wenn Sie nicht den Koeffizienten von x^0 suchen, da aufgrund der Angabe x^0 weder Terme, die die Variable y enthalten, noch der Absolutterm berücksichtigt werden.

```
In[11]:=  Coefficient[p1 - 3, x^0]
Out[11]= 0
```

Aus diesem Grund gibt es eine Variante von `Coefficient`, die in allen anderen Fällen zum gleichen Ergebnis führt, aber den Koeffizienten bei x^0 richtig bestimmt. Der dritte Parameter dieser Variante gibt den Exponenten der als 2. Parameter genannten Variablen an, nach dem gesucht werden soll.

```
In[12]:=  Coefficient[p1, x, 2]
                       2
Out[12]= 1 + y - 2 y
```

Wählen Sie als 3. Parameter Null, so wird der Koeffizienten von x^0 ausgegeben.

```
In[13]:= Coefficient[p1 - 3, x, 0]
Out[13]= -3 - 2 y
```

Wenn Sie also den Absolutterm benötigen, müssen Sie fortfahren mit

```
In[14]:= Coefficient[%, y, 0]
Out[14]= -3
```

Neben dieser Ausgabe einzelner Koeffizienten gibt es auch die Möglichkeit, eine Liste aller Koeffizienten ausgeben zu lassen.

```
In[15]:= CoefficientList[p1, {x, y}]
Out[15]= {{0, -2, 0}, {1, -2, -2}, {1, 1, -2}, {0, 1, 0}}
```

Zum besseren Verständnis der Interpretation dieser Liste hier noch einmal das Polynom, geordnet nach Potenzen von x (der 1. Variablen des Aufrufs der Koeffizientenliste):

$$-2y + x(1 - 2y - 2y^2) + x^2(1 + y - 2y^2) + x^3 y$$

Es wird also zu jeder Potenz x^i die Liste der Koeffizienten des zugehörigen Polynoms in y ausgegeben, und das Gesamtergebnis ist eine geschachtelte Liste, beginnend bei $i = 0$. Wenn Sie auf Polynome in mehreren Veränderlichen die Polynomdivision anwenden, so hängt das Ergebnis natürlich von der gewählten Variablen ab.

```
In[16]:= {PolynomialQuotient[x, x - y, x],
          PolynomialQuotient[x, x - y, y]}
Out[16]= {1, 0}
```

Einige der hier aufgeführten Befehle lassen sich übrigens auch auf Funktionen anwenden, die keine echten Polynome sind, aber gewisse formale Ähnlichkeit mit solchen haben.
   Wir faktorisieren ein Polynom in $x, \sin x, \cos y$.

```
In[17]:= Factor[2 x Cos[y] + x Sin[x] + 4 Cos[y] Sin[x] + 2 Sin[x]^2]
Out[17]= (2 Cos[y] + Sin[x]) (x + 2 Sin[x])
```

Bei der Polynomdivision darf $\sin x$ sogar explizit als Variable benutzt werden.

```
In[18]:= PolynomialQuotient[p3, x + Sin[x], Sin[x]]
Out[18]= -x + 4 Cos[y] + 2 Sin[x]
```

Das gleiche gilt für die Koeffizientenbestimmung.

```
In[19]:= Coefficient[p3, Sin[x]]
Out[19]= x + 4 Cos[y]
```

Bei der Exponentenberechnung behauptet das Handbuch zwar Vergleichbares, dies war bei uns jedoch nicht nachvollziehbar:

```
In[20]:= Exponent[x^ a+x^ b,x]
Out[20]= 0
```

4.1.3 Rationale Funktionen; Partialbruchzerlegung

Wir wollen Ihnen im folgenden den Umgang mit rationalen Funktionen zeigen, wobei die Zerlegung in einen ganzen (polynomialen) und einen echt rationalen Anteil mit anschließender Partialbruchzerlegung wohl die wichtigsten Aufgaben in diesem Bereich darstellen. Wenn man jedoch bedenkt, daß häufig die Partialbruchentwicklung nur deshalb gemacht wird, um das Integral über die rationale Funktion berechnen zu können, wird klar, daß die Bedeutung dieser Methode stark zurückgehen wird. Wir definieren zunächst Zähler und Nenner einer rationalen Funktion.

```
In[1]:=  p = 3 + 5x + x^2 + 5x^3 + 11x^4;
In[2]:=  q = Expand[(x^2 + x + 1)(x + 1)];
In[3]:=  r = p/q
                   2       3       4
          3 + 5 x + x  + 5 x  + 11 x
Out[3]= --------------------------
                     2     3
             1 + 2 x + 2 x  + x
```

Durch `Factor` wird eine vollständige Zerlegung über den rationalen Zahlen für Zähler und Nenner vorgenommen.

```
In[4]:=  Factor[r]
                   2       3       4
          3 + 5 x + x  + 5 x  + 11 x
Out[4]= --------------------------
                       2
             (1 + x) (1 + x + x )
```

Das Ergebnis ist also stets eine reelle Produktdarstellung. Zur Vorbereitung einer komplexen Partialbruchentwicklung sollten Sie die Option `GaussianIntegers->True` verwenden.

```
In[5]:=  q1 = Expand[(1 + x)(1 + x^2)];
In[6]:=  r1 = p/q1;
In[7]:=  Factor[r1, GaussianIntegers -> True]
                 2       3       4
          3 + 5 x + x  + 5 x  + 11 x
Out[7]= --------------------------
            (-I + x) (I + x) (1 + x)
```

Die reelle (bzw. komplexe) Partialbruchzerlegung erhalten Sie nun durch den Befehl `Apart`.

```
In[8]:=  s = Apart[r]
                        5        15 + 8 x
Out[8]= -17 + 11 x + ----- + ----------
                      1 + x            2
                               1 + x + x
```

Wenn Sie eine Summe rationaler Funktionen auf den Hauptnenner bringen wollen, so geschieht dies durch `Together`.

```
In[9]:=  t = Together[s]
                    2     3      4
         3 + 5 x + x  + 5 x  + 11 x
Out[9]= ---------------------------
                        2
             (1 + x) (1 + x + x )
```

Zum Kürzen gemeinsamer Faktoren des Zählers und Nenners gibt es den Befehl `Cancel`.

```
In[10]:=  Cancel[(x^3 + 3x^2 + 3x + 1)/(x + 1)]
                  2
Out[10]= (1 + x)
```

Häufig wird nur der Zähler bzw. Nenner einer rationalen Funktion für den weiteren Verlauf der Rechnung benötigt. Sie werden über ihren englischen Namen aufgerufen.

```
In[11]:=  u = 3x + Numerator[r]
                    2     3      4
Out[11]= 3 + 8 x + x  + 5 x  + 11 x

In[12]:=  v = x^2 + Denominator[r]
                    2     3
Out[12]= 1 + 2 x + 3 x  + x
```

Wenn Sie nun für den Ausdruck u/v die Partialbruchzerlegung bestimmen lassen wollen, so stellen Sie fest, daß der Nenner offenbar keine rationalen Nullstellen besitzt.

```
In[13]:=  Apart[u/v]
                                   2
                     31 + 53 x + 63 x
Out[13]= -28 + 11 x + --------------------
                              2     3
                     1 + 2 x + 3 x  + x
```

Da auch der Versuch, eine Zerlegung des Nenners über den ganzen Gaußschen Zahlen zu finden, zu keinem Ergebnis führt, sind Sie bei Fällen wie diesen gezwungen, die Partialbruchentwicklung selbst durchzuführen. Dies wollen wir im folgenden tun. Wir fassen zunächst den ganzen Anteil unter dem Namen s und den Rest unter dem Namen t zusammen.

```
In[14]:=  s = Out[13][[1]] + Out[13][[2]]
Out[14]= -28 + 11 x
In[15]:=  t = Out[13][[3]]
                           2
             31 + 53 x + 63 x
Out[15]= --------------------
                    2     3
         1 + 2 x + 3 x  + x
```

Nun bestimmen wir die Nullstellen des Nenners von t. Die exakten Werte sind recht komplizierte Ausdrücke, daher lassen wir die Nullstellen numerisch berechnen.

```
In[16]:=  NSolve[Denominator[t] == 0, x]
Out[16]= {{x -> -2.324717957244746},

          {x -> -0.337641021377627 - 0.5622795120623012 I},

          {x -> -0.337641021377627 + 0.5622795120623012 I}}
```

Um zu überprüfen, ob die benutzte Genauigkeit ausreichend ist, müssen wir die Probe machen. Hierfür müssen zunächst die gefundenen Linearfaktoren $x - x_i$ ausmultipliziert und das Ergebnis mit dem Nenner von t verglichen werden. Da *Mathematica* die Nullstellen jedoch in Form von Ersetzungsregeln für x ausgibt, müssen wir, um diese direkt benutzen zu können, zu einem Trick greifen. Daher definieren wir zunächst ein Polynom in y, das aus drei Faktoren der Form $y - x$ besteht, wobei für x der Reihe nach die 1. , 2. und 3. Ersetzungsregel angewandt werden soll. Hierbei ist zusätzlich zu beachten, daß die Nullstellen in einer geschachtelten Liste stehen, die als erstes mit Flatten in eine einfache Liste umgewandelt werden muß.

```
In[17]:=  probe1 = Product[y - x /. Flatten[Out[16][[i]]],{i,3}]
Out[17]= (0.337641021377627 - 0.5622795120623012 I + y)

         (0.337641021377627 + 0.5622795120623012 I + y)

         (2.324717957244746 + y)
```

Nachdem dieses Produkt ausmultipliziert und das Ergebnis vereinfacht wurde, erhalten wir zunächst ein Polynom in y.

```
In[18]:=  probe2 = Simplify[Expand[probe1]]
                      2      3
Out[18]= 1. + 2. y + 3. y  + y
```

Um nun mit dem Nenner von t vergleichen zu können, lassen wir wieder y durch x ersetzen.

```
In[19]:=  probe = probe2 /. y->x;
                     2      3
Out[19]= 1. + 2. x + 3. x  + x
```

Anschließend können wir das Ergebnis auf Gleichheit mit dem Nenner von t prüfen.

```
In[20]:=  TrueQ[probe == Denominator[t]]
Out[20]= True
```

Da sich die Genauigkeit als ausreichend erweist, erstellen wir eine Liste der auftretenden Linearfaktoren des Nenners und machen den üblichen Partialbruchansatz mit reellen Zahlen A, B, C.

```
In[21]:=  nenner = Table[y-x /.Out[16][[i]],{i,3}] /. y->x;

In[22]:= q = A/nenner[[1]] + B/nenner[[2]] + C/nenner[[3]]
Out[22]=
                               C
---------------------------------------------------------- +
0.337641021377627 - 0.5622795120623012 I + x

                               B
---------------------------------------------------------- +
0.337641021377627 + 0.5622795120623012 I + x

              A
--------------------------
2.324717957244746 + x
```

Nun muß q wieder auf Hauptnennergestalt gebracht und der Zähler ausmultipliziert werden (dies besorgt `ExpandNumerator`). Von dem entstehenden Ausdruck benötigen wir den Zähler.

```
In[23]:=  s = Numerator[Simplify[ExpandNumerator[Together[q]]]]
Out[23]= 0.4301597090019467 A + (0.784920145499027 -

1.307141278682045 I) B + (0.784920145499027 + 1.307141278682045 I)

C +  0.675282042755254 A x + (2.662358978622373 -

0.5622795120623012 I) B x +   (2.662358978622373 +

                              2       2       2
0.5622795120623012 I) C x + A x   + B x   + C x
```

Für einen Koeffizientenvergleich muß der Ausdruck nach Potenzen von x geordnet zusammengefaßt werden.

```
In[24]:= s1 = Collect[s,x]
Out[24]= 0.4301597090019467 A + (0.784920145499027 -

1.307141278682045 I) B +

(0.784920145499027 + 1.307141278682045 I) C +

(0.675282042755254 A + (2.662358978622373 -

0.5622795120623012 I) B +

(2.662358978622373 + 0.5622795120623012 I) C) x +
```

```
                        2
        (A + B + C)  x
```

Nun müssen die Koeffizienten von $s1$ und dem Zähler von t verglichen und das entstehende Gleichungssystem gelöst werden.

```
In[25]:=
Solve[Coefficient[s1,x,0]==Coefficient[Numerator[t],x,0]  &&
Coefficient[s1,x,1]==Coefficient[Numerator[t],x,1]  &&
Coefficient[s1,x,2]==Coefficient[Numerator[t],x,2],  {A,B,C}];
```

Die entstehende Lösung enthält zum einen noch Rundungsfehler, die wir mit Chop entfernen können, zum anderen handelt es sich um eine geschachtelte Liste, was beim Einsetzen dazu führen würde, daß aus dem rationalen Ausdruck q auf einmal eine Liste würde, die als einziges Element den Ausdruck enthielte. Daher plätten wir die Liste durch Flatten und lassen das Ergebnis erst dann ausgeben.

```
In[26]:=  parti = Flatten[Chop[%]]
Out[26]= {A -> 58.2141, B -> 2.39296 + 0.842328 I,
                    C -> 2.39296 - 0.842328 I}
```

Nun setzen wir A, B und C in die Partialbruchentwicklung ein.

```
In[27]:=  q /. Out[%]
Out[27]=

                2.39296 - 0.842328 I
-------------------------------------------------------- +
0.337641021377627 - 0.5622795120623012 I + x


                2.39296 + 0.842328 I
-------------------------------------------------------- +
0.337641021377627 + 0.5622795120623012 I + x

          58.2141
----------------------------
2.324717957244746 + x
```

Vorsichtshalber machen wir die Probe, ob dieser Ausdruck tatsächlich mit der ursprünglichen rationalen Funktion übereinstimmt.

```
In[28]:=  Probe = TrueQ[Chop[Simplify[Together[Out[27]]]] == t]
Out[28]= True
```

Sicherlich ist diese Vorgehensweise ein wenig langwierig, führt aber mit Gewißheit zum Ziel. Falls Sie bei einem rationalen Ausdruck Zähler, Nenner oder beide ausmultiplizieren lassen wollen, ist dies ohne weiteres möglich:

```
In[29]:=  p = (2 + x)(1 + x);
In[30]:=  q = (2 + 3x)(7 + 5x);
In[31]:=  v = p/q
```

```
                (1 + x) (2 + x)
Out[31]= ---------------------
                (2 + 3 x) (7 + 5 x)
In[32]:=   ExpandNumerator[v]
                      2
              2 + 3 x + x
Out[32]= --------------------
                (2 + 3 x) (7 + 5 x)
In[33]:=   ExpandDenominator[v]
                (1 + x) (2 + x)
Out[33]= ------------------
                            2
              14 + 31 x + 15 x
In[34]:=   ExpandAll[v]

                                                                        2
                2                        3 x                         x
Out[34]= ----------------- + ----------------- + -----------------
                          2                        2                        2
          14 + 31 x + 15 x    14 + 31 x + 15 x    14 + 31 x + 15 x
```

Der Befehl `Expand[v]` hat im wesentlichen dieselbe Bedeutung wie `ExpandNumerator[v]`.

4.1.4   Lösungen mod n und andere Spezialfälle

Falls Sie sich nur für ganzzahlige Lösungen einer Gleichung interessieren oder, noch spezieller, für ganzzahlige Lösungen modulo einer ganzen Zahl, so sollten Sie mit den Optionen `Mode -> Modular` bzw. `Modulus == p` arbeiten. `Mode -> Modular` gibt an, daß *Mathematica* einen Modul suchen soll, bzgl. dessen die Gleichung lösbar ist, `Modulus == p` gibt explizit eine Zahl an, modulo der die Lösung gesucht ist. Wir demonstrieren dies an zwei Beispielen. Die diophantische Gleichung $6x + 8y = 26$ ist mod2 für alle ganzzahligen x und y lösbar, mod3 muß $y \equiv 1 \pmod 3$ gelten; alle ganzzahligen Lösungen findet man, wenn $y \equiv 1 \pmod 3$ ist und $x = \frac{1}{3}(13 - 4y)$ gilt. Je nachdem, ob Sie Variable spezifizieren oder nicht, wird auch die Lösung mod2 gefunden.

```
In[1]:=   Solve[6x + 8y == 26, Mode -> Modular]
                    13 - 4 y
Out[1]= {{x -> --------}, {Modulus -> 3, y -> 1}, {Modulus -> 2}}
                        3
In[2]:=   Solve[6x + 8y == 26, x, Mode -> Modular]
                    13 - 4 y
Out[2]= {{x -> --------}, {Modulus -> 3, y -> 1}}
                        3
```

Die ganzzahligen Lösungen müssen Sie nun selbst finden, indem Sie fragen, wann der für x allgemein gefundene Ausdruck ganzzahlig ist. Dies ist dann der Fall, wenn der Zähler ohne Rest durch 3 teilbar ist. Hierzu verwenden wir `Modulus == 3`, „&&" bedeutet, daß diese Bedingung gleichzeitig erfüllt sein muß.

```
In[3]:=  Solve[13 - 4y == 0 && Modulus == 3]

Out[3]= {{Modulus -> 3, y -> 1}}
```

Damit haben wir alle ganzzahligen Lösungen der Gleichung gefunden[2]. Wenn Sie die Gleichung etwa mod5 lösen wollen, geben Sie ein:

```
In[4]:=  Solve[6x + 8y == 26 && Modulus == 5,x]
Out[4]= {{Modulus -> 5, x -> 1 + 2 y}}
```

Falls Sie zunächst die Gleichung nach y auflösen lassen

```
In[5]:=  Solve[6x + 8y == 26, y, Mode->Modular]
                  13 - 3 x
Out[5]= {{y -> --------}, {Modulus -> 4, x -> -1}}
                     4
```

so stellen Sie fest, daß als Modul offenbar auch eine nicht prime Zahl zugelassen ist. Dies gilt jedoch nur für die *Mathematica*-Ausgabe, wie die folgende Fehlermeldung zeigt.

```
In[6]:=  Solve[6x + 8y == 26 && Modulus == 4, {x, y}];
Roots::modp:
    Value of option Modulus -> 4 should be a prime number.
```

Wenn Sie mit Polynomen modulo einem anderen Polynom rechnen wollen, können Sie die Funktion `PolynomialMod` verwenden. Wenn der Modul eine natürliche Zahl ist, so werden alle Koeffizienten des Polynoms auf ihren Rest modulo dieser Zahl reduziert.

```
In[7]:=  p = 17 x^3 + 5x^2 + 4x + 1;
In[8]:=  PolynomialMod[p,4]
                 2   3
Out[8]= 1 + x  + x
```

Falls der Modul ein Polynom ist, ist das Ergebnis ähnlich wie das von `PolynomialR-emainder`, aufgrund unterschiedlicher benutzter Algorithmen stimmen die Werte jedoch nicht immer überein.

```
In[9]:=  {PolynomialRemainder[p, x - 1, x], PolynomialMod[p, x - 1]}
Out[9]= {27, 27}
In[10]:=  {PolynomialRemainder[p, 2x, x], PolynomialMod[p, 2x]}
                                2       3
Out[10]= {1, 1 + 4 x + 5 x  + 17 x }
```

Falls Sie wissen wollen, welche Zahlen einer von mehreren Gleichungen genügen, so können Sie die Gleichungen durch „||" miteinander verbinden. Sind z. B. alle Zahlen gesucht, die wenigstens einer der beiden Gleichungen $3x + 4 = 0$ und $x^2 + 2x + 1 = 0$ genügen, so ist einzugeben

---

[2]In der Liste aller eingebauten *Mathematica*-Objekte des Handbuchs gibt es eine Anweisung `MainSolve` mit der Option `Mode -> Integer` zum Auffinden ganzzahliger Lösungen. Diese Option wird in der von uns eingesetzten Version 2.1 jedoch abgewiesen. Das gleiche gilt für `Roots[..., Modulus -> Infinity]`.

```
In[11]:=  Solve[3x + 4 == 0 || x^2 + 2x + 1 == 0, x]
                 4
Out[11]= {{x -> -(-)}, {x -> -1}, {x -> -1}}
                 3
```

Bei Gleichungen, die neben den Variablen auch Parameter enthalten, ist es manchmal wichtig zu wissen, ob es Parameterwerte gibt, für die die Gleichung stets richtig ist, unabhängig davon, welche Werte die Variablen haben. So ist die Gleichung $ax + by = 0$ für $a = b = 0$ stets erfüllt.

```
In[12]:=  SolveAlways[a x + b y == 0,{x,y}]
Out[12]= {{a -> 0, b -> 0}}
```

Egal, welchen Wert Sie für a einsetzen, die Gleichung $3x + 4a = 0$ hat immer nur eine Lösung.

```
In[13]:=  SolveAlways[3x + 4a == 0, x]
Out[13]= {}
```

Sie sind natürlich selbst dafür verantwortlich, daß die Variablenliste vollständig ist. Im folgenden Beispiel werden a, b, c und y als Parameter aufgefaßt.

```
In[14]:=  SolveAlways[a x + b y + c == 1, x]
Out[14]= {{a -> 0, c -> 1 - b y}}
```

Wenn Sie wollen, daß auch y als Variable gilt, müssen Sie dies angeben.

```
In[15]:=  SolveAlways[a x + b y + c==1,{x,y}]
Out[15]= {{a -> 0, b -> 0, c -> 1}}
```

4.1.5 Numerische Bestimmung von Nullstellen

In vielen Fällen werden Sie neben einer exakten Lösung auch an numerischen Ergebnissen interessiert sein. Hierfür gibt es die Anweisungen NSolve und FindRoot. Wenn Sie mit Solve nicht alle exakten Lösungen finden konnten wie im folgenden Beispiel

```
In[1]:=  Solve[x^5 + 2x + 1 == 0, x]
                          5
Out[1]= {ToRules[Roots[2 x + x  == -1, x]]}
```

dann können Sie sich mit NSolve die numerischen Werte aller Lösungen berechnen lassen.

```
In[2]:=  NSolve[x^5 + 2x + 1 == 0, x]
Out[2]= {{x -> -0.701874 - 0.879697 I},

         {x -> -0.701874 + 0.879697 I}, {x -> -0.486389},

         {x -> 0.945068 - 0.854518 I}, {x -> 0.945068 + 0.854518 I}}
```

Demgegenüber findet `FindRoot` immer nur eine Lösung, und zwar entweder mit Hilfe
der Newton- Methode, falls Sie nur einen Startwert angeben

```
In[3]:=  FindRoot[x^5 + 2x + 1 == 0, {x, 1-I}]
Out[3]= {x -> 0.945068 - 0.854518 I}
```

oder mit einer Variante der Sekantenmethode, falls Sie zwei Anfangswerte spezifizieren.

```
In[4]:=  FindRoot[x^5 + 2x + 1 == 0, {x, 1+I, 1}]
Out[4]= {x -> 0.945068 + 0.854518 I}
```

Aus diesem Grund müssen Sie immer dann die zweite Variante benutzen, wenn die Gleichung nicht differenzierbar ist.

```
In[5]:=  FindRoot[Abs[x+1]-Abs[x-1] == 1, {x, -1, 1}]
Out[5]= {x -> 0.5}
```

Es ist natürlich in den meisten Fällen viel angenehmer, mit einem einzigen Befehl sämtliche
Nullstellen einer Gleichung zu finden, zumal bei `FindRoot` auch noch ein bzw. zwei
Startwerte geraten werden müssen. Trotzdem werden Sie diese Anweisung immer dann
benutzen müssen, wenn Sie mit `NSolve` kein Ergebnis erhalten. Dies kann der Fall sein,
wenn `Solve` keine Lösung findet. Die folgende Fehlermeldung hatten wir bereits gesehen,
als wir versuchten, die Gleichung $|x + 1| - |x - 1| = 1$ exakt zu lösen.

```
In[6]:=  NSolve[Abs[x+1]-Abs[x-1] == 1, x];
Solve::tdep: The equations appear to involve transcendental
                functions of the variables in an essentially
                non-algebraic way.
```

Um gegebenenfalls gute Startwerte für `FindRoot` zu finden, sollten Sie sich die Funktion
zeichnen lassen, deren Nullstellen gesucht sind. Für die reellen Nullstellen verwenden Sie
den Befehl `Plot`, wie im Kapitel 5 beschrieben und variieren solange den Argumentbereich, bis Sie sich sicher fühlen.

```
In[7]:=  Plot[Abs[x+1]-Abs[x-1] - 1, {x, -2, 2}]
```

Falls komplexe Nullstellen zu erwarten sind, lassen Sie sich den Absolutbetrag der Funktion zeichnen und variieren den Real- und Imaginärteil des Arguments solange, bis Sie
Startwerte angeben können. Wir wollen dies anhand der Funktion $f(x) = x^5 + 2x + 1$,
deren Nullstellen wir schon kennen, ausführen. Zunächst wird die Variable x durch $u + iv$
ersetzt und der Absolutbetrag bestimmt.

```
In[8]:=  f = x^5 + 2x + 1;
In[9]:=  fkomp = ComplexExpand[f,x]
                              4                 2        3         5
Out[9]= 1 + 2 Re[x] + 5 Im[x]  Re[x] - 10 Im[x]  Re[x]  + Re[x]  +

                  5            3        2                  4
          I (2 Im[x] + Im[x]  - 10 Im[x]  Re[x]  + 5 Im[x] Re[x] )
In[10]:=  fbetrag = Abs[fkomp];
```

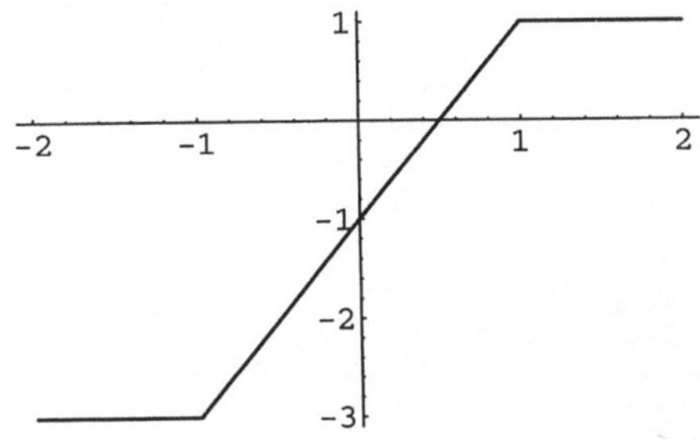

Bild 4.1 Die Nullstellen von $f(x) = |x+1| - |x-1| - 1$

Der direkte Versuch, die Betragsfunktion als Funktion zweier reeller Veränderlicher (daher
`Plot3D` zeichnen zu lassen, schlägt jedoch fehl, da Bezeichnungen wie `Re[x]` keine
zulässigen Variablennamen sind.

```
In[11]:=  Plot3D[fbetrag, {Re[x], -1, 1}, {Im[x], -1.1, 1}];
Plot3D::write:
    Tag Re in TooBig is Protected.
```

Wir ersetzen daher die Namen `Re[x]` und `Im[x]` durch die „unverdächtigen" Namen u
und v.

```
In[12]:=  fbetrag = Abs[fkomp] /.{Re[x]->u, Im[x]->v}
                        5      3 2        4
Out[12]= Abs[1 + 2 u + u  - 10 u  v  + 5 u v  +

                      4        2 3     5
          I (2 v + 5 u  v - 10 u  v  + v )]
```

Dies ist nun eine Funktion zweier reeller Veränderlichen. Daher kann sie mit `Plot3D`
gezeichnet werden. Nach einigen Versuchen zum Argumentbereich stellen wir fest, daß
offenbar alle fünf Nullstellen in einem Rechteck mit den Ecken $\pm 1 \pm i$ liegen (s. Abbildung
4.2).

```
In[13]:=  Plot3D[fbetrag, {u, -1, 1}, {v, -1.1, 1}]
```

Die fehlenden Nullstellen finden wir nun durch Einsetzen geeigneter Startwerte.

```
In[14]:=  FindRoot[x^5 + 2x + 1 == 0, {x, -1, I}]
Out[14]= {x -> -0.486389 + 0. I}
In[15]:=  FindRoot[x^5 + 2x + 1 == 0, {x, -I+1, 1}]

Out[15]= {x -> 0.945068 - 0.854518 I}
In[16]:= FindRoot[x^5 + 2x + 1 == 0, {x, I+1, 1}]

Out[16]= {x -> 0.945068 + 0.854518 I}
```

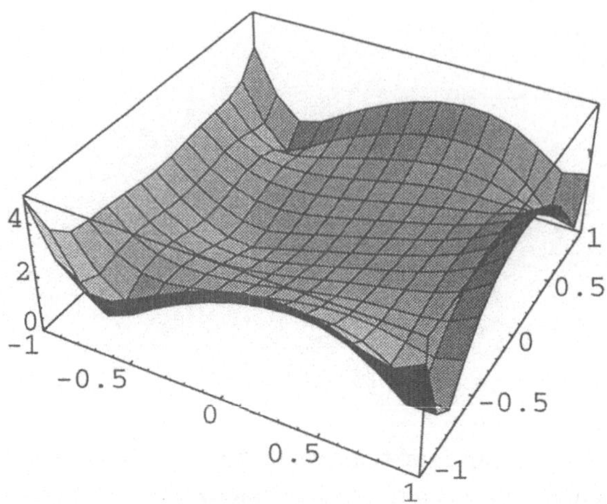

Bild 4.2 Die Nullstellen von $f(x) = x^5 + 2x + 1$

Beim Auffinden numerischer Werte müssen Sie stets bedenken, daß hier grundsätzliche Probleme der Arithmetik für den Rechner auftreten, die zu groben Fehlern führen können, wenn etwa zwei sehr große Zahlen voneinander abgezogen werden und die Differenz sehr klein ist. Dabei treten teilweise merkwürdige Effekte auf. Ein typisches Beispiel hierfür finden Sie im Kapitel 1 ausführlich besprochen.

4.2 Matrizen und die Lösung linearer Gleichungssysteme

4.2.1 Die verschiedenen Möglichkeiten, ein lineares Gleichungssystem zu lösen

Auffinden der Lösungen mit `Solve`

Ob ein lineares Gleichungssystem

$$\begin{aligned}
a_{11}x_1 + a_{12}x_2 + \cdots + a_{1m}x_m &= b_1 \\
a_{21}x_1 + a_{22}x_2 + \cdots + a_{2m}x_m &= b_2 \\
&\ \ \vdots \\
a_{n1}x_1 + a_{n2}x_2 + \cdots + a_{nm}x_m &= b_n
\end{aligned}$$

lösbar ist oder nicht hängt, genauso wie die Struktur der Lösung(en), falls es sie gibt, von den Koeffizienten a_{ik} sowie den b_i ab. Zur Abkürzung werden die Koeffizienten in einer Matrix $A = (a_{ik})$ und die b_i in einem Vektor $\vec{b} = (b_1, b_2, \ldots, b_n)^t$ zusammengefaßt. Wenn nun die Lösungen des Gleichungssystems $A\vec{x} = \vec{b}$ gesucht werden, treten verschiedene Fälle auf. Im folgenden werden sie systematisch aufgelistet und jeweils in einem Beispiel mit Hilfe von `Solve` demonstriert, welches Ergebnis *Mathematica* liefert.

- Der Rang der Matrix A ist n:

  - Ist $\vec{b} = \vec{0}$, so hat das Gleichungssystem nur die triviale Lösung $x_1 = x_2 = \ldots = x_n = 0$.

    ```
    In[1]:=  A = {{1,2}, {1,3}, {1,1}};
    ```

    Bei nicht-quadratischen Matrizen, die keine symbolischen Elemente enthalten, ist es möglich, mit `RowReduce` den Rang der Matrix festzustellen.

    ```
    In[2]:=  RowReduce[A]
    Out[2]= {{1, 0}, {0, 1}, {0, 0}}
    ```

    Der Rang von A ist also 2, daher erwarten wir, daß es nur die triviale Lösung gibt.

    ```
    In[3]:=  Solve[A.{x, y} == {0, 0, 0}, {x, y}]
    Out[3]= {{x -> 0, y -> 0}}
    ```

  - Ist $\vec{b} \neq \vec{0}$ und die Anzahl der Gleichungen gleich der Anzahl der Unbekannten (d.h. die Matrix A ist quadratisch), so hat das Gleichungssystem die eindeutig bestimmte Lösung $\vec{x} = A^{-1}\vec{b}$.

    ```
    In[4]:=  A1 = {{1,2,3}, {1,1,1}, {-1,1,-1}};
    ```

    Bei quadratischen $n \times n$-Matrizen ist der Rang genau dann gleich n, wenn die Determinante der Matrix nicht verschwindet (vgl. den Abschnitt 4.2.2).

    ```
    In[5]:=  Det[A1]
    Out[5]= 4
    ```

    Die Matrix ist also invertierbar, wir erwarten daher genau eine Lösung.

    ```
    In[6]:=  Solve[A1.{x, y, z} == {1, 1, q}, {x, y, z}]
    Out[6]=
                -(-2 (1 - 3 q) - 4 (1 + q))         1 + q          -(1 + q)
    {{x -> ---------------------------------, y -> -----, z -> --------}}
                             8                          2              4
    ```

Dieses Ergebnis zeigt, daß es offenbar sinnvoll ist, sich die Ausgabe mit `Simplify` vereinfachen zu lassen, dies wollen wir im folgenden stets tun.

```
In[7]:=  Simplify[%]
                    3 - q       1 + q       -(1 + q)
Out[7]= {{x -> -----, y -> -----, z -> --------}}
                      4           2            4
```

Zur Probe berechnen wir die Inverse von A_1

```
In[8]:=  Ainvers = Inverse[A1]


            1    5     1            1  1     1     3       1
Out[8]= {{-(-),  -,  -(-)},  {0,    -, -},  {-,  -(-),  -(-)}}
            2    4     4            2  2     2     4       4
```

und bestimmen $\vec{x} = A^{-1}\vec{b}$.

```
In[9]:=  x = Ainvers . {1, 1, q}
           3   q   1   q    1     q
Out[9]= {- - -,  - + -,  -(-) - -}
           4   4   2   2    4     4
```

– Anderenfalls (d.h. wenn A nicht quadratisch ist) ist das Gleichungssystem lösbar, falls der Rang der erweiterten Matrix $(A \mid \vec{b})$ gleich dem Rang $Rg(A)$ der Matrix A (und somit gleich n) ist.

```
In[10]:=  b = {1,1,1};
```

Um den Spaltenvektor $\vec{b}$ zur Matrix A hinzuzufügen, müssen Sie beachten, daß *Mathematica* Matrizen als geschachtelte Listen zeilenweise speichert, also auch nur an eine Liste von Zeilen eine weitere Zeile anhängen kann. Daher spiegeln wir A, so daß aus den bisherigen Spalten Zeilen werden, und hängen an diese Liste mit Append $\vec{b}$ an.

```
In[11]:=  Append[Transpose[A],b]
Out[11]= {{1, 1, 1}, {2, 3, 1}, {1, 1, 1}}
```

Spiegeln wir diese neue Matrix, so werden aus den Zeilen wieder Spalten, und das Gewünschte ist erreicht.

```
In[12]:=  Aerweitert = Transpose[%]
Out[12]= {{1, 2, 1}, {1, 3, 1}, {1, 1, 1}}
```

Der Rang der erweiterten Matrix ist gleich dem Rang von A:

```
In[13]:=  RowReduce[Aerweitert]
Out[13]= {{1, 0, 1}, {0, 1, 0}, {0, 0, 0}}
```

Das Gleichungssystem ist also lösbar:

```
In[14]:=  Solve[A.{x, y} == b, {x, y}];
Dot::rect: Non-rectangular tensor encountered.
Solve::eqf: {{1, 2}, {1, 3}, {1, 1}} . {{<<3>>},
            y} == <<1>> is not a well-formed equation.
```

Der erste Teil der Fehlermeldung erscheint Ihnen wahrscheinlich zunächst unerklärlich; wenn Sie sich die Meldung von `Solve` jedoch genauer anschauen, entdecken Sie einen Hinweis auf die Fehlerursache: anstelle von „{x, y}" findet sich „{ {<<3>>}, y}". Wenn Sie sich zurückerinnern: in `Out[9]` hatten wir x einen Wert zugewiesen – dies rächt sich nun. Unter der Annahme, daß wir das alte Ergebnis nicht mehr benötigen, ist es am einfachsten, es aus der Erinnerung von *Mathematica* streichen zu lassen.

```
In[15]:=  Clear[x]
```

Wenn Sie in einer solchen Situation das alte Ergebnis weiterhin benötigen, müssen Sie die neue Variable statt x eben x_1 nennen. Wiederholen wir nun die Aufgabe, so wird das Ergebnis korrekt berechnet.

```
In[16]:=  Solve[A.{x, y} == b, {x, y}]
Out[16]= {{x -> 1, y -> 0}}
```

– Ist der Rang der erweiterten Matrix nicht gleich dem Rang der ursprünglichen Matrix, so hat das Gleichungssystem keine Lösung. Um dies zu demonstrieren, wiederholen wir die Rechnung mit einem anderen Vektor $\vec{b}$.

```
In[17]:=  b = {1, 0, 1};
In[18]:=  Transpose[Append[Transpose[A], b]];
In[19]:=  RowReduce[%]
Out[19]= {{1, 0, 0}, {0, 1, 0}, {0, 0, 1}}
```

Die erweiterte Matrix hat also den Rang 3, und daher erhalten wir von `Solve` die leere Liste als Antwort.

```
In[20]:=  Solve[A.{x, y} == b, {x, y}]
Out[20]= {}
```

• Der Rang der Matrix A ist von n verschieden:

– Ist $\vec{b} = \vec{0}$, so enthält die allgemeine Lösung des Gleichungssystems $n - RgA$ freie Parameter.

```
In[21]:=  A2 = {{1,2,3,1}, {2,-1,0,3}, {3,1,3,4}};

In[22]:=  RowReduce[A2]
                  3   7          6      1
Out[22]= {{1, 0, -, -}, {0, 1, -, -(-)}, {0, 0, 0, 0}}
                  5   5          5      5
```

Die Matrix hat also den Rang 2, und daher enthält die allgemeine Lösung $4 - 2 = 2$ freie Parameter.

```
In[23]:=  Solve[A2 . {x,y,z,u} == {0, 0, 0}, {x,y,z,u}]
                  -7 u   3 z          u    6 z
Out[23]= {{x -> ---- - ---, y -> - - ---}}
                   5     5          5    5
```

– Ist $\vec{b} \neq \vec{0}$ und der Rang der erweiterten Matrix $(A \mid \vec{b})$ gleich dem Rang von A, so setzt sich die allgemeine Lösung zusammen aus einer speziellen Lösung von $A\vec{x} = \vec{b}$ und der allgemeinen Lösung von $A\vec{x} = \vec{0}$, enthält also insbesondere $n - RgA$ freie Parameter.

```
In[24]:=  b = {1, -3, -2};
In[25]:=  A2erweitert =
Transpose[Append[Transpose[A2],b]]
Out[25]= {{1, 2, 3, 1, 1}, {2, -1, 0, 3, -3},
          {3, 1, 3, 4, -2}}
```

Der Rang der erweiterten Matrix ist 2:

```
In[26]:=  RowReduce[A2erweitert]
                  3   7             6    1
Out[26]= {{1, 0,  -,  -, -1}, {0, 1, -, -(-), 1},
                  5   5             5    5

          {0, 0, 0, 0, 0}}
```

und die Lösung des Gleichungssystems ergibt sich somit

```
In[27]:=  Solve[A2.{x,y,z,u}==b,{x,y,z,u}]
                      7 u   3 z          u   6 z
Out[27]= {{x -> -1 - --- - ---, y -> 1 + - - ---}}
                      5     5            5    5
```

als Summe einer speziellen Lösung $x = -1, y = 1, u = z = 0$ und der allgemeinen Lösung, die wir bereits kennen.

– Falls die Ränge von Matrix und Erweiterungsmatrix nicht übereinstimmen, gibt es keine Lösung.

```
In[28]:=  b = {1,1,1};
In[29]:=  RowReduce[Transpose[Append[Transpose[A2],b]]]
                  3   7             6    1
Out[29]= {{1, 0,  -,  -, 0}, {0, 1, -, -(-), 0},
                  5   5             5    5

          {0, 0, 0, 0, 1}}
In[30]:=Solve[A2.{x, y, z, u} == b, {x, y, z, u}]
Out[30]= {}
```

Lineare Gleichungssysteme treten in vielen Fragestellungen auf. Wollen Sie z.B. wissen, ob die Vektoren $\vec{b}_1 = (1, 0, 1)$, $\vec{b}_2 = (0, 1, 1)$, $\vec{b}_3 = (1, 1, 1)$ eine Basis des $\mathbb{R}^3$ bilden und welche Koordinaten in dieser Basis der Vektor $\vec{c}$ hat, der in der üblichen Basis $\vec{e}_1 = (1, 0, 0)$, $\vec{e}_2 = (0, 1, 0)$, $\vec{e}_3 = (0, 0, 1)$ die Darstellung $\vec{c} = (1, 3, 7)$ hat, so ist zunächst aus den drei Vektoren

```
In[31]:=  b1 = {1,0,1}; b2 = {0,1,1}; b3 = {1,1,1};
```

die Matrix B zu bilden, deren Spalten aus diesen Vektoren bestehen. Wir wollen zuerst die transponierte Matrix berechnen lassen. Die drei Listen müssen also zu einer geschachtelten Liste zusammengefaßt werden. Dies geschieht mit Hilfe von Append. Wenn Sie beim Ausprobieren jedoch einfach eingeben:

```
In[32]:=  Append[b1, b2]
Out[32]=  {1, 0, 1, {0, 1, 1}}
```

so entspricht das Ergebnis nicht unseren Vorstellungen, da Append einfach an das Ende der ersten Liste die zweite anfügt. Wir versuchen es daher anders und sind erfolgreich.

```
In[33]:=  Append[{b1}, b2]
Out[33]   {{1, 0, 1}, {0, 1, 1}}
```

Damit erhalten wir die Matrix B durch den Befehl

```
In[34]:=  B = Transpose[Append[Append[{b1},b2],b3]]
Out[34]=  {{1, 0, 1}, {0, 1, 1}, {1, 1, 1}}
```

Die Vektoren bilden eine Basis, wenn sie einen Spat aufspannen, und die einfachste Art, dies festzustellen, besteht darin, die Determinante der Matrix B zu bestimmen.

```
In[35]:=  Det[B]
Out[35]=  -1
```

Da diese nicht verschwindet, bilden $\vec{b}_1, \vec{b}_2, \vec{b}_3$ tatsächlich eine Basis des $\mathbb{R}^3$. Um nun die Koordinaten (c_1, c_2, c_3) des Vektors $\vec{c}$ in dieser Basis zu berechnen, ist das Gleichungssystem $B\vec{c} = (1, 3, 7)^t$ zu lösen.

```
In[36]:=  Solve[B.{c1, c2, c3} == {1, 3, 7}]
Out[36]=  {{c1 -> 4, c3 -> -3,  c2 -> 6}}
```

Bei all diesen Rechnungen ist es für *Mathematica* unwichtig, ob die auftretenden Koeffizienten konkrete Zahlen oder symbolische Namen sind. Um dies zu zeigen, wandeln wir die letzte Aufgabe ein wenig ab, indem der Vektor $\vec{b}_3$ als 3. Komponente q enthalten soll, also einen symbolischen Namen, dem bisher kein Wert zugewiesen wurde.

```
In[37]:=  b1 = {1,0,1}; b2 = {0,1,1}; b3 = {1,1,q};
In[38]:=  B = Transpose[Append[Append[{b1},b2],b3]]
Out[38]=  {{1, 0, 1}, {0, 1, 1}, {1, 1, q}}
In[39]:=  Det[B]
Out[39]=  -2 + q
```

Die *Mathematica*-Antwort müssen wir nun selbst interpretieren: die Vektoren bilden genau dann eine Basis des $\mathbb{R}^3$, wenn $q \neq 2$ gilt, da dann die Determinante von Null verschieden ist. Entsprechend zeigt sich, daß auch nur in diesem Fall der Vektor $\vec{c}$ sich als Linearkombination der $\vec{b}_i$ schreiben läßt.

```
In[40]:=  Solve[B.{c1,c2,c3}=={1,3,7}]
                        3              -3                3
Out[40]=  {{c1 -> 1 + -----, c3 -> -----, c2 -> 3 + -----}}
                      2 - q          2 - q            2 - q
```

Auffinden der Lösungen eines linearen Gleichungssystems mit `LinearSolve` *und Reduce*

Damit Sie die Unterschiede bei der Benutzung dieser Befehle gegenüber `Solve` besser verfolgen können, werden wir zunächst noch einmal die Gleichungssysteme des letzten Abschnitts lösen, wobei wir auf die nochmalige Berechnung des Rangs der Matrix natürlich verzichten.

```
In[1]:=  A  = {{1,2}, {1,3}, {1,1}};
In[2]:=  A1 = {{1,2,3}, {1,1,1}, {-1,1,-1}};
```

Der Rang von A ist also 2, daher gibt es nur die triviale Lösung.

```
In[3]:=  LinearSolve[A,{0,0,0}]
Out[3]= {0, 0}
```

Die Antwort wird also jetzt nicht in Form von Ersetzungsregeln gegeben, sondern in Form einer Liste von Werten. Der Befehl `Reduce` dagegen liefert wie bei einfachen Gleichungen auch, miteinander durch | | und && verbundene Gleichungen und Ungleichungen.

```
In[4]:=  Reduce[A.{x,y}=={0,0,0},{x,y}]
Out[4]= x == 0 && y == 0
```

Die Matrix A_1 ist quadratisch und hat vollen Rang, das Gleichungssystem besitzt also die eindeutig bestimmte Lösung $\vec{x} = A^{-1}\vec{b}$.

```
In[5]:=  Simplify[LinearSolve[A1,{1,1,q}]]
         3 - q  1 + q  -(1 + q)
Out[5]= {-----, -----, --------}
           4      2        4
In[6]:=  Reduce[A1.{x,y,z}=={1,1,q},{x,y,z}]
            3 - q          1 + q           -1 - q
Out[6]= x == ----- && y == ----- && z == ------
              4              2              4
```

Diese Ergebnisse zeigen, daß sich im Falle der eindeutigen Lösbarkeit des Gleichungssystems die verschiedenen Befehle nur in der Art der Ausgabe unterscheiden. Wir überprüfen diese Aussage für ein lösbares inhomogenes Gleichungssystem in A.

```
In[7]:=  LinearSolve[A, {1,1,1}]
Out[7]= {1, 0}
In[8]:=  Reduce[A.{x,y} == {1,1,1}, {x,y}]
Out[8]= x == 1 && y == 0
```

Falls das Gleichungssystem nicht lösbar ist, wird dies von `LinearSolve` direkt ausgegeben, was für den Benutzer sicherlich angenehmer ist als die Ausgabe einer leeren Liste.

```
In[9]:=  LinearSolve[A, {1,0,1}];
LinearSolve::nosol: Linear equation encountered which
has no solution.
```

Und auch die Antwort `False` von `Reduce` ist gewiß gut verständlich.

```
In[10]:=  Reduce[A.{x,y} == {1,0,1}, {x,y}]
Out[10]= False
```

Wenden wir uns nun dem Fall zu, daß die homogene Lösung freie Parameter enthält.

```
In[11]:=  A2 = {{1,2,3,1},{2,-1,0,3},{3,1,3,4}};
```

Der Rang der Matrix A_2 ist 2, und wir wissen, daß die Lösung des homogenen Systems 2 freie Parameter besitzt. Die Antwort von `LinearSolve` ist daher enttäuschend.

```
In[12]:=  LinearSolve[A2,{0,0,0}]
Out[12]= {0, 0, 0, 0}
```

Mit `Reduce` wird dagegen die allgemeine Lösung gefunden.

```
In[13]:=  Reduce[A2.{x,y,z,u}=={0,0,0},{x,y,z,u}]
               -7 u - 3 z           u - 6 z
Out[13]= x == ----------- && y == -------
                    5                  5
```

Versuchen wir nun, das inhomogene System $A_2\vec{x} = (1,-3,-2)^t$ zu lösen, so zeigt sich, daß `LinearSolve` genau die spezielle Lösung findet, die wir im letzten Abschnitt bei der Lösung mit Hilfe von `Solve` selbst durch den Vergleich der Lösung des homogenen und des inhomogenen Systems gefunden haben.

```
In[14]:=  LinearSolve[A2,{1,-3,-2}]
Out[14]= {-1, 1, 0, 0}
```

Bei den bisher betrachteten Beispielen ist noch kein Unterschied von `Reduce` und `Solve` aufgetreten, wenn man von der unterschiedlichen Ausgabe einmal absieht.

```
In[15]:=  Reduce[A2.{x,y,z,u}=={1,-3,-2},{x,y,z,u}]
               -5 - 7 u - 3 z           5 + u - 6 z
Out[15]= x == --------------- && y == -----------
                     5                      5
```

Im folgenden Fall gibt es keine Lösung, wie wir bereits wissen, daher liefern sowohl `LinearSolve` als auch `Reduce` die entsprechende Meldung.

```
In[16]:=  LinearSolve[A2,{1,1,1}];
LinearSolve::nosol: Linear equation encountered which
has no solution.
In[17]:=  Reduce[A2.{x,y,z,u}=={1,1,1},{x,y,z,u}]
Out[17]= False
```

Zusammenfassend ist festzustellen, daß Gleichungssysteme mit `LinearSolve` zwar etwas einfacher zu schreiben sind, Sie aber grundsätzlich nicht mehr als eine Lösung erhalten. Wie man mit `LinearSolve` und einem weiteren Befehl dann doch wieder alle Lösungen erhält, werden Sie im nächsten Abschnitt sehen. Die Befehle `Solve` und `Reduce` sind solange gleichwertig nutzbar, wie Ihre Gleichungssysteme keine symbolischen Namen als Koeffizienten enthalten. Falls dies jedoch der Fall ist, sollten Sie `Reduce` unbedingt vorziehen, weil Sie so die Abhängigkeit der Lösung von den Parametern häufig besser studieren können. Falls erforderlich, lassen Sie dann die Ergebnisse mit Hilfe von `ToRules` wieder in Ersetzungsregeln umwandeln. Diesen letzten Fall, daß die Koeffizientenmatrix oder der Vektor $\vec{b}$ symbolische Namen als Einträge enthalten, wollen wir nun noch behandeln.

Beispiel 1: Gesucht sind alle reellen Zahlen p, für die das Gleichungssystem

$$\begin{aligned}
x_1 + x_2 + + x_4 &= 1 \\
x_3 + x_4 &= 2 \\
2x_1 + x_2 + 3x_3 + 4x_4 &= 3 \\
3x_1 + 2x_2 + 4x_3 + 6x_m &= p
\end{aligned}$$

lösbar ist. Für diese p sind jeweils alle Lösungen zu bestimmen.

```
In[18]:=   A = {{1,1,0,1},{0,0,1,1},{2,1,3,4},{3,2,4,6}};
In[19]:=   RowReduce[A]
Out[19]= {{1, 0, 0, 0}, {0, 1, 0, 1},
          {0, 0, 1, 1}, {0, 0, 0, 0}}
```

Der Rang der Matrix A ist also 3, und aufgrund der Antwort auf den folgenden Befehl scheint es so, als habe die erweiterte Matrix stets den Rang 4.

```
In[20]:=
RowReduce[Transpose[Append[Transpose[A],{1,2,3,p}]]]
Out[20]= {{1, 0, 0, 0, 0}, {0, 1, 0, 1, 0},
          {0, 0, 1, 1, 0}, {0, 0, 0, 0, 1}}
```

Entsprechend behaupten auch `LinearSolve` und `Solve`, daß es keine Lösung gäbe.

```
In[21]:=   LinearSolve[A, {1,2,3,p}];
LinearSolve::nosol:
   Linear equation encountered which has no solution.
In[22]:=   Solve[A.{x1,x2,x3,x4} == {1,2,3,p}, {x1,x2,x3,x4}]
Out[22]= {}
```

Erst die Anwendung von `Reduce` zeigt, daß die anderen Befehle nur den generischen Fall behandeln, den Sonderfall $p = 6$ jedoch übersehen.

```
In[23]:=
Reduce[A.{x1,x2,x3,x4}=={1,2,3,p}, {x1,x2,x3,x4}]
Out[23]= p == 6 && x1 == -4 && x2 == 5 - x4 && x3 == 2 - x4
```

Wenn Sie dieses Ergebnis im folgenden benötigen, lassen Sie es in eine Liste von Ersetzungsregeln umwandeln.

```
In[24]:=  ToRules[%]
Out[24]= {p -> 6, x1 -> -4, x2 -> 5 - x4, x3 -> 2 - x4}
```

Biespiel 2: Nun soll die Koeffizientenmatrix einen Parameter enthalten.

```
In[25]:=  A = {{1,2,3,4}, {1,1,t,0}, {3,1,1,t}}; b = {3,2,7};
```

Wir lassen zusätzlich die Rechenzeit ausgeben, damit Sie noch besser vergleichen können.

```
In[26]:=  Timing[Simplify[LinearSolve[A,b]]]
                      -16 + 11 t   -2 - 2 t      3
Out[26]= {2.09 Second, {----------, --------, -------, 0}}
                       -7 + 5 t    7 - 5 t    7 - 5 t
```

Daß `Solve` für das Auffinden der allgemeinen Lösung im generischen Fall wesentlich länger braucht als `LinearSolve` für die Berechnung einer speziellen Lösung, war zu erwarten.

```
In[27]:=  Timing[Simplify[Solve[A.{x,y,z,u}==b,{x,y,z,u}]]]
Out[27]=
                                                2
                  -16 + 11 t - 4 u + 7 t u - 2 t  u
{9.28 Second, {{x -> -------------------------------------,
                            -7 + 5 t


                                  2
      2 + 2 t + 4 u - 15 t u + t  u        -3 + 8 u + t u
  y -> -------------------------------, z -> --------------}}}
              -7 + 5 t                        -7 + 5 t
```

Reduce findet nicht nur zusätzlich den Spezialfall $5t = 7$, sondern benötigt hierfür wesentlich weniger Zeit.

```
In[28]:=  Timing[Simplify[Reduce[A.{x,y,z,u}==b,{x,y,z,u}]]]
Out[28]= {4.67 Second, -7 + 5 t != 0 &&


                             2
         -16 + 11 t - 4 u + 7 t u - 2 t  u
   x == --------------------------------- &&
                -7 + 5 t


                                 2
         2 + 2 t + 4 u - 15 t u + t  u         -3 + 8 u + t u
   y == --------------------------------- && z == --------------
                -7 + 5 t                          -7 + 5 t


                      107   z              13   8 z        15
   || 5 t == 7 && x == --- + - && y == -(--) - --- && u == --}
                      47    5             47    5          47
```

Beispiel 3: Beide Seiten enthalten einen freien Parameter. Auch in diesem Fall zeigt sich, daß Reduce zum Auffinden aller Lösungen vergleichsweise wenig Zeit benötigt.

```
In[29]:=  A = {{1,2,3},{1,3,0},{1,1,t}}; b={3,2s,7};
In[30]:=  Timing[Simplify[LinearSolve[A,b]]]

                          -63 + 6 s + 9 t - 4 s t
Out[30]= {3.02 Second, {-----------------------,
                                  -6 + t

     21 - 6 s - 3 t + 2 s t   1 + 2 s
     ----------------------, -------}}
             -6 + t           -6 + t


In[31]:=  Timing[Simplify[Solve[A.{x,y,z}==b,{x,y,z}]]]

                          -63 + 6 s + 9 t - 4 s t
Out[31]= {3.63 Second, {{x -> -----------------------,
                                   -6 + t

         21 - 6 s - 3 t + 2 s t       1 + 2 s
     y -> ----------------------, z -> -------}}}
                 -6 + t               -6 + t


In[32]:=  Timing[Simplify[Reduce[A.{x,y,z}==b,{x,y,z}]]]

Out[32]=
                            -63 + 6 s + 9 t - 4 s t
{3.24 Second, -6 + t != 0 && x == ----------------------- &&
                                      -6 + t

       21 - 6 s - 3 t + 2 s t          1 + 2 s
   y == ----------------------- && z == ------- ||
               -6 + t                   -6 + t

   t == 6 && 2 s == -1 && x == 11 - 9 z && y == -4 + 3 z}
```

Auffinden der Lösungen eines linearen Gleichungssystems mit LinearSolve *und* Null-Space

Wie wir bereits gesehen haben, erhalten wir mit LinearSolve nur eine spezielle Lösung des inhomogenen Systems $A\vec{x} = \vec{b}$. Da sich die allgemeine Lösung in der Form spezielle Lösung + allgemeine Lösung des homogenen Gleichungssystems $A\vec{x} = \vec{0}$ schreiben läßt, genügt ein Befehl zum Auffinden aller Lösungen des homogenen Systems. Dies ist die Anweisung NullSpace, die eine Basis dieses Lösungsraums berechnet. Ein solches Vorgehen ist immer dann empfehlenswert, wenn Sie ohnehin sowohl das homogene wie das inhomogene Gleichungssystem lösen müssen.

```
In[1]:=   A = {{1,2,3},{1,3,0},{3,8,3}};
In[2]:=   NullSpace[A]
Out[2]= {{-9, 3, 1}}
```

Also sind alle skalaren Vielfachen dieses Vektors Lösung von $A\vec{x} = \vec{0}$. Wir lassen nun noch eine spezielle Lösung des inhomogenen Systems $A\vec{x} = (1, 5, 11)^t$ berechnen

```
In[3]:=   LinearSolve[A,{1,5,11}]
Out[3]= {-7, 4, 0}
```

und vergleichen das Ergebnis mit der Antwort von Reduce.

```
In[4]:=   Reduce[A.{x,y,z}=={1,5,11},{x,y,z}]
Out[4]= x == -7 - 9 z && y == 4 + 3 z
```

Der Befehl NullSpace berechnet jedoch nur den generischen Fall, wenn evtl. vorhandene symbolische Namen nicht spezielle Werte annehmen, und arbeitet daher nur dann einwandfrei, wenn die Matrix keine solchen Einträge enthält, wie das folgende Beispiel zeigt.

```
In[5]:=   A = {{1,2,3},{1,3,0},{1,1,t}};
In[6]:=   NullSpace[A]
Out[6]= {}
```

Es wird also behauptet, daß das homogene System $A\vec{x} = \vec{0}$ nur die triviale Lösung $\vec{0}$ hat. Dies ist aber nur dann der Fall, wenn die Determinante von A nicht verschwindet. Wir lassen daher die Determinante von A berechnen

```
In[7]:=   Det[A]
Out[7]= -6 + t
```

und stellen fest, daß sie für $t = 6$ den Wert Null hat. Für jeden von 6 verschiedenen Wert von t ist die Basis des Lösungsraums also tatsächlich leer, da der Nullvektor die einzige Lösung des homogenen Systems ist. Für $t = 6$ wird der Rang der Matrix 2. Wenn NullSpace nach diesem Einsetzen aufgerufen wird, findet er die Lösung.

```
In[8]:=   A1 = A /. t->6;
In[9]:=   NullSpace[A1]
Out[9]= {{-9, 3, 1}}
```

4.2.2 Determinanten, Eigenwerte und Eigenvektoren

Für quadratische Matrizen A ist die Determinante eine wichtige Zahl, die über die Invertierbarkeit der Matrix entscheidet. Bei der Bestimmung der inversen Matrix A^{-1} treten ebenfalls Determinanten auf. Beim Wechsel der Basis des zugrundeliegenden Raumes gibt die zugehörige Determinante die Volumenänderung an, die der Einheitswürfel beim Basiswechsel erfährt. Dies ist z.B. wichtig bei einem differenzierbaren Koordinatenwechsel (etwa von kartesischen zu Kugelkoordinaten), wobei die dann zu bildende Matrix die Funktionalmatrix (oder Jacobimatrix) und die Determinante die Funktionaldeterminante ist. Determinanten spielen auch eine wichtige Rolle bei der Bestimmung der Hauptträgheitsachsen eines Systems. Diesen Aspekt werden wir im folgenden Abschnitt 4.2.3 behandeln.

Determinanten über den reellen und komplexen Zahlen

Für eine beliebige quadratische Matrix wird mit Det die Determinante berechnet.

```
In[1]:=  A = {{1,2,3}, {4,5,6}, {1,1,1}};
In[2]:=  Det[A]
Out[2]= 0
In[3]:=  A = {{1,2,3}, {4,5,6}, {1,2,1}};
In[4]:=  Det[A]
Out[4]= 6
```

Jede nicht quadratische Matrix wird zurückgewiesen.

```
In[5]:=  Det[{{1,2,3}, {4,5,6}, {1,1,1}, {5,4,3}}];
Det::matsq:
   Argument {<<4>>} at position 1 is not a square matrix.
```

Es spielt für *Mathematica* dabei keine Rolle, ob Matrixelemente symbolische Namen enthalten, und das Tempo der Berechnung ist durchaus eindrucksvoll.

```
In[6]:=  A = {{1,0,0,4,0,0,0}, {0,1,0,-1,0,0,0},
              {1,0,0,0,1,0,0}, {0,1,-2,0,0,2,0},
              {0,0,0,0,0,2,0}, {0,0,1,0,0,0,1},
              {my,0,0,0,1,0,0}};
In[7]:= Timing[Det[A]]
Out[7]= {0.05 Second, 16 (-1 + my)}
In[8]:= Timing[Simplify[Inverse[A]]]
Out[8]=
                          1                   1
{3.03 Second, {{0, 0, ------, 0, 0, 0, -------},
                      1 - my            -1 + my


    1        1                    1
 {-, 1, -----------, 0, 0, 0, --------},
  4      4 (-1 + my)           4 - 4 my


  1  1       1         1   1        1
 {-, -, -----------, -(-), -, 0, ----------},
  8  2  8 (-1 + my)    2   2      8 (1 - my)


  1        1                    1
 {-, 0, -----------, 0, 0, 0, --------},
  4      4 (-1 + my)           4 - 4 my


         my             1              1
{0, 0, -------, 0, 0, 0, ------}, {0, 0, 0, 0, -, 0, 0},
       -1 + my          1 - my               2


    1      1       1       1    1        1
 {-(-), -(-), -----------, -, -(-), 1, -----------}}}
    8      2  8 (1 - my)   2    2      8 (-1 + my)
```

Wenn Sie beim Lesen dieses Textes die Ausgabe der inversen Matrix beklagenswert unübersichtlich finden, können wir Ihnen nur recht geben.[3] Auch der Versuch, mit

```
MatrixForm[Simplify[Inverse[A]]]}}
```

zu arbeiten, bringt (wegen der Komplexität der Elemente) nichts.

Ist D die zu einer linearen Abbildung bzgl. der kanonischen Einheitsbasis des $\mathbb{R}^3$ gehörende Matrix, so handelt es sich um eine Drehung, falls $D^{-1} = D^t$ und det $D = 1$ gilt; falls die erste Bedingung erfüllt ist und det $D = -1$ gilt, so handelt es sich um eine Spiegelung. Wir wollen mögliche Rechnungen an einem Beispiel vorführen. Dazu definieren wir zunächst eine Matrix, von der wir zeigen wollen, daß sie zu einer Drehung gehört.

```
In[9]:=  D = {{0.1268264841,-0.7803300860, 0.6123724357},
              {0.9267766957,-0.1268264842,-0.3535533905},
              {0.3535533905, 0.6123724357, 0.7071067810}};
Set::wrsym: Symbol D is Protected.
```

Fehler dieser Art werden Ihnen immer wieder passieren; wir benennen die Matrix um in D_1 und lassen die Determinante berechnen.

```
In[10]:=  D1 = {{0.1268264841,-0.7803300860, 0.6123724357},
               {0.9267766957,-0.1268264842,-0.3535533905},
               {0.3535533905, 0.6123724357, 0.7071067810}};
In[11]:=  Det[D1]
Out[11]= 1.
```

Um zu überprüfen, ob auch die 2. Bedingung erfüllt ist, verlassen wir uns nicht auf unser Auge, sondern verwenden die Abfrage TrueQ, die den Wert True liefert, falls die Gleichung erfüllt ist.

```
In[12]:=  TrueQ[Inverse[D1]==Transpose[D1]]
Out[12]= False
```

Dies ist wieder eine der Stellen, an denen auch *Mathematica* aufgrund von Rundungsfehlern beim Berechnen der inversen Matrix ein falsches Ergebnis liefert. Wenn wir mit Chop die durch Rundungsfehler beim Invertieren entstandenen störenden Dezimalstellen unterdrücken, erhalten wir das gewünschte Ergebnis.[4]

```
In[13]:=  TrueQ[Chop[Inverse[D1]-Transpose[D1],10^(-9)]==
               {{0,0,0},{0,0,0},{0,0,0}}]
Out[13]= True
```

---

[3]Es gibt andere Computeralgebra-Programme (z. B. *MapleV*), in denen dieses Problem wesentlich besser gelöst ist. Dafür haben diese Programme dann wieder andere Nachteile.

[4]In unserem speziellen Fall ist die Matrix das Produkt von Drehmatrizen, deshalb wissen wir, daß es sich um Rundungsfehler handeln muß. Wenn Sie von der Matrix überhaupt nichts weiter wissen, können Sie nicht sicher sein. Ist die Abweichung tatsächlich minimal, so wird es vom Problem abhängen, ob Sie mit gerundeten Werten weiterrechnen sollten oder nicht.

Da es sich also um eine Drehmatrix handelt, finden wir den Drehwinkel vermöge der Formel $\cos\phi = \frac{1}{2}(\text{Spur}(D) - 1)$, wobei die Spur einer Matrix D die Summe der Diagonalelemente ist.

```
In[14]:=  cosWinkel = (Sum[D1[[i,i]],{i,3}]-1)/2
Out[14]= -0.146447
```

Den Drehwinkel können Sie sich nun im Bogenmaß

```
In[15]:=  WinkelimBogenmass = ArcCos[cosWinkel]
Out[15]= 1.71777
```

oder in Grad berechnen lassen.

```
In[16]:=  WinkelinGrad = N[WinkelimBogenmass 360/(2
Pi)]
Out[16]= 98.4211
```

Die Drehachsenrichtung ergibt sich aus der Formel

$$\vec{a} = \frac{1}{2\sin\phi}\begin{pmatrix} d_{32} - d_{23} \\ d_{13} - d_{31} \\ d_{21} - d_{12} \end{pmatrix}$$

(da der Drehwinkel von π verschieden ist).

```
In[17]:=
Drehachse=1/(2 Sin[WinkelimBogenmass])
                {D1[[3,2]]-D1[[2,3]],
                 D1[[1,3]]-D1[[3,1]],
                 D1[[2,1]]-D1[[1,2]]}
Out[17]= {0.488227, 0.13082, 0.862856}
```

Von der folgenden Matrix S werden wir zeigen, daß es sich um eine Spiegelung handelt, und die Ebene, an der gespiegelt wird, berechnen.

```
In[18]:=  S = {{1/2,          -1/2,        -1/Sqrt[2]},
               {-1/2,          1/2,        -1/Sqrt[2]},
               {-1/Sqrt[2],  -1/Sqrt[2],      0     }};
```

Wir überzeugen uns zunächst davon, daß die Determinante tatsächlich 1 ist und die Bedingung $S^{-1} = S^t$ erfüllt ist.

```
In[19]:=  Det[S]
Out[19]= -1
In[20]:=  TrueQ[Inverse[S]==Transpose[S]]
Out[20]= True
```

Zur Beschreibung der Spiegelebene genügt die Angabe eines Vektors $\vec{a} = (a_1, a_2, a_3)$, der auf ihr senkrecht steht, da diese Ebene durch den Nullpunkt verlaufen muß. Wir bestimmen (a_1^2, a_2^2, a_3^2) gemäß $a_i^2 = (1 - s_{ii})/2$.

```
In[21]:=  aquadrat = Table[(1-S[[i,i]])/2,{i,3}]
             1   1   1
Out[21]=  {-,  -,  -}
             4   4   2
```

Um nun den Normalenvektor zu bestimmen, ziehen wir die Wurzel aus dem 1. Element
der Liste

```
In[22]:=  a1 = Sqrt[aquadrat[[1]]]
             1
Out[22]=  -
             2
```

und berechnen die 2. und 3. Komponente von $\vec{a}$ aus der ersten Spalte der Matrix. Damit
erhalten wir in jeder Komponente das richtige Vorzeichen.

```
In[23]:=  a = {a1,-S[[1,2]]/(2 a1), -S[[1,3]]/(2 a1)}
             1   1       1
Out[23]=  {-,  -,  -------}
             2   2   Sqrt[2]
```

Hätten wir für a_1 die negative Wurzel genommen, so würden sich die Vorzeichen der
anderen Komponenten ebenfalls umdrehen, wir hätten dann also anstelle von $\vec{a}$ einfach $-\vec{a}$
berechnet.

Funktionaldeterminanten

Bei der Berechnung von Gebiets- und Volumenintegralen führt ein Koordinatenwechsel
häufig von einem hoffnungslosen Integral zu einem Integral, das gelöst werden kann. Da
Mathematica nicht mit Hilfe solcher Wechsel versucht, das Integral zu berechnen, ist es
u. U. sinnvoll, selbst verschiedene Fassungen einzugeben. Auch in der Strömungslehre
tauchen bei der Berechnung des Flusses eines Vektorfelds durch eine reguläre Fläche
Determinanten auf. Wir wollen dies an einigen Beispielen erläutern. Beim Übergang von
kartesischen zu Polarkoordinaten

```
In[1]:=  x = r Cos[phi]; y = r Sin[phi];
```

benötigt man für die Umrechnung von $dx\,dy$ in $dr\,d\phi$ die Determinante der Funktionalmatrix. Diese können Sie direkt berechnen lassen, indem Sie selbst die Matrix elementweise
definieren

```
In[2]:=  jac = {{D[x,r], D[x,phi]},
                {D[y,r], D[y,phi]}}

Out[2]=  {{Cos[phi], -(r Sin[phi])},
          {Sin[phi], r Cos[phi]}}
```

– dieses Verfahren ist natürlich etwas aufwendig –; Sie können dafür aber auch den Befehl `Outer[funktion, liste1, liste2]` benutzen. Dieser Befehl bewirkt. daß eine geschachtelte Liste erstellt wird, deren Elemente von der Form `funktion[element1, element2]` sind, wobei `element1` ein Element der 1. , `element2` ein Element der 2. Liste ist. Wir wählen als Funktion `D` und als Listen die Namen der kartesischen bzw. Polarkoordinaten.

```
In[3]:=  jacobian = Outer[D,{x,y},{r,phi}]
Out[3]= {{Cos[phi], -(r Sin[phi])}, {Sin[phi], r Cos[phi]}}
```

Die benötigte Funktionaldeterminante wird berechnet:

```
In[4]:=  Simplify[Det[jacobian]]
Out[4]= r
```

Genauso können Sie beim Übergang von kartesischen zu Kugelkoordinaten vorgehen

```
In[5]:=  x = r Sin[psi] Cos[phi]; y = r Sin[psi] Sin[phi];
         z = r Cos[psi];
In[6]:=  jacobianKugel = Outer[D,{x,y,z},{r,psi,phi}]
Out[6]=
{{Cos[phi] Sin[psi], r Cos[phi] Cos[psi], -(r Sin[phi] Sin[psi])},
  {Sin[phi] Sin[psi], r Cos[psi] Sin[phi], r Cos[phi] Sin[psi]},
  {Cos[psi], -(r Sin[psi]), 0}}
In[7]:=  jacobiDetKugel = Simplify[Det[jacobianKugel]]
           2
Out[7]= r  Sin[psi]
```

Die Funktionaldeterminanten der üblichen Koordinatensysteme des $\mathbb{R}^3$ könnten Sie auch mit

```
In[1]:=  <<Calculus`VectorAnalysis`
```

direkt berechnen lassen. Wenn Sie dabei die Namen der Variablen selbst festlegen wollen, sind zunächst das Koordinatensystem und die Namen der Variablen auszuwählen.

```
In[2]:=  SetCoordinates[Spherical[r,psi,phi]]
```

Danach kann die Funktionaldeterminante direkt aufgerufen werden.

```
In[3]:=  JacobianDeterminant[]
           2
Out[3]= r  Sin[psi]
```

Wollen Sie allerdings wie im folgenden Beispiel den Fluß des Vektorfeldes $\vec{v}(x,y,z) = (2z, x+y, xy)$ durch die Sphäre mit Radius 5 berechnen lassen, so ist dann das Einsetzen der Sphärenkoordinaten in das Vektorfeld entsprechend komplizierter,

```
In[4]:=   v0 = CoordinatesToCartesian[{r,psi,phi} ];
In[5]:=   vaufSphaere={2v0[[3]], v0[[1]] + v0[[2]],
             v0[[1]] v0[[2]]} /. r->5;
```

so daß wir in diesem Zusammenhang keinen Anlaß sehen, unbedingt mit diesem Paket zu arbeiten. Näheres finden Sie in der Beschreibung des Pakets Vektoranalysis im Kapitel 2 Paragraph 2.2.

Wir wollen den Fluß $\iint\limits_{S} \vec{v} \cdot d\vec{O} = \iint\limits_{D} (\vec{v} \cdot \vec{n}) dO$ des Vektorfeldes

$$\vec{v}(x,y,z) = (2z, x+y, xy)$$

durch die Sphäre mit Radius 5 (von innen nach außen) berechnen lassen. Hierfür benötigen wir den Wert des Vektorfelds auf der Sphäre, die Normale $\vec{n}$ der Sphäre sowie das Flächenelement dO. Daher lassen wir als erstes die Beschreibung von $\vec{v}$ auf dieser Sphäre berechnen

```
In[8]:=   vaufSphaere = {2z,x+y,x y} /. r->5
Out[8]={10 Cos[psi], 5 Cos[phi] Sin[psi] + 5 Sin[phi] Sin[psi],
                          2
         25 Cos[phi] Sin[phi] Sin[psi] }
```

sowie die Darstellung der Sphäre selbst in Kugelkoordinaten.

```
In[9]:=   sphaere = {x,y,z} /. r->5
Out[9]= {5 Cos[phi] Sin[psi], 5 Sin[phi] Sin[psi], 5 Cos[psi]}
```

Diese Darstellung benötigen wir für die Berechnung der Normale $\vec{n} = \vec{x}_\psi \times \vec{x}_\phi$, wobei $\vec{x}$ die Beschreibung der Sphäre bezeichnet. Die Berechnung der partiellen Ableitung mit `Outer` ergibt eine geschachtelte Liste, die wir also noch mit `Flatten` plätten müssen.

```
In[10]:= sphaerepartiellpsi = Flatten[Outer[D,sphaere,{psi}]]
Out[10]= {5 Cos[phi] Cos[psi], 5 Cos[psi] Sin[phi], -5 Sin[psi]}
In[11]:=  sphaerepartiellphi = Flatten[Outer[D,sphaere,{phi}]]
Out[11]= {-5 Sin[phi] Sin[psi], 5 Cos[phi] Sin[psi], 0}
```

Um nun das Kreuzprodukt zu berechnen, müssen wir das erforderliche Paket laden.

```
In[12]:=  <<LinearAlgebra`CrossProduct`
In[13]:=  normalrichtung =
Simplify[Cross[sphaerepartiellpsi, sphaerepartiellphi]]
Out[13]=
                         2                     2   25 Sin[2 psi]
{25 Cos[phi] Sin[psi] , 25 Sin[phi] Sin[psi] , -------------}
                                                      2
```

Dieser Vektor muß noch auf Länge 1 normiert werden. Dazu berechnen wir seinen Betrag

```
In[14]:=Betrag = Sqrt[Simplify[Sum[normalrichtung[[i]]^2,{i,3}]]]
                       2
Out[14]= 25 Sqrt[Sin[psi] ]
```

und erhalten nun die Normale.

```
In[15]:=  Normale = Simplify[1/(25 Sin[psi]) normalrichtung]
Out[15]= {Cos[phi] Sin[psi], Sin[phi] Sin[psi], Cos[psi]}
```

Wir lassen nun den Integranden berechnen. Für das Flächenelement dO benötigen wir die vorhin berechnete Funktionaldeterminante des Wechsels von kartesischen zu Kugelkoordinaten, müssen aber berücksichtigen, daß wir für den Radius 5 einzusetzen haben.

```
In[16]:=
Integrand=Simplify[(vaufSphaere . Normale) jacobiDetKugel  /. r->5]
Out[16]=
                                                          2
25 Sin[psi] (5 Sin[phi] (Cos[phi] + Sin[phi]) Sin[psi]   +


                      2
   25 Cos[psi] Sin[2 phi] Sin[psi]
   -------------------------------- + 5 Cos[phi] Sin[2 psi])
                  2
```

Aus der Tatsache, daß der Fluß durch die gesamte Sphäre gesucht ist, ergeben sich die Integrationsgrenzen.

```
In[17]:=  Integrate[Integrand,{psi,0,Pi},{phi,0,2 Pi}]
          500 Pi
Out[17]= ------
            3
```

4.2.3 Eigenwerte (Eigenvalues) und Eigenvektoren (Eigenvectors)

Eine der wichtigsten Anwendungen von Determinanten ist die Berechnung von Eigenwerten. Da hiermit unmittelbar die Bestimmung der Eigenvektoren der betrachteten Matrix verbunden ist, wollen wir beide Aufgabenstellungen zusammen abhandeln. In der Elastostatik z.B. taucht das Problem auf, zu einem vorgegebenen Spannungstensor A die Hauptnormalspannungen sowie die Spannungshauptachsen zu bestimmen. Dies wollen wir in einem Beispiel tun.

In einem Punkt eines Körpers herrschen die Normalspannungen $\sigma_x = 3\,\mathrm{Nmm}^{-2}$, $\sigma_y = 2\,\mathrm{Nmm}^{-2}$, $\sigma_z = 4\,\mathrm{Nmm}^{-2}$ sowie die Schubspannungen $\tau_{xy} = 2\,\mathrm{Nmm}^{-2}$, $\tau_{xz} = 2\,\mathrm{Nmm}^{-2}$, $\tau_{yz} = 0\,\mathrm{Nmm}^{-2}$. Es sollen die Hauptnormalspannungen und die Richtungen der Spannungshauptachsen im x, y, z -System bestimmt werden. Wir geben den Tensor A ein

```
In[1]:=  A = {{3,1,1}, {1,2,0}, {1,0,4}};
```

und berechnen die Eigenwerte – dies sind die Hauptnormalspannungen.

```
In[2]:=  Simplify[Eigenvalues[A]]
Out[2]= {3, 3 + Sqrt[3], 3 - Sqrt[3]}
```

Die Richtungen der Spannungshauptachsen erhalten wir aus den Eigenvektoren von A.

```
In[3]:=  Simplify[Eigenvectors[A]]
                         1 - Sqrt[3]        1
Out[3]= {{-1, -1, 1}, {-----------, -----------, 1},
                         2 - Sqrt[3]  2 - Sqrt[3]


      1 + Sqrt[3]        1
     {-----------, -----------, 1}}
      2 + Sqrt[3]  2 + Sqrt[3]
```

Dabei erfolgt die Ausgabe so, daß der erste ausgegebene Eigenvektor zum ersten ausgegebenen Eigenwert gehört etc. Sie können sich auch Eigenwerte und -vektoren auf einmal ausgeben lassen.

```
In[4]:=  Simplify[Eigensystem[A]]
Out[4]= {{3, 3 - Sqrt[3], 3 + Sqrt[3]},


                    1 - Sqrt[3]        1
       {{-1, -1, 1}, {-----------, -----------, 1},
                    2 - Sqrt[3]  2 - Sqrt[3]


       1 + Sqrt[3]        1
      {-----------, -----------, 1}}}
       2 + Sqrt[3]  2 + Sqrt[3]
```

Dabei können auch komplexe Eigenwerte und Eigenvektoren mit komplexen Komponenten auftreten, z.B. wenn die Matrix eine Drehung beschreibt.

```
In[5]:=  A = {{Cos[phi], -Sin[phi], 0},
             {Sin[phi],  Cos[phi], 0},
             {0,         0,        1}};
In[6]:=  Eigensystem[A]
Out[6]= {{1, Cos[phi] - I Sin[phi], Cos[phi] + I Sin[phi]},

        {{0, 0, 1}, {-I, 1, 0}, {I, 1, 0}}}
```

Falls ein Eigenwert mehrfach auftritt, kann es sein, daß die Dimension des zugehörigen Eigenraums kleiner ist als die Vielfachheit des Eigenwertes. *Mathematica* gibt dann entsprechend oft $\vec{0}$ als „Basisvektor" aus.

```
In[7]:=  B = {{2,1,3},{0,2,1},{0,0,2}};
In[8]:=  Eigensystem[B]
Out[8]= {{2, 2, 2}, {{1, 0, 0}, {0, 0, 0}, {0, 0, 0}}}
```

Die Frage nach den Hauptachsen eines Körpers wollen wir in einem Beispiel beantworten, wobei wir möglichst konkret rechnen wollen. Es soll entschieden werden, um welche geometrische Figur es sich bei

$$f(x,y,z) = -x^2 - y^2 + z^2 + 6xy + 2xz + 2yz - 12x + 4y - 10z - 11 = 0$$

handelt. Da der höchste auftretende Exponent 2 ist, liegt eine Quadrik vor, deren mögliche Normalformen alle bekannt sind.

```
In[9]:=
f = - x^2 - y^2 + z^2 + 6 x y + 2 x z + 2 y z - 12 x + 4 y - 10 z - 11;
```

Als erstes werden die Koeffizienten, die im quadratischen Teil $-x^2 - y^2 + z^2 + 6xy + 2xz + 2yz$ von f auftreten, in einer symmetrischen Matrix angeordnet gemäß der Numerierung

$$a_{11}x^2 + 2a_{12}xy + 2a_{13}xz + a_{22}y^2 + 2a_{23}yz + a_{33}z^2$$

Diese Zuordnung müssen wir selbst vornehmen

```
In[10]:=  A = {{-1,3,1},{3,-1,1},{1,1,1}};
```

Wir lassen nun Eigenwerte und -vektoren von A bestimmen.

```
In[11]:=  Eigensystem[A]
Out[11]= {{-4, 0, 3}, {{-1, 1, 0}, {-1, -1, 2}, {1, 1, 1}}}
```

Die normierten Eigenvektoren ergeben das Hauptachsensystem:

```
In[12]:=  b1 = 1/Sqrt[2]{-1,1,0}; b2 = 1/Sqrt[6]{-1,-1,2};
          b3 = 1/Sqrt[3]{1,1,1};
```

Die Matrix B, deren Spaltenvektoren diese Vektoren sind, beschreibt den erforderlichen Basiswechsel.

```
In[13]:=  B = Transpose[Append[Append[{b1}, b2], b3]]
                      1             1            1
Out[13]= {{-(-------),  -(--------),  -------},
             Sqrt[2]       Sqrt[6]     Sqrt[3]

      1            1           1                    2         1
 {-------,  -(-------),  -------},    {0, Sqrt[-],  -------}}
  Sqrt[2]     Sqrt[6]    Sqrt[3]                3     Sqrt[3]
```

Die neuen Koordinaten wollen wir u, v, w nennen. Um $x, y,$ und z gemäß der Gleichung

$$\begin{pmatrix} x \\ y \\ z \end{pmatrix} = B \begin{pmatrix} u \\ v \\ w \end{pmatrix}$$

durch sie substituieren zu können, lassen wir die rechte Seite dieser Gleichung berechnen.

```
In[14]:=  X = B.{u,v,w}
                  u           v           w
Out[14]= {-(-------) - ------- + -------,
            Sqrt[2]    Sqrt[6]   Sqrt[3]

            u           v           w           2           w
         ------- - ------- + -------, Sqrt[-] v + -------}
         Sqrt[2]   Sqrt[6]   Sqrt[3]          3     Sqrt[3]
```

Nun können wir in f die Variablen x, y, z durch die Komponenten von X ersetzen lassen, müssen *Mathematica* dabei jedoch zum Ausmultiplizieren zwingen.

```
In[15]:=
f1 = Simplify[Expand[f /. {x -> X[[1]], y-> X[[2]], z -> X[[3]]}]]
            7/2        2              3/2        2
Out[15]= -11 + 2     u - 4 u  - Sqrt[24] v - 2 3    w + 3 w
```

Für die quadratisch auftretenden Variablen u und w finden wir durch quadratische Ergänzung die jetzt noch erforderliche Parallelverschiebung des Koordinatensystems.

```
In[16]:=
f2 = Simplify[Expand[ f1 /. {u -> q + Sqrt[2],
                             w -> s + Sqrt[3]}]]
                   2     2
Out[16]= -12 - 4 q  + 3 s  - Sqrt[24] v
```

Den Absolutterm bringen wir durch eine Verschiebung in Richtung von v zum Verschwinden und erhalten so die Normalform

```
In[17]:=  fnormal = Simplify[Expand[f2 /. v -> r - Sqrt[6]]]
              2               2
Out[17]= -4 q  - Sqrt[24] r + 3 s
```

Einer Liste aller möglichen Normalformen von Quadriken im $\mathbb{R}^3$ entnehmen wir, daß es sich um ein hyperbolisches Paraboloid handelt.

4.2.4 Das Rechnen mit Matrizen modulo einer Primzahl und andere Sonderfälle

Matrizen modulo einer Primzahl

Ebenso wie Gleichungen können auch Matrizen modulo einer Primzahl betrachtet werden. Dies wollen wir Ihnen mit einigen Beispielen zeigen. Wir definieren eine Matrix A

```
In[1]:=  A = {{7,5},{1,1}};
```

und lassen die Determinante von A auf verschiedene Arten berechnen.

```
In[2]:=  {Det[A], Det[A, Modulus -> 2], Det[A, Modulus -> 3]}
Out[2]= {2, 0, -1}
```

Wir wollen nun eine inhomogene Gleichung mod 2 lösen und verwenden hierfür `Linear-Solve` und `NullSpace`.

```
In[3]:=  LinearSolve[A, {1,1},Modulus -> 2]
Out[3]= {1, 0}
In[4]:=  NullSpace[A,Modulus -> 2]
Out[4]= {{1, 1}}
```

Die allgemeine Lösung dieses Gleichungssystems mod 2 lautet also $(x, y) = (1 + y, y)$, während das Gleichungssystem über den reellen Zahlen nur die triviale Lösung hat, weil dort die Matrix A invertierbar ist. Nun lassen wir die inverse Matrix bestimmen:

```
In[5]:=  Inverse[A]
            1    5      1    7
Out[5]= {{-,  -(-)},  {-(-),  -}}
            2    2      2    2
```

Der Versuch, dies auch (mod 2) berechnen zu lassen, schlägt erwartungsgemäß fehl, da die Determinante (mod 2) Null ist.

```
In[6]:=  Inverse[A,Modulus->2];
Inverse::sing: Matrix {<<2>>} is singular.
```

Dagegen ist es ohne weiteres möglich, die Inverse von A (mod 3) bestimmen zu lassen.

```
In[7]:=  Inverse[A,Modulus->3]
Out[7]= {{2, 2}, {1, 2}}
```

Funktionen als Matrixelemente

Vielleicht haben Sie gelegentlich mit Matrizen zu tun, deren Elemente Funktionen sind, und vielleicht gibt es zwischen diesen Funktionen Beziehungen. Dann hängt es von Ihnen ab, welche Ergebnisse Befehle wie `NullSpace` etc. haben. Dies wollen wir an einem Beispiel zeigen. Als Elemente wählen wir trigonometrische Funktionen, weil die Beziehungen zwischen ihnen allgemein bekannt sind.

```
In[1]:=  A = {{Sin[x]^2, Cos[x]^2}, {Sin[x]^2, 1 - Sin[x]^2}};
```

Solange Sie dies nun nicht ausdrücklich befehlen, wird *Mathematica* das Element $1 - \sin^2 x$ nicht durch $\cos^2 x$ ersetzen. Dies hat in vielen Rechnungen schwerwiegende Folgen. Wenn Sie etwa die Determinante von A berechnen lassen, werden Sie dem ausgegebenen Ausdruck nicht mehr so schnell ansehen, daß er 0 entspricht.

```
In[2]:=  Det[A]
             2        2      2        4
Out[2]= Sin[x]  - Cos[x]  Sin[x]  - Sin[x]
```

In diesem Fall kommen Sie wahrscheinlich auf die Idee, die Ausgabe vereinfachen zu lassen, und erhalten so ein aussagekräftiges Ergebnis.

```
In[3]:=  Simplify[Out[2]]
Out[3]= 0
```

Wollen Sie sich jedoch die Lösungen des homogenen Gleichungssystems $A\vec{x} = \vec{0}$ berechnen lassen, so erkennt *Mathematica* nicht, daß die Matrix nicht invertierbar ist, und liefert daher ein falsches Ergebnis.

```
In[4]:=  NullSpace[A]
Out[4]= {}
```

Es ist Ihre Aufgabe, in solchen Fällen *zuerst* die Matrix vereinfachen zu lassen.

```
In[5]:=  A1 = Simplify[A]
                   2        2          2          2
Out[5]= {{Sin[x] , Cos[x] }, {Sin[x] , Cos[x] }}
```

Dies spart Ihnen bei der Berechnung der Determinante die nachfolgende Vereinfachung

```
In[6]:=  Det[A1]
Out[6]= 0
```

und führt bei dem Befehl NullSpace zum richtigen Ergebnis.

```
In[7]:=  NullSpace[A1]
                 2
Out[7]= {{-Cot[x] , 1}}
```

Trotzdem müssen Sie viele Ergebnisse noch überprüfen, wie das folgende Beispiel zeigt. Der Versuch von Reduce, alle Spezialfälle dieses homogenen Gleichungssystems ebenfalls zu erfassen, liefert Ihnen 3 Ergebnisse.

```
In[8]:=  Reduce[A1.{u,v}=={0,0},{u,v}]
                                2
Out[8]= Sin[x] != 0 && u == -(v Cot[x] ) ||

                          2
        Cos[x] != 0 && Sin[x]   == 0 && v == 0 ||

              2                2
        Sin[x]   == 0 && Cos[x]   == 0
```

Egal, wie Sie es nun versuchen, eine definitive Antwort auf die Frage, welche dieser Ergebnisse nun relevant (weil widerspruchsfrei) sind, erhalten Sie nicht. Wenn Sie es mit TrueQ versuchen, erhalten Sie für alle Lösungen den Wert False, weil *Mathematica* erkennt, daß auch die Gleichungen der ersten und zweiten Lösung nicht immer erfüllt sind.

```
In[9]:=  Table[TrueQ[Out[8][[i]]],{i,3}]
Out[9]= {False, False, False}
```

Der Versuch, mit Hilfe von Solve die x-Werte zu finden, für die die zweite Lösung gilt, schlägt ebenfalls fehl.

```
In[10]:=  Solve[Out[8][[2]],x]
Solve::ifun: Warning: Inverse functions are being used by
     Solve, so some solutions may not be found.
Out[10]= {{x -> ArcCos[Cos[x]]}, {x -> ArcCos[Cos[x]]}}
```

Versuchen Sie gar, auf diese Weise zu zeigen, daß die 3. Lösung leer ist, weil für kein x gleichzeitig sin x und cos x Null sind, so erhalten Sie sogar ein falsches Ergebnis.

```
In[11]:=  Solve[Out[8][[3]],x]
Solve::ifun: Warning: Inverse functions are being used by
    Solve, so some solutions may not be found.
Out[11]= {{x -> 0}, {x -> 0}, {x -> 0}, {x -> 0}}
```

Dies zeigt, daß immer noch einige Dinge übrigbleiben, die Sie persönlich berechnen müssen.

4.2.5 Numerische Lösungen

Auch bei relativ kleinen Matrizen kann bei der Berechnung von Eigenwerten und Eigenvektoren schnell die physikalische Grenze des Machbaren erreicht sein. Bei unserem System tut es bereits folgende Matrix.

```
In[1]:=  A = {{1,2,3,4}, {5,6,7,8}, {1,1,1,1}, {1,2,7,8}};
```

Die exakte Berechnung der Eigenwerte und -vektoren benötigt 155 Sekunden. Danach ist ein Warmstart erforderlich. In solchen Fällen werden Sie sich einerseits sehr freuen, wenn Sie wichtige Ergebnisse Ihrer bisherigen Arbeit gespeichert haben (dies gilt insbesondere, wenn parallel mit Ihrer *Mathematica*-Sitzung eine andere Windows-Anwendung läuft), zum anderen zeigt sich hier der Nutzen der numerischen Algorithmen. Zum Vergleich lassen wir die benötigte CPU-Zeit messen.

```
In[2]:=  Timing[Eigensystem[N [A]]]
Out[2]=
                                              -16
{0. Second, {{13.781, 2.45546, -0.236417, -9.77035 10   },

        {{-0.307755, -0.809008, -0.125313, -0.484861},

        {-0.0240801, -0.897877, -0.218449, 0.604014},

        {0.967532, -0.886107, -0.46341, 0.491543},

        {2.12132, -2.12132, -2.12132, 2.12132}}}}
```

Wenn Sie nicht auf exakte Ergebnisse angewiesen sind, ist dies eine gute und schnelle Alternative. Die Grenzen der Methode zeigen sich erst, wenn man auf eine Matrix stößt, bei der der numerische Wert der Determinante sehr dicht bei Null liegt.

```
In[3]:=  A = Table[Sin[i+j],{i,3},{j,3}];
```

Der exakte Wert der Determinante ist ein recht langer und unübersichtlicher Ausdruck[5], daher lassen wir ihn numerisch auswerten.

---

[5]Er ist tatsächlich gleich null, wie Sie sehen, wenn Sie das Additionstheorem der Sinusfunktion anwenden.

```
In[4]:=  Timing[N[Det[A]]]
                                             -16
Out[4]= {0.22 Second, -1.11022 10    }
```

Wenn die Elemente der Matrix numerische Werte sein sollen, ändert sich der Wert der
Determinante je nach gewünschter Genauigkeit.

```
In[5]:=  AN = N[A]
In[6]:=  Timing[Det[AN]]
                                         -16
Out[6]= {0. Second, -1.24312 10    }
```

Bei einer Genauigkeit der Eingangswerte auf 30 Stellen ist das Ergebnis Null.

```
In[7]:=  AN30 = N[A, 30];
In[8]:=  Timing[Det[AN30]]
Out[8]= {0. Second, 0}
```

Welche Auswirkungen hat diese Eigenschaft der Matrix nun auf das Lösen von Gleichungs-
systemen? Dies wollen wir in einigen Experimenten untersuchen. Da uns die berechneten
Lösungen eigentlich nicht interessieren, kürzen wir die Ausgabe mit Short ab. Der Versuch, die exakten Eigenwerte und -vektoren berechnen zu lassen, führt nach 94 Sekunden
zum Totstellen des Systems, was einen Warmstart erforderlich macht.

```
In[9]:=  Timing[Short[Eigensystem[AN30], 4]]
Out[9]= {1.21 Second, {{1.4355380003611049626075729420,
                                            -33
          -7.8090999073642844315945390791 10    ,

          -1.5624585670422773913957476172}, <<1>>}}
```

Jetzt lösen wir das homogene Gleichungssystem $A\vec{x} = \vec{0}$. Die exakte Rechnung liefert das
falsche Ergebnis.

```
In[10]:=  NullSpace[A]
Out[10]= {}
```

Der wesentliche Unterschied zu numerischen Rechnungen zeigt sich bereits, wenn die
Elemente von A numerisch ausgewertet werden. Offenbar verkürzt *Mathematica* die Determinante von A bereits hier zu 0, was zum richtigen Ergebnis führt.

```
In[11]:=  NullSpace[N[A]]
Out[11]= {{-0.561859, 0.607148, -0.561859}}
```

Die Rechnung auf 30 Stellen bringt keine wesentliche Veränderung des Resultats.

```
In[12]:=  NullSpace[AN30]
Out[12]= {{0.56185926145484472833166605170558889,

           -0.60714770907484520118640567744740001,

           0.56185926145484472833166605170558889}}
```

Wir lassen nun das inhomogene Gleichungssystem $A\vec{x} = (1, 0, 2)^t$ lösen.

```
In[13]:=  Timing[Short[LinearSolve[A, {1,0,2}]]]
Out[13]=
                            2
                Csc[2] ((-Sin[3]  + <<1>>) <<2>> + <<1>>)
{0.88 Second, {--------------------------------------------, <<2>>}}
                        2                         2
                (-Sin[3]  + Sin[2] Sin[4]) (-<<1>> + <<1>>)
```

Die numerische Rechnung normaler Genauigkeit macht uns diesmal auf mögliche Fehler aufmerksam.

```
In[14]:=  Timing[LinearSolve[N[A], {1,0,2}]]
LinearSolve::luc:
   Warning: Result for LinearSolve of badly conditioned matrix
     {<<3>>} may contain significant numerical errors.
Out[14]=
                         16             16            16
{0.11 Second, {1.70878 10  , -1.84652 10  , 1.70878 10  }}
```

Bei 30stelliger Genauigkeit behauptet *Mathematica*, daß es keine Lösung gibt. Dis ist korrekt.

```
In[15]:=  Timing[Short[LinearSolve[AN30, {1,0,2}]]]
LinearSolve::nosol:
   Linear equation encountered which has no solution.
Out[15]= {0.27 Second, LinearSolve[{<<3>>}, {1, 0, 2}]}
```

Ein anderes Beispiel für die Probleme, die beim numerischen Rechnen auftreten können, sehen Sie im folgenden Fall.

```
In[16]:=  A = {{1,2,1}, {1,1,1}, {-1,0,2}};
```

Zunächst lassen wir das Eigensystem numerisch von *Mathematica* berechnen.

```
In[17]:=  Eigensystem[N[A]]
Out[17]= {{-0.485584, 2.24279 + 1.07145 I, 2.24279 - 1.07145 I},

  {{-0.697936, 0.658818, -0.280793}, {-0.00878299 + 0.812899 I,

  -0.0810157 + 0.586086 I, -0.719867 - 0.17132 I},

  {-0.00878299 - 0.812899 I, -0.0810157 - 0.586086 I,

  -0.719867 + 0.17132 I}}}
```

Nun wollen wir für einen der Eigenwerte den zugehörigen Eigenvektor direkt bestimmen. Da die exakten Werte recht komplizierte Ausdrücke sind, lassen wir sie nicht ausgeben.

```
In[18]:=   eig = Eigenvalues[A];
```

Wir betrachten den ersten Eigenwert von A mit normaler Genauigkeit. Das Ergebnis stimmt offenbar mit dem gerade berechneten Wert überein.

```
In[19]:=  N[eig[[1]]]
Out[19]= 2.24279 - 1.07145 I
```

Der Eigenvektor $\vec{v} = (x, y, z)$ zum Eigenwert λ muß der Gleichung $A\vec{v} = \lambda\vec{v}$ genügen. Also lassen wir dieses Gleichungssystem lösen. *Mathematica* behauptet, daß es nur die triviale Lösung gäbe.

```
In[20]:= selbst1 = N[Reduce[A.{x,y,z}==N[eig[[1]]] {x,y,z}, {x,y,z}]]
Out[20]= x == 0. && y == 0. && z == 0.
```

Dies könnte nur der Fall sein, wenn die Matrix $A - \lambda \cdot Id_3$ invertierbar wäre. Wir lassen daher die Determinante dieser Matrix berechnen.

```
In[21]:=  Det[A - N[eig[[1]]] IdentityMatrix[3]]
                      -14              -16
Out[21]= 2.13163 10     + 8.88178 10     I
```

Wenn wir die Genauigkeit der Rechnung erhöhen, wird immer noch lediglich die triviale Lösung gefunden,

```
In[22]:=  selbst1 = N[Reduce[(A - N[eig[[1]]], 30]
                      IdentityMatrix[3]).{x,y,z}==0, {x,y,z}]]
Out[22]= x == 0. && y == 0. && z == 0.
```

obwohl bei der Berechnung der Determinante von $A - \lambda Id_3$ das richtige Ergebnis ausgegeben wird.

```
In[23]:=  N[Det[(A - N[eig[[1]]], 30] IdentityMatrix[3])], 30]
Out[23]= 0
```

Das wirklich Verblüffende ist nun, daß der Befehl `NullSpace` im Gegensatz zu `Reduce` hier tatsächlich das richtige Ergebnis liefert.

```
In[24]:=  NullSpace[A - N[eig[[1]], 30] IdentityMatrix[3]]
Out[24]=
{{-0.242791998844300103189225194 + 1.071453153192257995832308019 I,

 -0.076864047030739222573483231 + 0.795866829327705402658399881 I, 1}}
```

Dieses Ergebnis scheint auf den ersten Blick zwar nichts mit dem Vektor

$$(-0.00878299 - 0.812899I, -0.0810157 - 0.586086I, -0.719867 + 0.17132I)$$

zu tun zu haben, der uns bei `Eigensystem` ausgegeben wurde, wenn Sie jedoch bedenken, daß uns mit `NullSpace` ja nur ein Basisvektor mit möglichst einfacher 3. Komponente berechnet wurde, ist klar, daß wir diesen Basisvektor mit dem (komplexen) Skalar $-0.719867 + 0.17132i$ multiplizieren müssen, um den vorhin berechneten Eigenvektor zu erhalten.

```
In[25]:=   ComplexExpand[(-0.719867+0.17132 I)
Out[25]= {{-0.00878341 - 0.812899 I, -0.081016 - 0.586087 I,
           -0.719867 + 0.17132 I}}
```

Ein Vergleich zeigt, daß beide Vektoren tatsächlich gleich sind. Lernen kann man aus
solchen Beispielen, daß die verschiedenen Befehle gegen numerische Ungenauigkeiten
unterschiedlich empfindlich sind und es sich daher gegebenenfalls empfiehlt, das Ergebnis
auf mehreren Wegen zu suchen. Vielleicht wird in absehbarer Zeit auch ein Intervallarith-
metikprogramm für *Mathematica* zur Verfügung stehen, das dann solche Überlegungen
überflüssig macht.

4.3 Nichtlineare Gleichungssysteme

Aus gutem Grund werden nichtlineare Gleichungssysteme häufig durch lineare Systeme
approximiert, weil es meistens hoffnungslos ist, ein solches System lösen zu wollen. In
einzelnen Fällen kann es jedoch sein, daß Sie erfolgreich sind. Im folgenden Beispiel ist
eine der Gleichungen linear, so daß sich durch Einsetzen in die andere Gleichung eine
quadratische Gleichung ergibt.

```
In[1]:=   Solve[x^2 + 3y^2 == 1 && y + 2 x == 1,{x,y}]
                24 - Sqrt[160]        2 + Sqrt[160]
Out[1]= {{x -> --------------, y -> -------------},
                     52                   26

                24 + Sqrt[160]        2 - Sqrt[160]
         {x -> --------------, y -> -------------}}
                     52                   26
```

Auch bei der Berechnung der Schnittpunkte der Neilschen Parabel $y^3 = x^2$ mit dem
Einheitskreis ist *Mathematica* erfolgreich. Die Ausgabe würde sich allerdings über mehrere
Seiten erstrecken, weswegen wir sie hier unterdrücken.

```
In[2]:=   Schnitt = Solve[y^3 == x^2 && x^2 + y^2 == 1,{x,y}];
```

Stattdessen lassen wir die Kurven zeichnen; hierfür benötigen wir das Graphikpaket `Im-
plicitPlot`. Mehr Informationen hierüber finden Sie im Kapitel 5.

```
In[3]:=   <<Graphics`ImplicitPlot`
In[4]:=   ImplicitPlot[{y^3 == x^2, y^2 + x^2 == 1}, {x, -1.5, 1.5}]
```

Das Bild zeigt zwei reelle Schnittpunkte. Um die Werte dieser Schnittpunkte zu erfahren,
lassen wir uns zunächst ausgeben, von welchem Typ die Koordinaten der gefundenen
Schnittpunkte sind. Der Typ einer Zahl wird durch den Befehl `Head` ausgegeben (s. Kapitel
1 Paragraph 1.4), daher benötigen wir eine Liste aller dieser Werte.

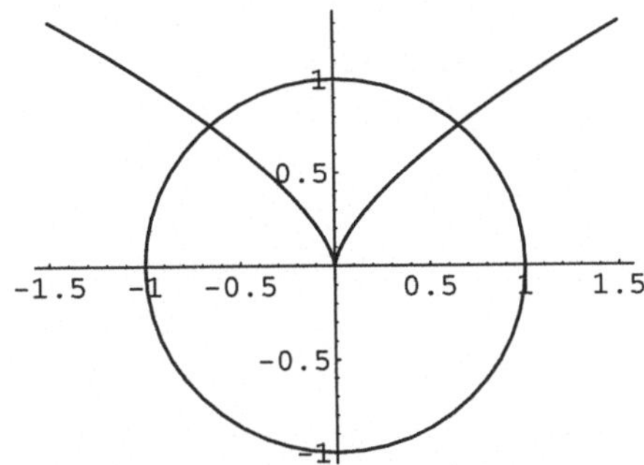

Bild 4.3 Schnittpunkte der Neilschen Parabel $y^3 = x^2$ mit dem Einheitskreis

```
In[5]:=  reell=Table[{Head[N[x /. Schnitt[[i]]]],
                      Head[N[y /. Schnitt[[i]]]]}, {i,6}]
Out[5]= {{Real, Real}, {Real, Real},
         {Complex, Complex}, {Complex, Complex},
         {Complex, Complex}, {Complex, Complex}}
```

Die reellen Schnittpunkte sind also die ersten beiden der Liste. Diese können Sie sich nun exakt oder als numerische Näherungswerte ausgeben lassen. Aus Platzgründen wählen wir die letztere Möglichkeit.

```
In[6]:=  reelleSchnittpunkte = N[{Schnitt[[1]], Schnitt[[2]]}]
Out[6]= {{x -> 0.655866, y -> 0.754878},
         {x -> -0.655866, y -> 0.754878}}
```

Diese Vorgehensweise, mit `Head` die richtigen Werte auszusortieren, hat den Vorteil, daß Ihr Bildschirm nicht von unnützer Information überquillt. Außerdem können Sie dieses Verfahren auch verwenden, wenn Sie in automatisierten Abläufen (Programmen) nur mit bestimmten Werten weiterrechnen wollen.

Nichtlineare Gleichungssysteme treten häufig im Zusammenhang mit der Bestimmung von Extremwerten (mit und ohne Nebenbedingungen) von Funktionen mehrerer Veränderlicher auf. An drei Beispielen wollen wir Ihnen zeigen, wo die Grenzen des Machbaren für *Mathematica* liegen.

- Es sollen alle stationären Punkte von $f(x,y) = x^2 + xy + y^2 + a^3/x$ (für $a > 0$ und $x > 0$) zu bestimmt werden. Darüberhinaus ist festzustellen, in welchen von ihnen ein Minimum/Maximum vorliegt.

```
In[7]:=  f = x^2+ x y + y^2 + a^3/x;
```

Stationäre Punkte sind Punkte, in denen alle Ableitungen verschwinden. Damit ergibt sich das gesuchte Gleichungssystem:

```
In[8]:=  kand = Simplify[Solve[D[f,x] == 0 && D[f,y] == 0]]
                                              1/3
                     4/3  2 1/3          (-1)    a
Out[8]= {{x -> (-1)      (-)     a, y -> ---------},
                          3                  1/3
                                            12


                  2 1/3               a
         {x -> (-)     a, y -> -(-----)},
                3                   1/3
                                  12
                                             5/3
                  2/3  2 1/3          (-1)    a
         {x -> (-1)     (-)     a, y -> ---------}}
                         3                  1/3
                                           12
```

Nicht alle der von *Mathematica* gefundenen Werte sind reell:

```
In[9]:=  reell = Table[{Head[N[x/a /. kand[[i]]]],
                        Head[N[y/a /. kand[[i]]]]},{i,3}]

Out[9]= {{Complex, Complex}, {Real, Real},
         {Complex, Complex}}
```

Es gibt also nur einen reellen stationären Punkt; um zu überprüfen, ob es sich um ein Minimum, Maximum oder einen Sattelpunkt handelt, berechnen wir die Hesse-Matrix in diesem Punkt.

```
In[10]:= fxx = D[f,{x,2}]; fxy = D[f,x,y];
         fyy = D[f,{y,2}];
In[11]:= hesse = {{fxx,fxy},{fxy,fyy}} /. kand[[2]]
Out[11]= {{5, 1}, {1, 2}}
```

Die Eigenwerte der Hesse-Matrix entscheiden über die Extremaleigenschaften des Punktes.

```
In[12]:=  Eigenvalues[N[hesse]]
Out[12]= {5.30278, 1.69722}
```

Da beide Eigenwerte positiv sind, handelt es sich um ein Minimum.

• Nun sollen alle stationären Punkte von $f(x,y,z) = x \sin y \cosh z$ gefunden werden.

```
In[13]:=  f = x Sin[y] Cosh[z];
```

Da im folgenden ein Fehler auftritt, lassen wir alle Ableitungen einzeln ausgeben.

```
In[14]:=   fx = D[f, x]
Out[14]= Cosh[z] Sin[y]
In[15]:=   fy = D[f, y]
Out[15]= x Cos[y] Cosh[z]
In[16]:=   fz = D[f, z]
Out[16]= x Sin[y] Sinh[z]
```

Lassen wir nun für jede Ableitung einzeln berechnen, wann sie Null wird, liefert
Mathematica die richtigen Ergebnisse.

```
In[17]:=   Solve[fx == 0]
Out[17]= {{Cosh[z] -> 0}, {Sin[y] -> 0}}
In[18]:=   Solve[fy == 0]
Out[18]= {{x -> 0}, {Cos[y] -> 0}, {Cosh[z] -> 0}}
In[19]:=   Solve[fz == 0]
Out[19]= {{x -> 0}, {Sin[y] -> 0}, {Sinh[z] -> 0}}
```

Sobald Sie jedoch das Gleichungssystem lösen lassen, bei dem alle drei Ableitungen
gleich Null gesetzt werden, so erhalten Sie zwar abermals die (von uns bis jetzt unter-
drückte) Meldung, daß eventuell nicht alle Lösungen gefunden werden, witzigerweise
werden jedoch zuviele „Lösungen" ausgegeben.

```
In[20]:= loesSolve = Simplify[Solve[fx==0 &&fy==0 &&
                                fz==0,{x,y,z}]]

Solve::ifun:
   Warning: Inverse functions are being used by Solve, so
      some solutions may not be found.
                           I
Out[20]= {{x -> 0, z -> - Pi}, {x -> 0, y -> 0}, {y -> 0},
                           2


                          I
        {y -> 0, z -> - Pi}, {z -> 0},
                          2


                     Pi       I
        {x -> 0, y -> --, z -> - Pi}, {x -> 0, y -> 0},
                     2        2


                           I
        {x -> 0, y -> 0, z -> - Pi}, {x -> 0, z -> 0},
                           2


                                              I
        {x -> 0, y -> 0, z -> 0}, {y -> 0, z -> - Pi},
                                              2


             Pi
        {y -> --, z -> 0}, {y -> 0, z -> 0}, {y -> 0, z -> 0}}
             2
```

Durch Einsetzen sehen Sie sofort, daß weder $x = 0$ noch $z = 0$ eine Lösung des
Gleichungssystems darstellen. Wenn Sie es ganz genau wissen wollen, können Sie
auch alle 14 Lösungen in die Gleichungen einsetzen lassen; Sie stellen dann fest, daß
noch weitere Werte keine Lösung sind.

```
In[21]:=  probeSolve = Table[{{fx,fy,fz} /. loesSolve[[i]]}, {i,14}]
Out[21]= {{{0, 0, 0}},{{0, 0, 0}}, {{0, x Cosh[z], 0}}, {{0, 0, 0}},

          {{Sin[y], x Cos[y], 0}}, {{0, 0, 0}}, {{0, 0, 0}},

          {{0, 0, 0}}, {{Sin[y], 0, 0}}, {{0, 0, 0}}, {{0, 0, 0}},

          {{1, 0, 0}}, {{0, x, 0}}, {{0, x, 0}}}
```

Auch Reduce macht dieselben Fehler, so daß wir auf diese Version verzichten.
Aus diesem Grund sollten Sie sich immer durch Einsetzen von der Richtigkeit der
vorgeschlagenen Lösungen überzeugen!

- Als letztes wollen wir ein Beispiel für die Bestimmung von Extrema mit Nebenbedingungen besprechen. Eine elektrische Leitung sei aus drei Teilstrecken mit den Längen
  l_1, l_2 und l_3 zusammengesetzt, wobei die Stromstärke in den einzelnen Teilstrecken
  I_1, I_2 und I_3, der zulässige Spannungsabfall insgesamt U betrage[5]. Die Querschnitte
  q_1, q_2 und q_3 der Teilleitungen sind so zu bestimmen, daß der geringste Materialverbrauch entsteht. Mit ρ sei der spezifische Widerstand des Leitermaterials bezeichnet.
  Unter Berücksichtigung der Tatsache, daß der Widerstand eines langen zylindrischen
  Leiters proportional zu seiner Länge und umgekehrt proportional zum Querschnitt ist,
  ergeben sich die Gleichungen

$$V(q_1, q_2, q_3) = l_1 q_1 + l_2 q_2 + l_3 q_3 = Extr!$$

$$NB: \quad g(q_1, q_2, q_3) = \rho(\frac{l_1 I_1}{q_1} + \frac{l_2 I_2}{q_2} + \frac{l_3 I_3}{q_3}) - U = 0$$

```
In[22]:=  V = (l1 q1 + l2 q2 + l3 q3);
In[23]:=  g = rho(l1 I1/q1 + l2 I2/q2 + l3 I3/q3) - U;
```

Wir bilden die Lagrangefunktion

```
In[24]:=  Lagrange = V + lambda g;
```

Den Gradienten müssen wir „zu Fuß" berechnen lassen, da es sich um eine Funktion
von vier Veränderlichen handelt.

---

[5] Falls sich bei einem Leiter der Durchmesser sprungartig verändert, gilt das Ohmsche Gesetz nur stückweise.

```
In[25]:=  gradient = {D[Lagrange,q1], D[Lagrange,q2],
D[Lagrange,q3],
                      D[Lagrange,lambda]}
              I1 lambda l1 rho        I2 lambda l2 rho
Out[25]= {l1 - ----------------, l2 - ----------------,
                       2                      2
                      q1                     q2


            I3 lambda l3 rho    I1 l1    I2 l2    I3 l3
    l3 - ----------------, (----- + ----- + -----) rho - U}
                   2          q1      q2      q3
                  q3
```

Der Versuch, die zugehörigen Gleichungen einfach mit Solve lösen zu lassen, schlägt fehl, da sich *Mathematica* offenbar beim Versuch, die Lösung zu finden, im Kreis bewegt. Wir lassen daher die ersten drei Gleichungen jeweils nach der Variablen q_i auflösen.

```
In[26]:=  Solve[gradient[[1]] == 0, q1]

Out[26]= {{q1 -> Sqrt[I1] Sqrt[lambda] Sqrt[rho]},
          {q1 -> -(Sqrt[I1] Sqrt[lambda] Sqrt[rho])}}

In[27]:=  Solve[gradient[[2]] == 0, q2]

Out[27]= {{q2 -> Sqrt[I2] Sqrt[lambda] Sqrt[rho]},
          {q2 -> -(Sqrt[I2] Sqrt[lambda] Sqrt[rho])}}

In[28]:=  Solve[gradient[[3]] == 0, q3]

Out[28]= {{q3 -> Sqrt[I3] Sqrt[lambda] Sqrt[rho]},
          {q3 -> -(Sqrt[I3] Sqrt[lambda] Sqrt[rho])}}
```

Da q_i jeweils eine Fläche sein soll, müssen wir in allen Fällen die positive Lösung wählen. Diese setzen wir in die vierte Gleichung ein:

```
In[29]:=  g /. Flatten[{Flatten[Out[26][[1]]],
               Flatten[Out[27][[1]]],Flatten[Out[28][[1]]]}]

              Sqrt[I1] l1             Sqrt[I2] l2
Out[29]= (--------------------- + --------------------- +
          Sqrt[lambda] Sqrt[rho]   Sqrt[lambda] Sqrt[rho]


          Sqrt[I3] l3
          ---------------------) rho - U          ,
          Sqrt[lambda] Sqrt[rho]

In[30]:= g1 = Simplify[%]
```

```
                 (Sqrt[I1] 11 + Sqrt[I2] 12 + Sqrt[I3] 13) Sqrt[rho]
Out[30]= --------------------------------------------------------- - U
                                Sqrt[lambda]


In[31]:= g11 = Expand[g1/U Sqrt[lambda]]


                              Sqrt[I1] 11 Sqrt[rho]
Out[31]= -Sqrt[lambda] + --------------------- +
                                   U


           Sqrt[I2] 12 Sqrt[rho]    Sqrt[I3] 13 Sqrt[rho]
           --------------------- + ---------------------
                    U                        U
```

Damit haben wir eine Gleichung für $\sqrt{\lambda}$ gefunden. Da bei Auflösung der anderen Gleichungen nach λ sich ergibt

```
In[32]:=  Table[Solve[gradient[[i]] == 0,lambda],{i,3}]
Out[32]=
                    2                        2                        2
                  q1                       q2                       q3
{{{lambda -> ------}}, {{lambda -> ------}}, {{lambda -> ------}}}
             I1 rho                  I2 rho                  I3 rho
```

d.h. $\sqrt{\lambda} = q_i/\sqrt{\rho I_i}$, wandeln wir diese Ersetzungsregeln in Gleichungen um.

```
In[33]:=  Lambda = Table[lambda /. Flatten[Out[33][[i]]],{i,3}]
                 2       2       2
               q1      q2      q3
Out[33]= {------, ------, ------}
           I1 rho  I2 rho  I3 rho
```

Da wir die Beziehungen für λ gleichsetzen wollen, müssen wir zunächst bilden[7]

```
In[34]:=  g12 = g11 + Sqrt[lambda]
Out[34]=
Sqrt[I1] 11 Sqrt[rho]    Sqrt[I2] 12 Sqrt[rho]
--------------------- + --------------------- +
         U                        U
```

---

[7]Dies entspricht dann der Gleichung

$$\sqrt{\lambda} = \frac{\sqrt{I_1}\,l_1\,\sqrt{\rho}}{U} + \frac{\sqrt{I_2}\,l_2\,\sqrt{\rho}}{U} + \frac{\sqrt{I_3}\,l_3\,\sqrt{\rho}}{U}$$

```
Sqrt[I3] 13 Sqrt[rho]
---------------------
          U
```

Die verschiedenen Ersetzungsmöglichkeiten für λ führen nun zu Werten für q_1, q_2, q_3. Da von den zwei von `Solve` gelieferten Lösungen jeweils nur die positive in Frage kommt, benutzen wir nur diese. Der sich ergebende komplizierte Ausdruck muß jeweils vereinfacht werden.

```
In[35]:=  Solve[Sqrt[Lambda[[1]]] == gl2, q1][[1]];

In[36]:=  Q1 = PowerExpand[Simplify[q1 /. Flatten[Out[36]]]]

          Sqrt[I1] (Sqrt[I1] 11 + Sqrt[I2] 12 + Sqrt[I3] 13) rho
Out[36]=  -------------------------------------------------------
                                  U

In[37]:=  Solve[Sqrt[Lambda[[2]]] == gl2, q2][[1]];

In[38]:=  Q2 = PowerExpand[Simplify[q2 /. Flatten[Out[38]]]]

          Sqrt[I2] (Sqrt[I1] 11 + Sqrt[I2] 12 + Sqrt[I3] 13) rho
Out[38]=  -------------------------------------------------------
                                  U

In[39]:=  Solve[Sqrt[Lambda[[3]]] == gl2, q3][[1]];

In[40]:=  Q3 = PowerExpand[Simplify[q3 /. Flatten[Out[40]]]]

          Sqrt[I3] (Sqrt[I1] 11 + Sqrt[I2] 12 + Sqrt[I3] 13) rho
Out[40]=  -------------------------------------------------------
                                  U
```

Damit ergibt sich der minimale Materialaufwand zu

```
In[41]:=  V = PowerExpand[Simplify[11 Q1 + 12 Q2 + 13 Q3]]
                                                     2
          (Sqrt[I1] 11 + Sqrt[I2] 12 + Sqrt[I3] 13)  rho
Out[41]=  ----------------------------------------------
                                U
```

Fazit: Auch das beste Computeralgebra-Programm kann den eigenen Kopf nicht ersetzen!

4.3.1 Übungen

1. Bei Querpressverbänden, die für die Verbindung von Wellen mit Naben benutzt werden, darf die zulässige Fugenpressung p nicht überschritten werden. Diese wird bestimmt durch die Beziehung $p = \frac{R(1-Q^2)}{\sqrt{3+Q^4}}$, wobei R die Streckgrenze des Werkstoffes

und Q das Außendurchmesserverhältnis D_F/D_A von Fugendurchmesser D_F und Außendurchmesser D_A der Nabe darstellt. Lösen Sie die Gleichung nach Q auf!

2. Bestimmen Sie, soweit möglich, die Umkehrfunktion von

$$f(x) = \frac{3x + 4}{7x + 2}$$

3. Bestimmen Sie
a) alle ganzzahligen
b) alle
Nullstellen des Polynoms

$$f(x) = x^4 + 9x^3 + 29x^2 + 39x + 18$$

4. Bestimmen Sie die Partialbruchzerlegung von

$$f(x) = \frac{6x^3 + 7x^2 + 10x + 11}{x^4 + 9x^3 + 29x^2 + 39x + 18}$$

5. Finden Sie im Intervall $[-\pi, \pi]$ alle Nullstellen von

$$f(x) = x \sin x - 1$$

auf 20 Stellen genau!

6. Für welche reellen Zahlen ist das Gleichungssystem

$$\begin{pmatrix} 1 & 1 & 0 & 1 \\ 0 & 0 & 1 & 1 \\ 2 & 1 & 3 & 4 \\ 3 & 2 & 4 & 6 \end{pmatrix} \cdot \begin{pmatrix} x_1 \\ x_2 \\ x_3 \\ x_4 \end{pmatrix} = \begin{pmatrix} 1 \\ 2 \\ 3 \\ p \end{pmatrix}$$

lösbar? Bestimmen Sie gegebenenfalls die Lösung bzw. den Lösungsraum!

7. Bestimmen Sie die Normalform von

$$2x^2 + 3y^2 + 4z^2 - 4xy - 4yz + 2x + 2y + 2z + 3 = 0$$

8. Gesucht sind die Extremwerte von $f(x, y) = 3x^2 - 2xy + y^2$ auf der Kreisscheibe $x^2 + y^2 \le 1$

9. In einem Punkt eines Körpers sind in einem x, y, z-System die Spannungen $\sigma_x = 200$ Nmm^{-2}, $\sigma_y = 1100$ Nmm^{-2}, $\sigma_z = 500$ Nmm^{-2}, $\tau_{xy} = 200$ Nmm^{-2}, $\tau_{yz} = 800$ Nmm^{-2}, $\tau_{zx} = -1000$ Nmm^{-2} bekannt. Gesucht sind für den hieraus gebildeten Spannungstensor S die Extremwerte der quadratischen Form

$$\sigma(\vec{n}) = \vec{n}^t S \vec{n}$$

auf der Sphäre $|\vec{n}| = 1$.

10. Für welche Werte von t schneiden sich die folgenden vier Ebenen des $\mathbb{R}^3$?

$$E_1 : y + z = 0 \qquad E_2 : 2x - y + z = 0$$

$$E_3 : x + y = 2t \qquad E_4 : 2(x - y) + t(z + 1) = 0$$

5 Graphik

5.1 Kurven und Flächen im $\mathbb{R}^2$

5.1.1 Ausgabe von Funktionsgraphen mit `Plot` und `Listplot`

Die graphischen Fähigkeiten von *Mathematica* sind derzeit die besten, die Sie bei einem Computeralgebra-Programm finden können. Die Möglichkeiten, mit *Mathematica* Bilder zu erzeugen, sind fast unbegrenzt und reichen bis zur Animation von Objekten. Wir erheben hier keinen Anspruch auf Vollständigkeit, sondern wollen Ihnen die wichtigsten Befehle und einige Optionen zur genaueren Steuerung der Ausgabe demonstrieren. Alle Beispiele sollen nur eine Anregung sein, selbst weiter auf Entdeckungsreise zu gehen.

Graphen reellwertiger Funktionen über einem Intervall

Mit dem Befehl `Plot[f[x],{x,untergrenze,obergrenze}]` wird jeder reellwertige Ausdruck in einer Veränderlichen $f(x)$ im angegebenen Intervall [*untergrenze,- obergrenze*] gezeichnet, wobei Sie durch zusätzliche Optionen die Ausgabe noch genauer steuern können. Die Funktion kann dabei eine *Mathematica* bekannte oder eine von Ihnen definierte Funktion sein. Falls der Ausdruck von Ihnen definiert wurde, ist die Schreibweise `Plot[f,{x,untergrenze,obergrenze}]` zu wählen, falls Sie bei der Definition die Variable auf der linken Seite der Gleichung nicht angegeben haben. Je nach Ausstattung Ihres Rechners dauert es nach einem solchen Befehl unterschiedlich lange, bis die Ausgabe erfolgt. Falls nur der Befehl wiederholt wird, haben Sie sich verschrieben und sollten Ihre Eingabe noch einmal ganz genau überprüfen. Fehlermeldungen können zum Beispiel ein Hinweis darauf sein, daß das angegebene Intervall nicht im Definitionsbereich der zu zeichnenden Funktion liegt.

```
In[1]:= Plot[1/x,{x,0,1}];
Power::infy:
   Infinite expression
    1
    -- encountered.
    0.
Plot::plnr:
    TooBig is not a machine-size real number at x = 0..
```

Wenn es Ihnen gelungen ist, eine Zeichnung erstellen zu lassen, können Sie diese verschieben, vergrößern oder verkleinern, indem Sie mit der Maus einen beliebigen Punkt im Bereich der Zeichnung anklicken. Daraufhin erscheint ein Rahmen, der in den Ecken sowie in den Seitenmittelpunkten markiert ist. Klicken Sie nun einen Punkt im Inneren des Rahmens an, lassen die Taste gedrückt und verschieben die Maus, so wird das Bild an die von Ihnen gewünschte Position verschoben. Klicken Sie stattdessen eine der Markierungen an, lassen die Taste gedrückt und verschieben die Maus in das Innere der Zeichnung, so wird diese entsprechend verkleinert. Schieben Sie die Maus nach außen, so wird das Bild vergrößert.

Die folgenden Bilder zeigen, daß gelegentlich auch fehlerhafte Zeichnungen auftreten können, wenn der Argumentbereich zu groß gewählt ist. Auch beim Vergrößern der Graphik wird der Fehler nicht korrigiert. Im Intervall $[0, 2\pi]$ wird die Funktion $\sin(x^2)$ richtig gezeichnet, in einem etwas größeren Intervall tritt ein Fehler auf. Wie ist dies zu erklären?

```
In[2]:= Plot[Sin[x^2],{x,0,2Pi}]
In[3]:= Plot[Sin[x^2],{x,0,2.5Pi}]
```

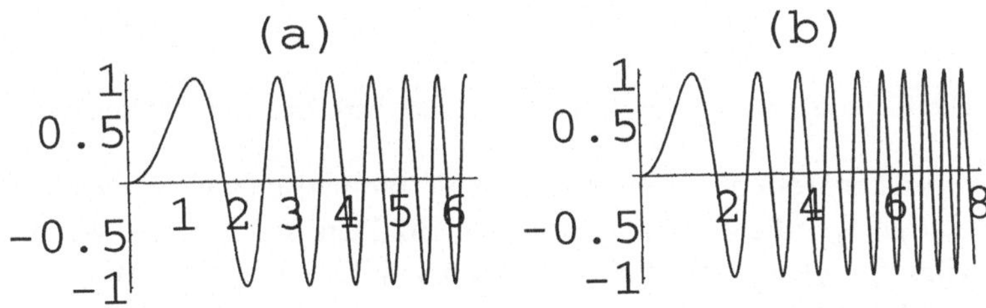

Bild 5.1 Die Funktion $\sin(x^2)$ in verschiedenen Intervallen

Wenn Sie übrigens wollen, daß die von Ihnen erzeugten Graphiken wie in diesem Buch eine Bildüberschrift tragen und nebeneinander angeordnet sind, müssen Sie so vorgehen:[1]

```
In[4]:= a = Plot[Sin[x^2],{x,0,2Pi}, PlotLabel -> "(a)"]
In[5]:= b = Plot[Sin[x^2],{x,0,2.5Pi}, PlotLabel -> "(b)"]
In[6]:= Show[GraphicsArray[{a,b}]]
```

Eine Reihe von möglichen Optionen der Befehle für die graphische Ausgabe steht normalerweise auf Standardwerten, kann jedoch von Ihnen auf andere Werte gesetzt werden. Eine Liste dieser Optionen können Sie sich durch `??Plot` ausgeben lassen. Eine wichtige Option aus dieser Reihe regelt, in wievielen (äquidistanten) Punkten des Intervalls die Funktion ausgewertet wird, um das Bild zu erzeugen. Diese Option heißt `PlotPoints` und hat standardmäßig den Wert 25. Den in 5.1 (b) aufgetretenen Fehler können Sie vermeiden, indem Sie die Anzahl der benutzten Punkte erhöhen. Dies wirkt sich natürlich

---

[1] Im folgenden haben wir in den meisten Fällen die Information `Out[*]:= -Graphics -` weggelassen, da wir sie für unnötig für das Verständnis halten.

auch auf die benötigte Zeit aus. Um die Rechnung zu beschleunigen, wird die Funktion von *Mathematica* normalerweise compiliert, so daß die Rechenzeit nicht zu schnell ansteigt.

```
In[7]:= Timing[Plot[Sin[x^2],{x,0,2.5Pi},PlotPoints -> 100]]
Out[7]= {1.92 Second, -Graphics-}
```

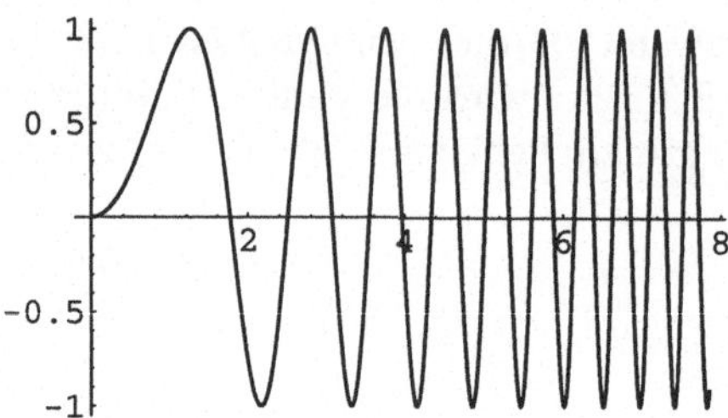

Bild 5.2 Die Funktion $\sin(x^2)$ im Intervall $[0, 2.5\pi]$, berechnet mit 100 Stützpunkten

Normalerweise wird der Wertebereich der Zeichnung automatisch von *Mathematica* ausgewählt, was jedoch gelegentlich zu unerwünschten Effekten führen kann, wenn z. B. die Nachbarschaft einer Singularität gezeichnet werden soll. Dies wollen wir für die Funktion $1/x^2$ im Intervall $[0, 1]$ zeigen.

```
In[8]:= Plot[1/x^2,{x,0,1}]
                             1
Power::infy: Infinite expression -- encountered.
                             0.
Plot::plnr: CompiledFunction[{x}, <<1>>, - CompiledCode-][x]
      is not a machine-size real number at x = 0.
```

Wenn wir nun den Pol in $x = 0$ aus dem Intervall herausnehmen, indem wir dieses etwas verkleinern, wird der automatisch berechnete Wertebereich so groß, daß in Bild 5.3 (a) keine Einzelheiten der Funktion mehr zu erkennen sind.

```
In[9]:= Plot[1/x^2,{x,0.001,1}]
```

Um Abhilfe zu schaffen, müssen Sie den Wertebereich mit `PlotRange` selbst bestimmen. Dies sollte sinnvollerweise so geschehen, daß Ihr Bild aussagekräftiger wird (vgl. 5.3 (b)).

```
In[10]:= Plot[1/x^2,{x,0.001,1}, PlotRange -> {0,20}]
```

Die Art, wie die Kurve gezeichnet wird, können Sie mit der Option `PlotStyle` beeinflussen. Neben der normalen Ausgabe ist jede Art von gestrichelter, gepunkteter und gestrichpunkteter Linie möglich. Der Stil `Dashing` muß dabei eine Liste enthalten, die die Länge der Striche und Zwischenräume angibt. Diese Liste wird dann für die Ausgabe herangezogen, und hinreichend oft wiederholt (vgl. Bild 5.4(a)).

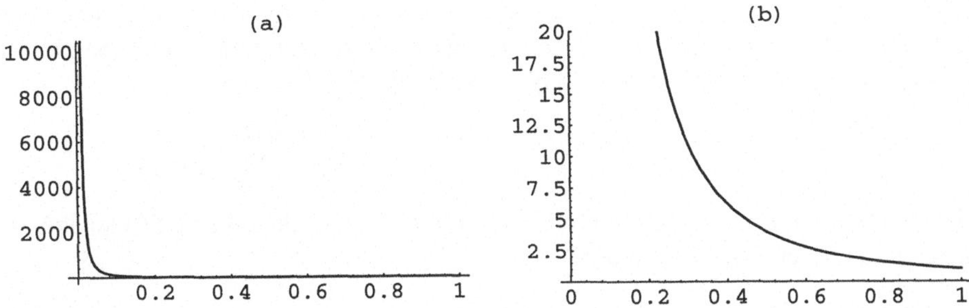

Bild 5.3 Die Funktion $1/x^2$ im Intervall $[0,1]$, berechnet mit (a) automatisch erzeugtem Wertebereich, (b) definiertem Wertebereich

```
In[11]:= Plot[Sin[x], {x,0,5},PlotStyle -> Dashing[{0.01,0.01}]]
```

Wenn Sie weitere Angaben zum Stil machen möchten, sind alle in eine geschachtelte Liste zu schreiben. Sie können z. B. die Strichbreite durch `Thickness` beeinflussen, wobei als Parameter eine Zahl zwischen 0 und 1 anzugeben ist, diese gibt das Verhältnis der Strichbreite zur Gesamtbreite der Graphik an (vgl. Bild 5.4(b)).

```
In[12]:= Plot[Sin[x], {x,0,5},PlotStyle -> {{Dashing[{0.01,0.01}],
                                             Thickness[0.01]}}]
```

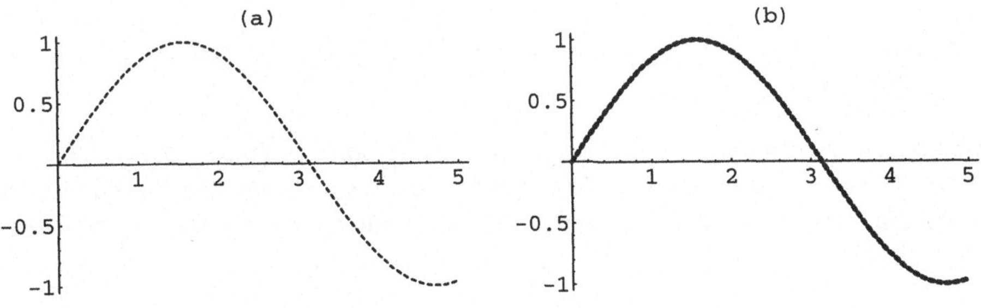

Bild 5.4 Die Funktion $\sin x$ im Intervall $[0,5]$, (a) gestrichelt in normaler Strichbreite, (b) gestrichelt mit Strichbreite 1% der Graphik

Auch eine farbliche Nuancierung der Ausgabe ist möglich. Wenn Sie einen Farbdrucker besitzen, werden Sie mit RGBColor oder Hue arbeiten. Da derzeit noch Schwarz-Weiß-Drucker überwiegen, wollen wir Ihnen die Möglichkeiten für diesen Fall demonstrieren. Sie können die Kurve selbst in einer frei gewählten Grauschattierung ausgeben lassen. Die Skala reicht dabei von 0 für Schwarz bis 1 für Weiß (vgl. Bild 5.5(a)).

```
In[13]:= Plot[Sin[x], {x,0,5},PlotStyle -> {{Thickness[0.01],
                                    GrayLevel[0.7]}}]
```

Auch den Hintergrund können Sie farbig gestalten. Dies ist dann keine Stilangabe, sondern eine eigene Option (vgl. Bild 5.5(b)).

```
In[14]:= Plot[Sin[x], {x,0,5},PlotStyle ->
{{Thickness[0.01]}}, Background -> GrayLevel[0.8]  ]
```

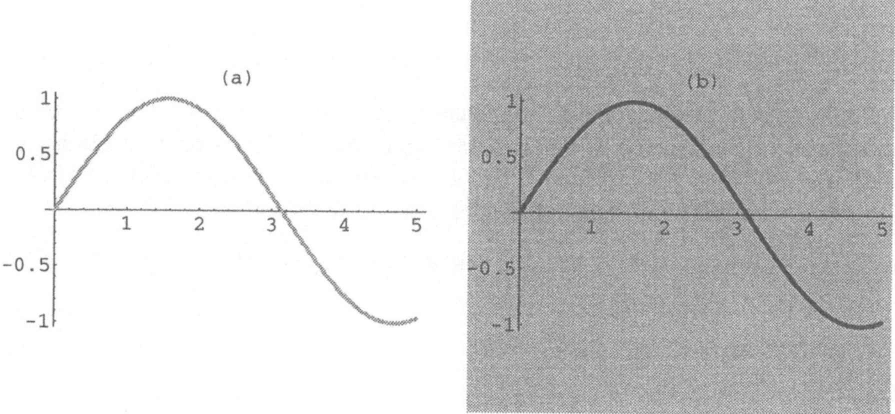

Bild 5.5 Die Funktion $\sin x$ im Intervall $[0, 5]$, (a) grau gefärbter Strich, (b) mit grauem Hintergrund

Sie können auch mehrere Funktionen in einer Graphik zeichnen lassen; diese sind dann in einer Liste aufzuführen. Der Argumentbereich ist dann für alle Funktionen derselbe. Bild 5.6(a) zeigt die Funktionen $\sin x$ und $\frac{2}{3}\sqrt{x}$ im Intervall $[0, \pi]$, in dem beide Funktionen definiert sind.

```
In[15]:= Plot[{Sin[x],2Sqrt[x]/3},{x,0,Pi},PlotLabel -> "(a)"]
```

Unternehmen Sie nun den Versuch, dieselben Funktionen im Intervall $[-1, \pi]$ zeichnen zu lassen, so erhalten Sie eine Reihe von Fehlermeldungen, die ihre Ursache darin haben, daß $\sqrt{x}$ für negative Werte von x nicht reellwertig ist und Plot nur reelle Funktionen zeichnen kann. Die entstehende Abbildung 5.6(b) sieht dann jedoch aus, wie Sie sich das vorgestellt haben.

```
In[16]:= Plot[{Sin[x],2Sqrt[x]/3},{x,-1,Pi},PlotLabel -> "(b)"];
Plot::plnr: CompiledFunction[{x}, <<1>>, - CompiledCode-][x]
    is not a machine-size real number at x = -1..
Plot::plnr: CompiledFunction[{x}, <<1>>, - CompiledCode-][x]
    is not a machine-size real number at x = -0.827434.
Plot::plnr: CompiledFunction[{x}, <<1>>, - CompiledCode-][x]
    is not a machine-size real number at x = -0.654867.
General::stop:
    Further output of Plot::plnr
        will be suppressed during this calculation.
```

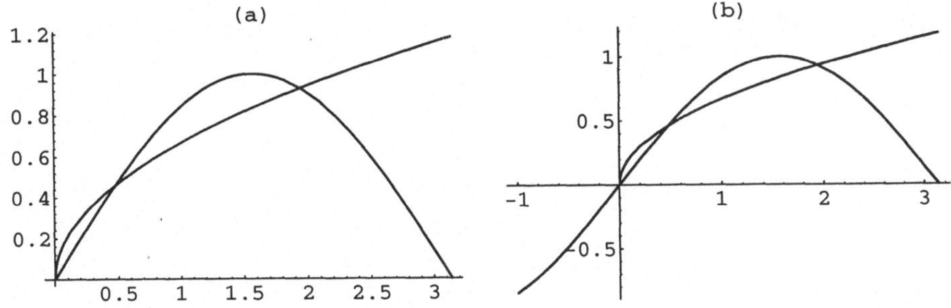

Bild 5.6 Die Funktionen $\sin x$ und $\frac{2}{3}\sqrt{x}$ (a) im Intervall $[0, \pi]$, (b) im Intervall $[-1, \pi]$

Die Anweisung `Plot` erwartet konkrete Funktionen und konkrete Argumentbereiche. Es ist daher nicht möglich, ein qualitatives Bild einer Funktion, die einen Parameter enthält, anfertigen zu lassen.

```
In[17]:= Plot[a x,{x,a,2a}];
Plot::plln:
    Limiting value a in {x, a, 2 a} is not a machine-size real number.
```

Dagegen ist es ohne weiteres möglich, eine stückweise definierte benutzereigene Funktion zeichnen zu lassen. Wir definieren die Funktion

$$f(x) = \begin{cases} 2x^2 & \text{für } x > 0 \\ 0 & \text{für } x = 0 \\ 3\sin x & \text{für } x < 0 \end{cases}$$

```
In[18]:= f[x_]:=2x^2 /; Positive[x]
In[19]:= f[x_]:=3Sin[x] /; Negative[x]
In[20]:= f[0]:= 0;
```

und lassen sie im Intervall $[-\pi, 1]$ ausgeben (vgl. Bild 5.7). Wenn Sie nun allerdings den Fehler machen, anstelle von `f[x]` nur `f` zu schreiben, erhalten Sie eine Reihe von Fehlermeldungen und ein leeres Bild.

```
In[21]:= Plot[f,{x,-Pi,1}];
Plot::plnr: CompiledFunction[{x}, <<1>>, - CompiledCode-][x]
     is not a machine-size real number at x = -3.14159.
Plot::plnr: CompiledFunction[{x}, <<1>>, - CompiledCode-][x]
     is not a machine-size real number at x = -2.92736.
Plot::plnr: CompiledFunction[{x}, <<1>>, - CompiledCode-][x]
     is not a machine-size real number at x = -2.71313.
General::stop:
   Further output of Plot::plnr
       will be suppressed during this calculation
```

Dies liegt daran, daß f als Funktion einer Variablen definiert worden ist. Wenn Sie dies im Aufruf bedenken, wird das Bild problemlos ausgegeben. Dasselbe würde übrigens auch bei *Mathematica* bekannten Funktionen wie sin geschehen.

```
In[22]:= Plot[f[x],{x,-Pi,1}]
```

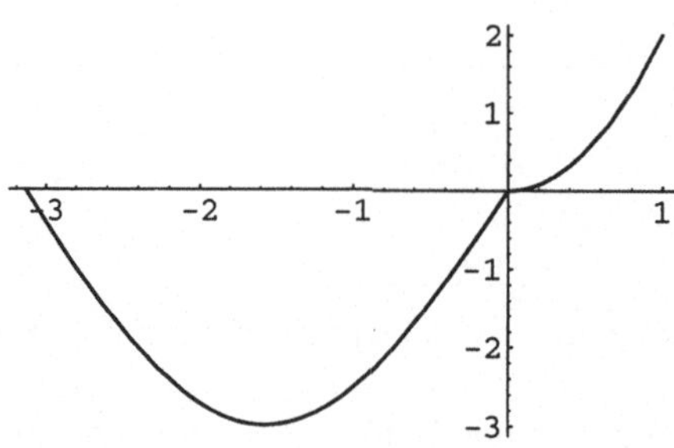

Bild 5.7 Die benutzerdefinierte Funktion f

Graphen von diskreten Funktionen

Vielleicht stehen Sie gelegentlich vor dem Problem, eine Liste von Meßwerten graphisch darstellen zu wollen. Dies ist mit Hilfe des Befehls ListPlot möglich. Die Liste von Meßwerten kann dabei in unterschiedlicher Art eingegeben werden. Die erste Möglichkeit besteht darin, daß nur die gemessenen Funktionswerte eingegeben werden.

```
In[1]:= liste = {1,3,4,7,8,5,-2};
```

Für die Zeichnung nimmt *Mathematica* dann an, daß es sich um die Funktionswerte $f(1), f(2), f(3), \ldots, f(n)$ handelt (in unserem Beispiel also um die Werte $f(1), \ldots, f(7)$), und richtet die Graphik entsprechend ein (vgl. Bild 5.8(a)).

```
In[2]:= ListPlot[liste,PlotLabel -> "(a)"]
```

Dabei kann es wie in unserem Fall geschehen, daß einzelne Punkte praktisch nicht zu sehen sind, weil sie von der Beschriftung der Achsen verdeckt werden. Abhilfe können Sie hier schaffen, indem Sie wie in Bild 5.8(b) die Punktgröße verändern. Sie hat in zweidimensionalen Graphiken den Standardwert 0.008, wobei diese Zahl den Bruchteil der gesamten Graphikbreite angibt, den ein einzelner Punkt einnehmen soll. (Eine Punktgröße von 1 würde also dazu führen, daß ein Punkt so groß wie die ganze Zeichnung ist.)

```
In[3]:=
ListPlot[liste, PlotStyle ->PointSize[0.016],PlotLabel -> "(b)"]
```

Eine andere Möglichkeit, die Punkte besser sichtbar zu machen, besteht darin, sie durch einen Polygonzug verbinden zu lassen. Dies geschieht durch die Option `PlotJoined`, die standardmäßig auf `False` steht. Das Ergebnis sehen Sie in Bild 5.8(c).

```
In[4]:= ListPlot[liste, PlotJoined -> True, PlotLabel -> "(c)"]
```

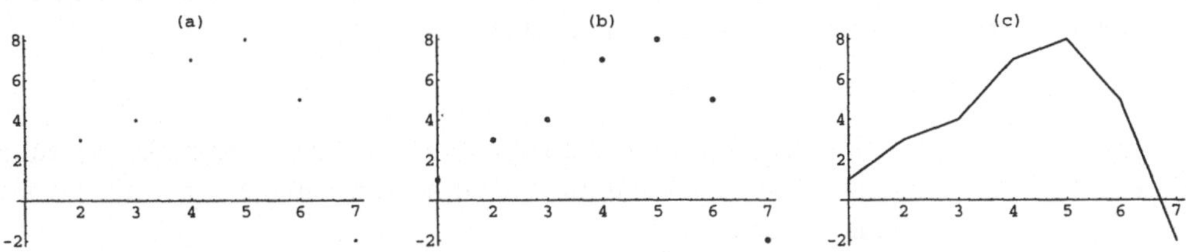

Bild 5.8 Ausdruck einer Liste von Werten

In vielen Fällen werden die zu betrachtenden Meßwerte Punkte der Ebene sein, also von der Form $(x, f(x))$. Deswegen kann die Werteliste für `ListPlot` auch eine geschachtelte Liste sein.

```
In[5]:= Liste2D = {{0,3},{1,5},{0.5,2},{3,6},{1,7}};
```

Wir lassen die Liste mit entsprechender Punktgröße graphisch darstellen und sehen in Bild 5.9(a), daß insbesondere auch zu einem x-Wert mehrere y- Werte auftreten dürfen.

```
In[6]:= ListPlot[Liste2D,PlotStyle -> PointSize[0.02],
    PlotLabel->"(a)"];
```

Wenn Sie die Meßpunkte verbinden lassen wollen, müssen Sie allerdings beachten, daß es jetzt bei der Option `PlotJoined` sehr wohl auf die Reihenfolge der Listenelemente ankommt, wie Sie in Bild 5.9(b) sehen.

```
In[7]:= ListPlot[Liste2D,PlotStyle -> {PointSize[0.02]},
            PlotJoined -> True,PlotLabel->"(b)"];
```

Wenn Sie die Punkte gemäß der Reihenfolge ihrer x-Koordinaten verbinden lassen wollen, müssen Sie die Liste zuerst mit Sort sortieren lassen. Wie ist nun vorzugehen, wenn Sie

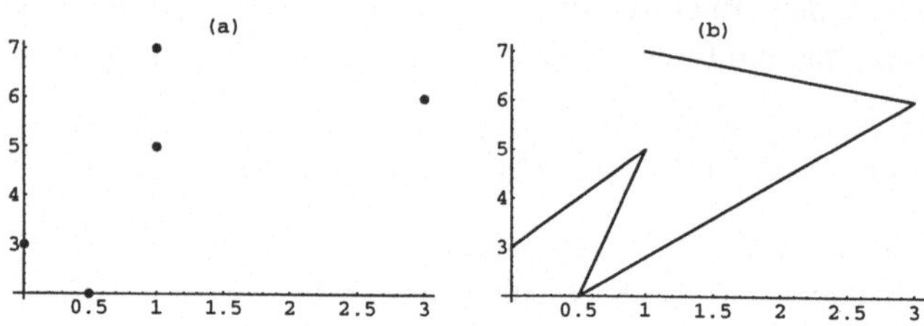

Bild 5.9 Ausdruck einer zweidimensionalen Liste von Werten

aus irgendwelchen Gründen eine Funktion zeichnen lassen wollen, die nur auf den ganzen Zahlen definiert ist? Als Beispiel wählen wir $g(n) = (|n|)!$

```
In[8]:= g[n_Integer]:=(Abs[n])!
```

Wenn Sie versuchen, eine solche Funktion mit Hilfe von Plot zeichnen zu lassen, führt dies zu Fehlermeldungen selbst dann, wenn Sie darauf achten, daß die von *Mathematica* benutzten Stützpunkte alle ganze Zahlen sind.

```
In[9]:= Plot[g[n],{n,0,24}]
Plot::plnr:
   TooBig is not a machine-size real number at n = 0..
Plot::plnr:
   TooBig is not a machine-size real number at n = 1..
Plot::plnr:
   TooBig is not a machine-size real number at n = 2..
General::stop:
   Further output of Plot::plnr
      will be suppressed during this calculation.
```

Wenn Sie wirklich nur die Werte der Funktion auf den ganzen Zahlen benutzen wollen (anstatt sie auf die reellen Zahlen fortzusetzen), müssen Sie sich eine Liste der benötigten Punkte erstellen.

```
In[10]:= liste2 = Table[{n,g[n]},{n,-3,4}];
```

Diese Liste können Sie dann zeichnen lassen und erhalten Bild 5.10(a).

```
In[11]:= ListPlot[liste2, PlotStyle -> {PointSize[0.02]},
   PlotLabel->"(a)"];
```

Beim genaueren Betrachten fällt Ihnen gewiß auf, daß die x-Achse nicht durch den Nullpunkt verläuft. Die Frage, in welchem Punkt der Ebene sich die Achsen schneiden sollen, wird durch die Option `AxesOrigin` entschieden. Diese hat den Standardwert `Automatic`, was bedeutet, daß *Mathematica* aufgrund eines internen Algorithmus selbst über die Lage entscheidet. Um zu erzwingen, daß sich die Achsen im Nullpunkt schneiden, muß dieser explizit angegeben werden (vgl. Bild 5.10(b)).

```
In[12]:= ListPlot[liste2, PlotStyle -> {PointSize[0.02]},
                  AxesOrigin -> {0, 0}, PlotLabel->"(b)"];
```

Natürlich können Sie auch hier wieder die Punkte durch einen Polygonzug verbinden lassen und erhalten dann Bild 5.10(c).

```
In[13]:= ListPlot[liste2,PlotJoined -> True,
                  AxesOrigin -> {0, 0}, PlotLabel ->"(c)"]
```

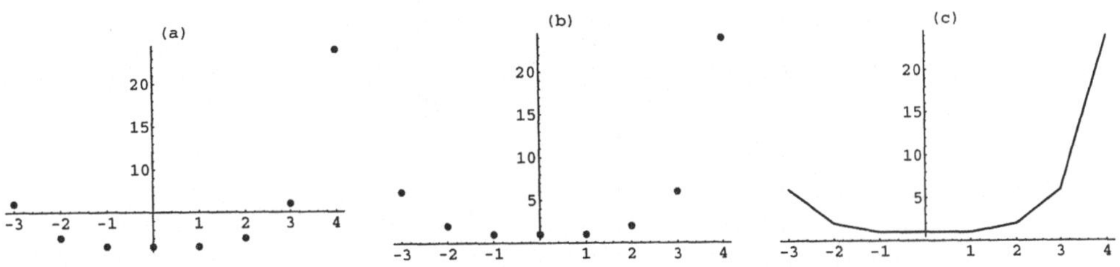

Bild 5.10 Ausdruck einer benutzerdefinierten diskreten Funktion

Wenn Sie anstelle einer geradlinigen Verbindung von Meßpunkten eine Interpolationskurve benutzen wollen, lesen Sie bitte den Abschnitt 2.1.5 im Kapitel 2.

5.1.2 Logarithmische Skalierungen und Polarkoordinaten

Häufig ist es bei Graphiken sinnvoll, keine äquidistanten Koordinatennetze zu verwenden. Von besonderer Bedeutung sind dann logarithmische Skalierungen. Diese Art der Ausgabe wird von dem Paket `Graphics` unterstützt, das Sie daher zuerst laden müssen, bevor Sie Zeichnungen mit logarithmischem Maßstab erstellen lassen können.

```
In[1]:= <<Graphics`Graphics`
```

Den üblichen Namen der Plot-Funktionen sind hier die Silben Log und/oder Linear vorangestellt, die angeben, welche der Achsen linear, welche logarithmisch skaliert ist. Bild 5.11 zeigt die Funktion $\ln x$ mit logarithmischem Maßstab in x- und linearem Maßstab in y-Richtung. Wollen Sie stattdessen eine lineare Skala in x- und eine logarithmische in

y-Richtung, so lautet der Befehl `LogPlot` oder `LinearLogPlot`. Um den logarithmischen Maßstab besser sichtbar zu machen, ist es hilfreich, das Koordinatennetz einzeichnen zu lassen. Dies geschieht durch die Option `GridLines`. Diese ist auf den Wert `None` voreingestellt und kann von Ihnen entweder auf den Wert `Automatic` gesetzt werden (dann berechnet *Mathematica* die Positionen, an denen die Koordinatenlinien gezeichnet werden), oder Sie können explizit eine Liste der Werte angeben, durch die Koordinatenlinien gezogen werden sollen.

```
In[2]:= LogLinearPlot[Log[x],{x,1/E,E^3}, GridLines -> Automatic]
```

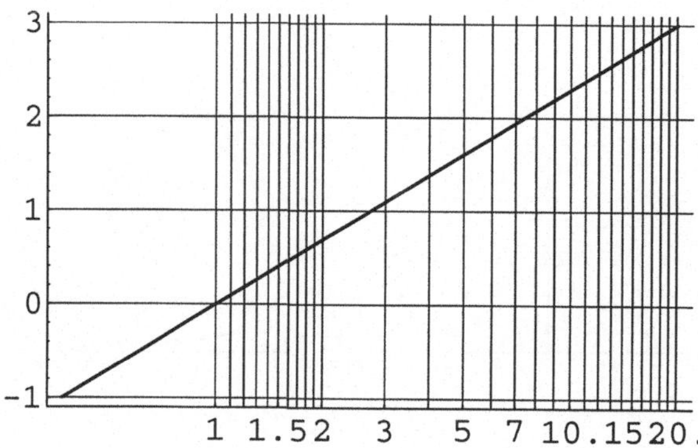

Bild 5.11 Ausgabe von $\ln x$ mit logarithmischem Maßstab in x- und linearem Maßstab in y-Richtung

Auch beim Zeichnen von Listen von Meßwerten können Sie einen logarithmischen Maßstab verwenden.

```
In[3]:= Table[{n,n!},{n,1000,1500}];
```

Wir wählen für Bild 5.12 eine lineare Skalierung der x- und eine logarithmische der y- Achse. Wenn Sie stattdessen die umgekehrte Form möchten, lautet der Befehl `LogLinear-ListPlot`, für eine doppeltlogarithmische Graphik entsprechend `LogLogListPlot`. Auch hier können Sie Sich das Koordinatennetz mit ausgeben lassen.

```
In[4]:= LogListPlot[Out[3],GridLines -> Automatic]
```

Mit einer doppeltlogarithmischen Zeichnung (Bild 5.13) von x^3 wollen wir diese Ausführungen beenden.

```
In[5]:= LogLogPlot[x^3,{x,0.001,100},GridLines -> Automatic]
```

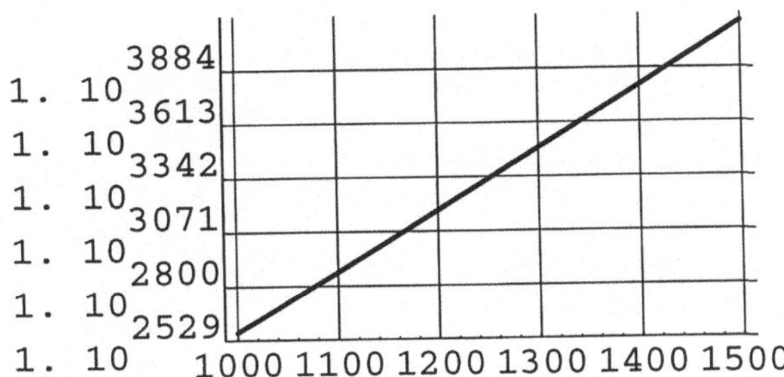

Bild 5.12 Ausgabe von $n!$ mit linearem Maßstab in x- und logarithmischem Maßstab in y-Richtung

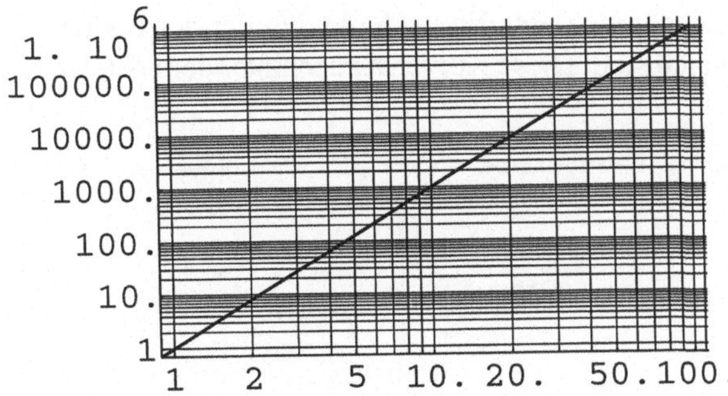

Bild 5.13 Doppeltlogarithmische Ausgabe von x^3

Sie müssen bei solchen Skalierungen allerdings darauf achten, daß der jeweilige Bereich, in dem Sie einen logarithmischen Maßstab wählen, nur positive Werte enthält, da die reellwertige Logarithmusfunktion nur für positive Zahlen definiert ist.

```
In[6]:= LogLogPlot[x^3,{x,-10,10},GridLines -> Automatic]
ParametricPlot::pptr:
   {CompiledFunction[{x}, <<1>>, -Co<<8>>de-][x], <<1>>}
     does not evaluate to a pair of real numbers at x = -10..
ParametricPlot::pptr:
   {CompiledFunction[{x}, <<1>>, -Co<<8>>de-][x], <<1>>}
     does not evaluate to a pair of real numbers at x = -9.16667.
ParametricPlot::pptr:
   {CompiledFunction[{x}, <<1>>, -Co<<8>>de-][x], <<1>>}
     does not evaluate to a pair of real numbers at x = -8.33333.
General::stop:
   Further output of ParametricPlot::pptr
     will be suppressed during this calculation.
```

Manchmal sind Ihnen Funktionen oder Meßwerte vielleicht auch in Polardarstellung $r = f(\phi)$ gegeben. Dann können Sie sie mit Hilfe des Befehls `PolarPlot` zeichnen lassen. Bild 5.14(a) zeigt eine archimedische Spirale. Wenn Sie hier übrigens versuchen, sich ein Koordinatennetz einzeichnen zu lassen, werden Sie vielleicht enttäuscht sein, da `GridLines` sich nach wie vor auf kartesische Koordinaten bezieht.

```
In[7]:= PolarPlot[3 phi, {phi,0,6Pi}, PlotLabel -> "(a)"]
```

Für eine Liste von Meßwerten lautet der Befehl `PolarListplot`. In Bild 5.14(b) sehen Sie eine solche Zeichnung.

```
In[8]:= kard = Table[1+Cos[t], {t,0,2Pi,Pi/10}];
In[9]:=
PolarListPlot[kard, PlotStyle ->{PointSize[0.02]}, PlotLabel ->"(b)"]
```

Wenn Sie die Punkte miteinander verbinden lassen (Bild 5.14(c), sehen Sie, daß es sich um eine spezielle Rollkurve handelt, nämlich eine Epizykloide, bei der der Radius des festen und des beweglichen Kreises gleich sind. Diese Kurve ist auch unter dem Namen Kardioide oder Herzkurve bekannt.

```
In[10]:= PolarListPlot[kard, PlotJoined -> True, PlotLabel ->"(c)"]
```


5.1.3 Ausgabe parametrisierter ebener Kurven

Viele ebene Kurven sind auf natürliche Weise in parametrisierter Form $x = x(t), y = y(t)$ gegeben. Solche Kurven werden vermöge `ParametricPlot` gezeichnet. In Bild 5.15(a) sehen Sie eine Epizykloide, die allerdings merkwürdig verzerrt wirkt.

```
In[1]:= ParametricPlot[{8Cos[t]-Cos[8t],8Sin[t]- Sin[8t]},
                  {t,0,2Pi}, PlotLabel -> "(a)"]
```

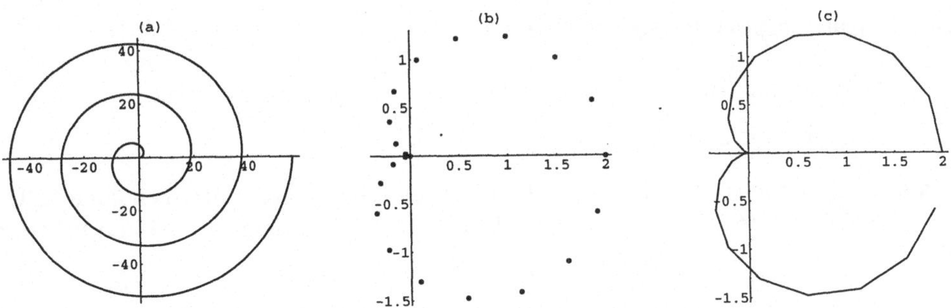

Bild 5.14 Ausgabe von in Polardarstellung gegebenen Funktionen

Dies liegt daran, daß üblicherweise für das Verhältnis von Breite zu Höhe einer Graphik der Goldene Schnitt benutzt und die Skalierung der Achsen dann diesem Verhältnis angepaßt wird. Um diese Voreinstellung zu ändern, müssen Sie die Option `AspectRatio` verwenden. Da im vorliegenden Fall die Symmetrie der Kurve erkennbar sein soll, ist die Einstellung `AspectRatio -> Automatic` zu wählen. Sie bewirkt, daß das Verhältnis von Breite zu Höhe des Bildes von den tatsächlich vorkommenden Koordinatenwerten abhängt, hier speziell also ein quadratisches Bild entsteht.

```
In[2]:= ParametricPlot[{8Cos[t]-Cos[8t],8Sin[t]-Sin[8t]},{t,0,2Pi},
            AspectRatio -> Automatic, PlotLabel -> "(b)"]
```

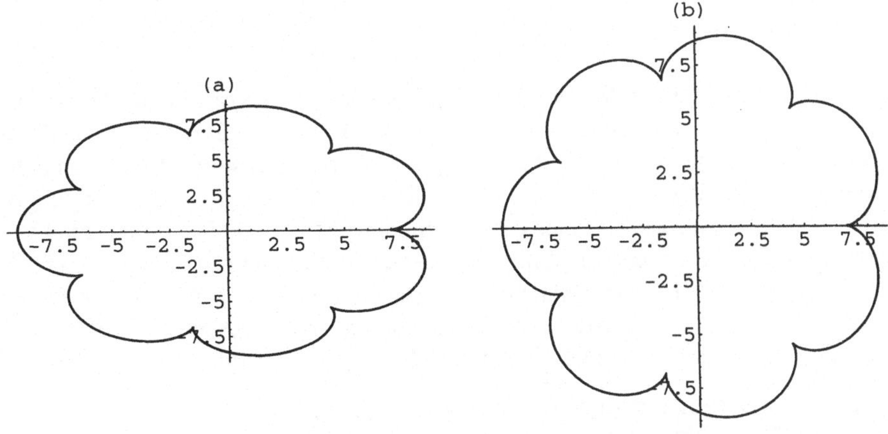

Bild 5.15 Ausgabe der Epizykloide (a) mit Standardbildgröße, (b) mit quadratischem Bildrahmen

5.1.4 Ausgabe implizit gegebener Kurven

Um implizit gegebene Kurven zeichnen zu können, benötigen Sie das Paket

```
In[3]:= <<Graphics`ImplicitPlot`
```

Wir lassen eine Lemniskate (eine liegende Acht) zeichnen und die dafür benötigte CPU-Zeit messen (Bild 5.16). Es zeigt sich, daß hierfür tatsächlich ziemlich viel Zeit benötigt wird.

```
In[4]:= Timing[ImplicitPlot[(x^2+y^2)^2-2(x^2-y^2)==0,{x,-2,2}]]
Out[4]= {20.16 Second, -Graphics-}
```

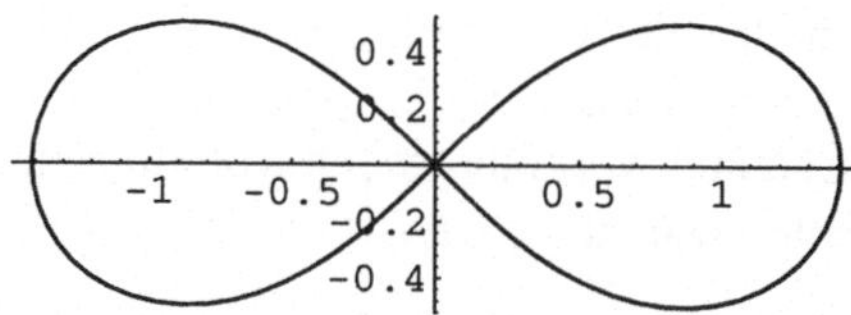

Bild 5.16 Ausgabe der Lemniskate zu $a = 1$

Um einen realistischen Vergleich mit anderen Zeichenbefehlen zu erhalten, benutzen wir die Polardarstellung der Lemniskate $r^2(t) = 2\cos 2t$. Für `PolarPlot` muß diese Darstellung umgewandelt werden in $r(t) = \sqrt{2\cos 2t}$. Sie erhalten zunächst eine Reihe von Fehlermeldungen, die zeigen, daß `PolarPlot` auf den Befehl `ParametricPlot` zurückgreift und daß hier negative Ausdrücke unter der Wurzel auftreten, die keine reellen Punkte liefern. Die benötigte Zeit ist wesentlich geringer als bei der Verwendung von `ImplicitPlot`, allerdings weist Bild 5.17 in der Nähe des Nullpunkts Lücken auf. Auch durch Verwendung von `PlotPoints - > 100` wird die Zeichnung nicht wesentlich besser. In solchen Fällen ist es also offenbar günstiger, auf den Zeitvorteil zu verzichten.

```
In[5]:= Timing[PolarPlot[Sqrt[2 Cos[2 t]],{t,0,2 Pi}]]
ParametricPlot::pptr:
   {CompiledFunction[{t}, <<1>>, -C<<9>>de-][t], <<1>>}
     does not evaluate to a pair of real numbers at t = 1.0472.
ParametricPlot::pptr:
   {CompiledFunction[{t}, <<1>>, -C<<9>>de-][t], <<1>>}
     does not evaluate to a pair of real numbers at t = 0.916298.
ParametricPlot::pptr:
```

```
{CompiledFunction[{t}, <<1>>, -C<<9>>de-][t], <<1>>}
   does not evaluate to a pair of real numbers at t = 0.850848.
General::stop:
   Further output of ParametricPlot::pptr
   will be suppressed during this calculation.
```

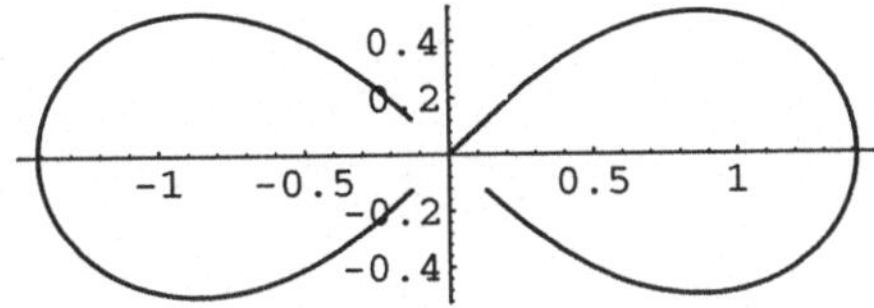

Bild 5.17 Ausgabe der Lemniskate zu $a = 1$ mit `PolarPlot`

Allerdings versagt `ImplicitPlot` häufig, wie das folgende einfache Beispiel zeigt. Der Versuch, mit `ImplicitPlot` eine Raute in der Ebene zeichnen zu lassen, liefert lediglich Fehlermeldungen.

```
In[6]:= ImplicitPlot[Abs[x]+Abs[y]==2,{x,-3,3}];
ImplicitPlot::epfail:
    Equation Abs[x] + Abs[y] == 2
      could not be solved for points to plot.
```

Dieses Phänomen ist uns bereits beim Versuch begegnet, diese Gleichung numerisch auflösen zu lassen.

```
In[7]:= NSolve[Abs[x]+Abs[y]==2,{x,y}]
                          (-1)
Out[7]= {{x -> 1. x, y -> 1. Abs    [2. (1. - 0.5 Abs[x])]}}
In[8]:= NSolve[Abs[x]==2,x]
                      (-1)
Out[8]= {{x -> 1. Abs    [2.]}}
```

In solchen Fällen sind Sie darauf angewiesen, die Gleichung selbst mathematisch aufzubereiten. Für die Raute ergäbe sich dann

```
In[9]:= Show[Plot[{-x+2,x-2},{x,0,2}],Plot[{x+2,-x-2},{x,-2,0}]]
```

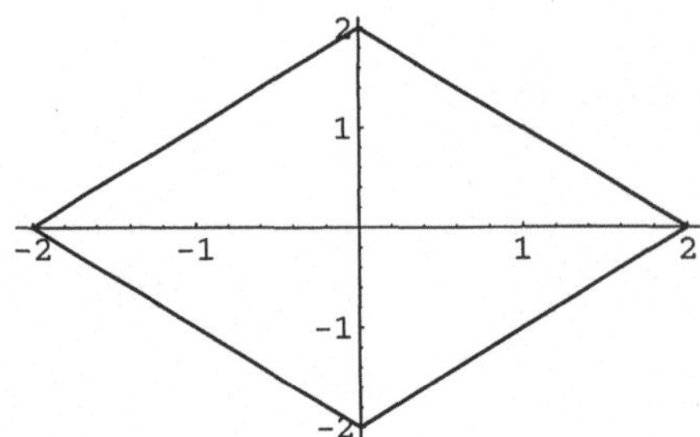

Bild 5.18 Ausgabe der Raute $|y| + |x| = 2$

5.2   Kurven und Flächen im $\mathbb{R}^3$

5.2.1   Raumkurven

Zur graphischen Ausgabe von Raumkurven dient die Anweisung `ParametricPlot3D`, die zusätzlich zu den Optionen von `ParametricPlot` weitere Optionen besitzt. Üblicherweise wird jede Graphik in einen Quader eingeschlossen, der die Illusion einer räumlichen Darstellung erhöht. Die Kanten dieses Quaders sind dabei parallel zu den Koordinatenachsen, und drei von ihnen können Skalierungen tragen.

Um sich die Kurve im Raum gut vorstellen zu können, ist es wichtig, einen günstigen Standpunkt zu wählen, von dem aus sie betrachtet werden soll. Dies geschieht durch die Option `ViewPoint`. Hierbei sind die Koordinaten des Standpunkts relativ zum Mittelpunkt $(0, 0, 0)$ des Quaders anzugeben, wobei angenommen wird, daß die längste Kante des Quaders die Länge 1 hat. Der voreingestellte Standpunkt ist $(1.3, -2.4, 2)$, für eine Ansicht direkt von vorne ist $(0, -2, 0)$ zu wählen, und diese Liste ließe sich natürlich fortsetzen. Da es erfahrungsgemäß sehr schwierig ist, sich abstrakt den richtigen Standpunkt zu überlegen, gibt es die Möglichkeit, sich mit dem „ViewPointSelector" anzusehen, welche Konsequenzen die Wahl eines bestimmten Standpunktes hat. In der Piktogrammleiste finden Sie ein Feld, auf dem die Koordinatenachsen zu sehen sind; wenn Sie dies anklicken, erscheint auf dem Bildschirm ein Kasten mit der Überschrift „3D ViewPoint Selector". Er enthält u. a. das Bild des Quaders, die aktuellen Koordinaten des Standpunktes sowie Laufleisten für die drei Komponenten. Mit der Maus können Sie nun durch Anklicken der Pfeile die Sicht auf den Quader verändern, bis Sie zufrieden sind. Durch Anklicken der Taste „Paste" wird die Option `ViewPoint -> {x, y, z}` mit den von Ihnen ausgesuchten Werten für x, y, z in den Befehl `ParametricPlot3D` hineinkopiert. Bild 5.19(a) zeigt eine räumliche Spirale, gesehen vom Standardblickpunkt.

```
In[1]:= ParametricPlot3D[{t Cos[t], t Sin[t],t},{t,0,6Pi},
```

```
ViewPoint->{1.300,-2.400,1.000}]
```

An dieser Graphik kann man nun eine Reihe von Dingen verändern. Wir wollen zuerst die Ausgabe des Quaders unterdrücken; dies geschieht durch Umsetzen der Option `Boxed` auf den Wert `False`. Gleichzeitig wollen wir die Richtungen mit den üblichen Namen beschriften lassen. In Bild 5.19(b) sehen Sie das Ergebnis.

```
In[2]:= ParametricPlot3D[{t Cos[t], t Sin[t],t},{t,0,6Pi},
            ViewPoint->{1.300,-2.400,1.000}, Boxed -> False,
            AxesLabel->{x,y,z}]
```

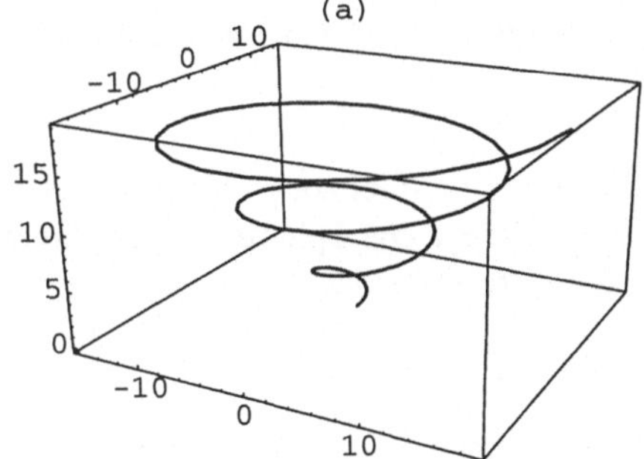
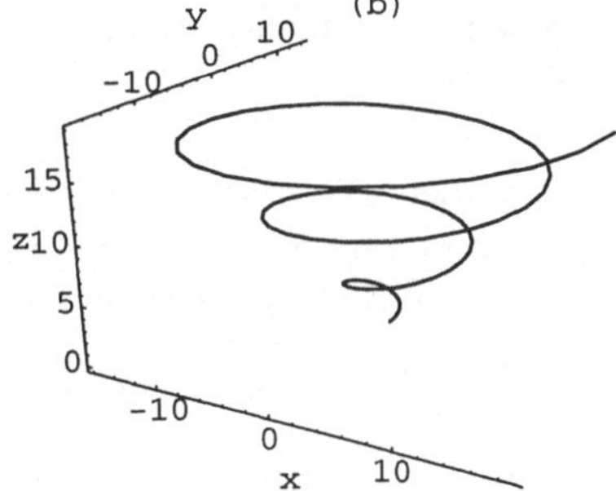

Bild 5.19 Räumliche Spirale (a) eingeschlossen in Quader, (b) mit Koordinatenachsennamen

Wenn Sie die Kurve ohne „störendes Beiwerk" betrachten wollen, müssen Sie die Ausgabe des Quaders und der Koordinatenachsenparallelen unterdrücken, wobei Sie zusätzlich noch entscheiden können, ob die Verhältnisse der Kantenlängen des gedachten Quaders automatisch bestimmt werden sollen (s. Bild 5.20(a)) oder ob Sie die Verhältnisse angeben wollen. In Bild 5.20(b) haben wir den gleichen Maßstab in alle Richtungen gewählt.

```
In[3]:= ParametricPlot3D[{t Cos[t], t Sin[t],t},{t,0,6Pi},
            ViewPoint->{1.300,-2.400,1.000}, Boxed -> False,
            Axes->None, PlotLabel->"(a)"]
In[4]:= ParametricPlot3D[{t Cos[t], t Sin[t],t},{t,0,6Pi},
            ViewPoint->{1.300,-2.400,1.000}, Boxed -> False,
            Axes->None, BoxRatios->{1,1,1},PlotLabel->"(b)"]
```

Wenn man den Mantel eines Zylinders mit einer Sphäre (also der Kugeloberfläche schneidet, entsteht bei richtiger Lage der Objekte als Schnitt eine Raumkurve, die unter dem Namen „Fenster der Viviani" bekannt ist. Dies wollen wir nachvollziehen. Auch zum Zeichnen von parametrisierten Flächen im Raum kann der Befehl `ParametricPlot3D`

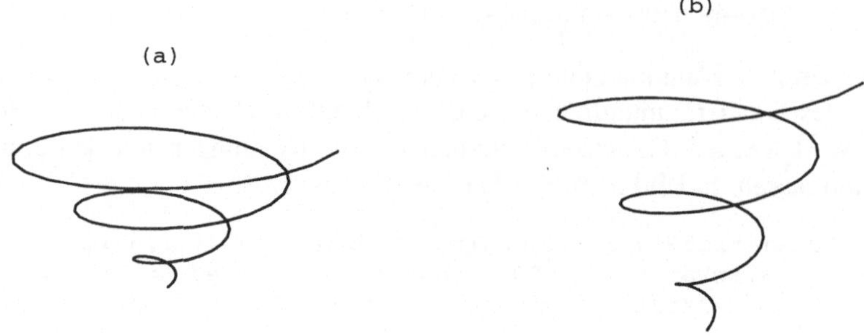

Bild 5.20   Räumliche Spirale (a) ohne Bezugssystem, (b) mit gleichem Maßstab auf allen Achsen

benutzt werden. Die Mantelfläche des Zylinders mit Radius 1 parallel zur z-Achse wird parametrisiert durch $(\cos t, \sin t, z)$ mit $t \in [0, 2\pi]$ und z beliebig. Die Sphäre um den Punkt $(-1, 0, 0)$ vom Radius 2 wird am einfachsten durch Kugelkoordinaten

$$x = 2\cos t\sin u - 1, y = 2\sin t\sin u, z = 2\cos u$$

und $t \in [0, 2\pi]$, $u \in [0, \pi]$ parametrisiert. Um den Durchschnitt dieser Objekte zu bestimmen, gibt es nun verschiedene Möglichkeiten. Zum einen können Sie jedes Objekt getrennt zeichnen und sich am Ende beide gemeinsam in einer Graphik ausgeben lassen.

```
In[5]:= ParametricPlot3D[{2Cos[t] Sin[u]-1, 2Sin[t] Sin[u], 2Cos[u]},
     {t,0,2Pi}, {u,0,Pi}, ColorOutput ->GrayLevel, BoxRatios -> {1,1,1}]

In[6]:= ParametricPlot3D[{Cos[t],Sin[t],z}, {t,0,2Pi}, {z,-3, 3},
         ColorOutput ->GrayLevel, BoxRatios -> {1,1,1}]
In[7]:= Show[{%, %%}]
```

Dieses Verfahren hat den Vorteil, daß Sie sich über die unterschiedlichen Parameterintervalle keine Gedanken machen müssen, jedoch den schwerwiegenden Nachteil, daß drei Bilder erzeugt (und gespeichert!) werden. In vielen Fällen ist es daher sinnvoll, stattdessen darüber nachzudenken, ob nicht unterschiedliche Parameterintervalle geeignet zusammengefaßt werden können. Im vorliegenden Beispiel kann der Winkel u, der bei der Parametrisierung der Sphäre auftritt, problemlos einem größeren Intervall entnommen werden, da hierdurch nur ein Teil der Sphäre mehrfach gezeichnet wird. Daher können Zylindermantel und Sphäre in einer Liste zusammengefaßt und ausgegeben werden (s. Bild 5.21). Das Ergebnis ist dasselbe wie eben.

```
In[8]:=
ParametricPlot3D[{{2Cos[t] Sin[z]-1, 2Sin[t] Sin[z], 2Cos[z]},
              {Cos[t],Sin[t],z}},
```

```
     {t,0,2Pi}, {z,-3, 3}, ColorOutput ->GrayLevel,
        BoxRatios -> {1,1,1}]
```

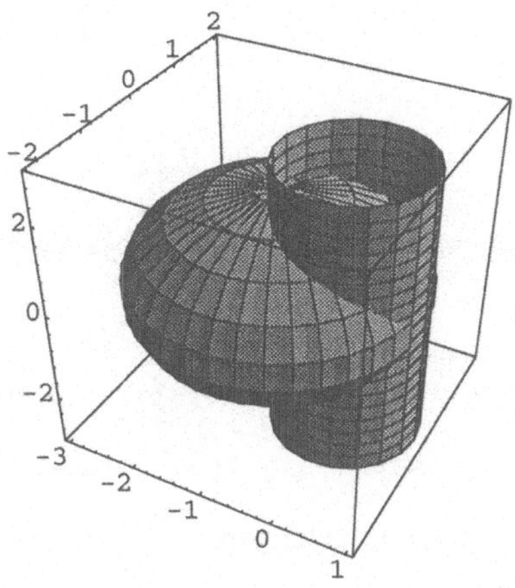

Bild 5.21 Schnitt von Kugel und Zylinder

Wenn Sie versuchen, die Schnittkurve zu bestimmen, hat es keinen Sinn, es mit der Parametrisierung zu versuchen. Einerseits sind dabei trigonometrische Funktionen involviert, die *Mathematica* das Leben erschweren, so daß keine Lösung gefunden wird.

```
In[9]:= NSolve[{2Cos[t] Sin[u]-1, 2Sin[t] Sin[u], 2Cos[u]}==
               {Cos[t],Sin[t],u}, {t,u}]
Solve::ifun:
    Warning: Inverse functions are being used by Solve, so
       some solutions may not be found.
Solve::tdep:
    The equations appear to involve transcendental functions
       of the variables in an essentially non-algebraic way.
```

Andererseits ist dieses Vorgehen mathematisch nicht sinnvoll, da unsere Objekte durch Parametrisierungen mit unterschiedlichem Parameterintervall (und unterschiedlicher Parameterdeutung) beschrieben werden. Daher benutzen wir die kartesische Beschreibung, um die Lösung suchen zu lassen.

```
In[10]:= Solve[(x-1)^2+y^2+z^2==4&&x^2+y^2==1,{x,y,z}];
```

Wegen der auftretenden Quadrate ist ersichtlich, daß es zwei Lösungen geben muß. Diese lassen wir in den Vektor (x, y, z) einsetzen.

```
In[11]:= viv1 = {x,y,z} /.Out[10][[1]]
```

```
                    2                2
           -2 + z       z Sqrt[4 - z ]
Out[11]= {-------,    --------------, z}
              2              2
In[12]:= viv2 = {x,y,z} /.Out[10][[2]]
                2                  2
           -2 + z       -(z Sqrt[4 - z ])
Out[12]= {-------,    -----------------, z}
              2                2
```

Aus unerfindlichen Gründen ist *Mathematica* nicht bereit, beide Objekte in einer Graphik
auszugeben.

```
In[13]:= ParametricPlot3D[{viv1,viv2},{z,-2,2},
            BoxRatios ->{1,1,1},ViewPoint->{3.920,-1.220,1.060}]
ParametricPlot3D::ppfun:
   Argument {viv1, viv2} is not a list with three or four elements.
```

Aus diesem Grund lassen wir beide Kurvenäste getrennt zeichnen.

```
In[14]:= ParametricPlot3D[viv1,{z,-2,2},
            BoxRatios ->{1,1,1},ViewPoint->{3.920,-1.220,1.060}]
ParametricPlot3D::ppcom:
   Function viv1 cannot be compiled; plotting will proceed with the
      uncompiled function.
-Graphics3D-
In[15]:= ParametricPlot3D[viv2,{z,-2,2},
            BoxRatios ->{1,1,1},ViewPoint->{3.920,- 1.220,1.060}]
```

und schließlich gemeinsam ausgeben.

```
In[16]:= Show[{Out[14],Out[15]}]
```

Eine bekannte Parametrisierung des Viviani-Fensters ist

$$x = \cos t, \quad y = \sin t, \quad z = 2 \sin \frac{t}{2}$$

mit $t \in [0, 4\pi]$. Wenn Sie diese Kurve zur Kontrolle ausgeben lassen, ergibt sich dasselbe
wie in Bild 5.22.

```
In[17]:= ParametricPlot3D[{Cos[t],Sin[t],2Sin[t/2]}, {t,0,4Pi},
            BoxRatios -> {1,1,1}, ColorOutput ->GrayLevel,
            ViewPoint->{4.233,-1.122,0.052}]
```

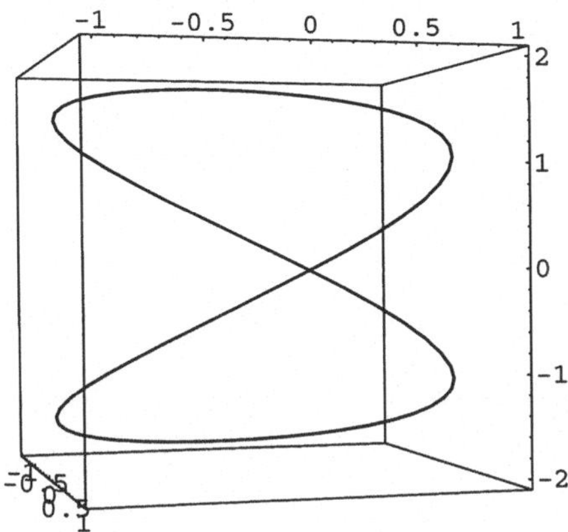

Bild 5.22 Fenster der Viviani

5.2.2 Niveauliniendarstellung

Eine Funktion $z = f(x, y)$ erzeugt im allgemeinen eine Fläche im Raum, und es gibt eine Reihe von verschiedenen Darstellungsformen dieser Fläche in der Ebene der Zeichnung, die in unterschiedlichen Zusammenhängen benutzt werden. Eine dieser Darstellungen ist das Zeichnen von Höhen- oder Niveaulinien $f(x, y) = c$, wobei für c eine Reihe von meist äquidistanten Zahlen gewählt wird. Die Höhen- oder Niveaulinien werden je nach Kontext auch als Isothermen, Isobaren, Isoklinen etc. bezeichnet. Meistens werden die Funktionswerte an die entsprechende Niveaulinie geschrieben. In *Mathematica* erhalten Sie die Niveauliniendarstellung durch den Befehl `ContourPlot`. In Bild 5.23(a) sehen Sie das topographische Bild der gedämpften Schwingung $f(x, y) = \sin x \exp(-y)$. Hierbei gibt die Schattierung einen Hinweis auf den Funktionswert: je heller die Fläche zwischen zwei Niveaulinien ist, desto größer ist er.

```
In[1]:= f = Sin[x] Exp[-y];
In[2]:= ContourPlot[f,{x,-Pi,Pi},{y,-1,1},PlotLabel ->"(a)"]
```

Auf die Schattierung können Sie auch verzichten (z. B. wenn Sie den Verlauf der Linien besser verfolgen wollen); dies geschieht durch Umsetzen der Option `ContourShading` auf den Wert `False`. Da wir noch andere Optionen verändern wollen, die sich auf die Rechenzeit auswirken, lassen wir die benötigte Zeit mit ausgeben.

```
In[3]:= Timing[ContourPlot[f,{x,-Pi,Pi},{y,-1,1},
                ContourShading -> False, PlotLabel ->"(b)"]]
Out[3]= {2.09 Second, -ContourGraphics-}
```

In Bild 5.23(b) sehen Sie nun recht deutlich, wie eckig die Niveaulinien sind. Dies liegt daran, daß die voreingestellte Anzahl der Stützpunkte in jeder Richtung 15 beträgt, die

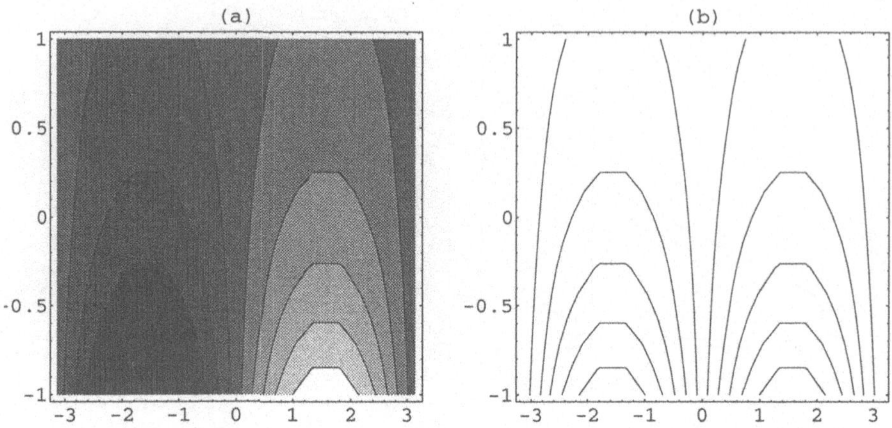

Bild 5.23 Niveaulinien (a) mit, (b) ohne Schattierung verschiedener Niveaus

Funktion also nur an insgesamt 225 Punkten ausgewertet wird. Dies läßt sich durch Verwendung der Option `PlotPoints` ändern, wobei allerdings die Rechenzeit deutlich ansteigt. Bild 5.24(a) zeigt eine deutlich verbesserte Graphik.

```
In[4]:= Timing[ContourPlot[f,{x,-Pi,Pi},{y,-1,1}, PlotPoints -> 100,
           ContourShading -> False, PlotLabel ->"(a)"]]
Out[4]= {59.87 Second, -ContourGraphics-}
```

Normalerweise werden 10 Niveaulinien gezeichnet, die gleichmäßig zwischen dem minimalen und maximalen Funktionswert im betrachteten Rechteck verteilt sind. Unter Verwendung der Option `Contours` können Sie diese Voreinstellung jedoch ändern, indem Sie entweder direkt die gewünschte Anzahl angeben `Contours -> 25` oder eine Liste von Werten benutzen (s. Bild 5.24(b)). Natürlich steigt auch durch eine größere Zahl von Niveaulinien die Rechenzeit an.

```
In[5]:= niveau = Table[-3+i/4,{i,0,24}];
In[6]:= Timing[ContourPlot[f,{x,-Pi,Pi},{y,-1,1}, PlotPoints -> 100,
           ContourShading -> False, Contours ->niveau, PlotLabel ->"(b)"]]
Out[6]= {83.43 Second, -ContourGraphics-}
```

Als letzte wichtige Option wollen wir Ihnen die unterschiedlichen Graphiken zeigen, die sich durch Verwendung von Glättungsverfahren ergeben. Üblicherweise versucht *Mathematica*, die entstehenden Niveaulinien zu glätten, was für glatte Funktionen auch sehr sinnvoll ist. Im Einzelfall möchten Sie diese Option `ContourSmoothing` vielleicht ausschalten. Welche Darstellungen sich durch diese Veränderung ergeben, zeigt Ihnen die beiden Teilbilder in Bild 5.25.

```
In[7]:= ContourPlot[f,{x,-Pi,Pi},{y,-1,1}, ContourShading -> False,
           ContourSmoothing->Automatic, PlotLabel ->"(a)"]
```

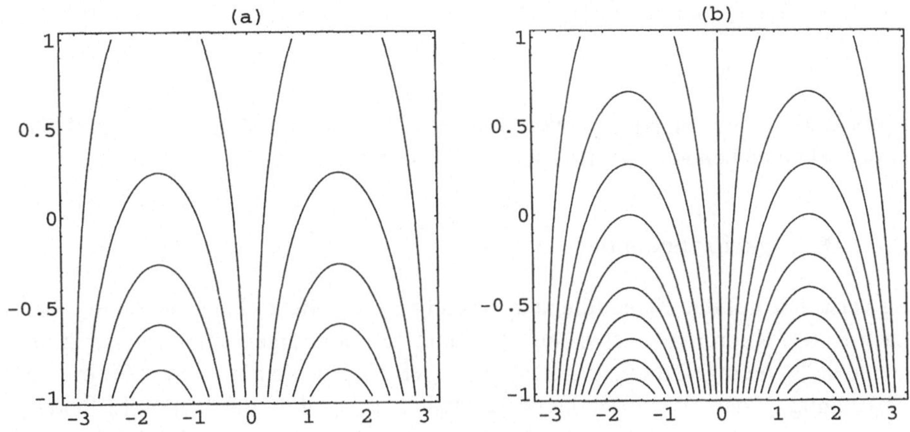

Bild 5.24 Niveaulinien (a) mit höherer Genauigkeit, (b) mit zusätzlichen Niveaulinien

```
In[8]:= ContourPlot[f,{x,-Pi,Pi},{y,-1,1}, ContourShading -> False,
        ContourSmoothing->None, PlotLabel ->"(b)"]
```

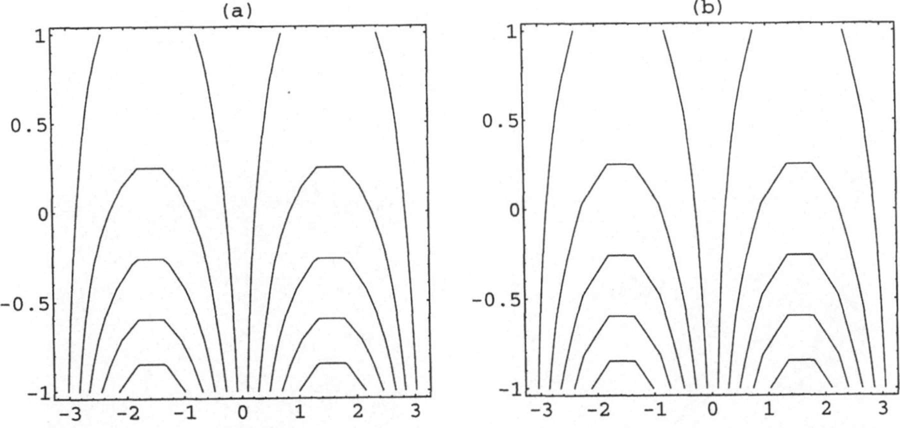

Bild 5.25 Niveaulinien (a) mit automatischer Glättung, (b) ohne Glättung

Im *Mathematica*-Handbuch ist als weitere Möglichkeit zum Kurvenglätten erwähnt, daß
ContourSmoothing auch eine ganze Zahl zugewiesen werden kann, die dann angibt,
in wieviele Teile jede Masche des Koordinatennetzes beim Glättungsvorgang zu zerlegen
ist. Der Versuch, mit dieser Fassung zu arbeiten, wird von *Mathematica* jedoch zurückgewiesen.

```
In[9]:= ContourPlot[f,{x,-Pi,Pi},{y,-1,1}, ContourShading -> False,
```

```
        ContourSmoothing->8]
ContourSmoothing::   ctnsm:
   -- Message text not found -- (8)
```

Es gibt eine Reihe weiterer Optionen, jedoch fehlt leider die Möglichkeit, die Höhenlinien mit dem entsprechenden Funktionswert zu beschriften.

5.2.3   Dichtigkeitsdarstellung

Eng verwandt mit der Niveauliniendarstellung ist die Dichtigkeitsdarstellung, bei der die Maschen des Koordinatennetzes entsprechend den dort angenommenen Funktionswerten unterschiedlich eingefärbt bzw. gerastert werden. Dies wollen wir Ihnen für die gedämpfte Schwingung zeigen. Wenn Sie keine zusätzlichen Angaben machen, wird Ihnen das Koordinatennetz mit ausgegeben (Bild 5.26(a)). Auch in dieser Darstellung bedeuten helle Werte große Funktionswerte.

```
In[1]:= f = Sin[x]Exp[-y];
In[2]:= DensityPlot[f,{x,-Pi,Pi},{y,-1,1},PlotLabel->"(a)"]
```

Die Ausgabe des Koordinatennetzes können Sie unterdrücken, indem Sie `Mesh -> False` setzen.

```
In[3]:= DensityPlot[f,{x,-Pi,Pi},{y,-1,1},Mesh -> False,
          PlotLabel->"(b)"]
```

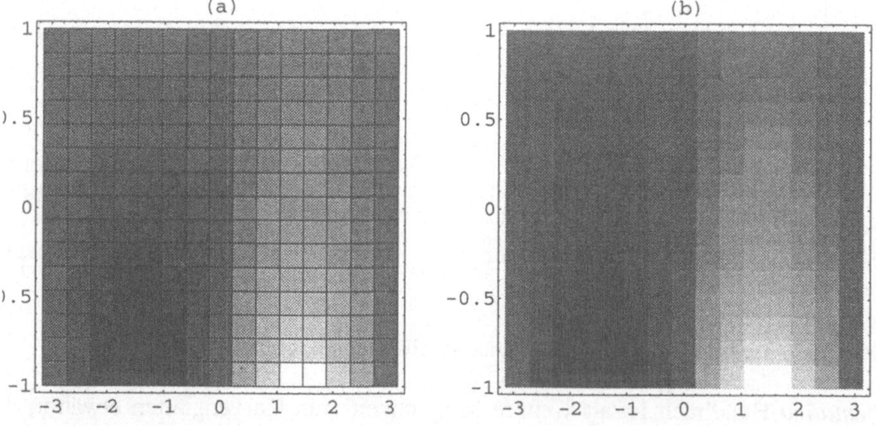

Bild 5.26 Dichtigkeitsdarstellung (a) mit, (b) ohne Koordinatennetz

Auch für Listen von Funktionswerten ist eine Ausgabe der Höhenlinien bzw. der Dichtigkeit möglich, wobei allerdings die Skalierung der x- bzw. y-Achse gemäß der Numerierung der

Listenelemente erfolgt, so daß Sie gegebenenfalls sich die richtige Skalierung selbst überlegen müssen. Dies wollen wir Ihnen am Beispiel einer Liste von Werten der zweidimensionalen Normalverteilung demonstrieren[2]. Wir erzeugen eine Liste von Funktionswerten in dem Rechteck $[-3,3] \times [-3,3]$, was etwa 200 Sekunden erfordert.

```
In[4]:= sx = 2; sy = 1.5 ; myx = 0; myy = 0.5; rho = 1/2;
In[5]:=
q[x_,y_]:= ((x-myx)/sx)^2-2rho (x-myx)/sx (y-myy)/sy +((y-myy)/sy)^2;
In[6]:=
f[x_,y_]:= Exp[-1/(2(1-rho^2)) q[x,y]]/(2Pi sx sy Sqrt[1-rho^2])
In[7]:= liste = Table[N[f[-3+i/10,-3+j/10]],{i,0,60},{j,0,60}];
```

Die Marken der Achsen haben Werte von 0 bis 60 entsprechend den Nummern der Elemente der Liste. Die richtige Zuordnung „Marke n entspricht dem wahren x- bzw. y-Wert $-3 + \frac{1}{10}n$" müssen Sie selbst vornehmen. Die Ausgabe von Dichtigkeits- und Niveauliniendarstellung zeigt, daß die Niveaulinien ein sehr viel schärferes Bild liefern, das Erstellen dieser Graphik allerdings auch mehr Zeit in Anspruch nimmt.

```
In[8]:=
Timing[ListDensityPlot[liste, Mesh -> False, PlotLabel -> "(a)"]]
Out[8]= {1.43 Second, -DensityGraphics-}
In[9]:= Timing[ListContourPlot[liste,PlotLabel -> "(b)"]]
Out[9]= {7.19 Second, -ContourGraphics-}
```

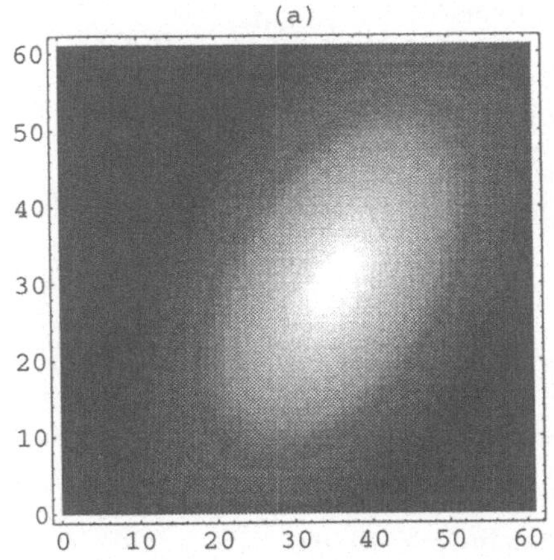
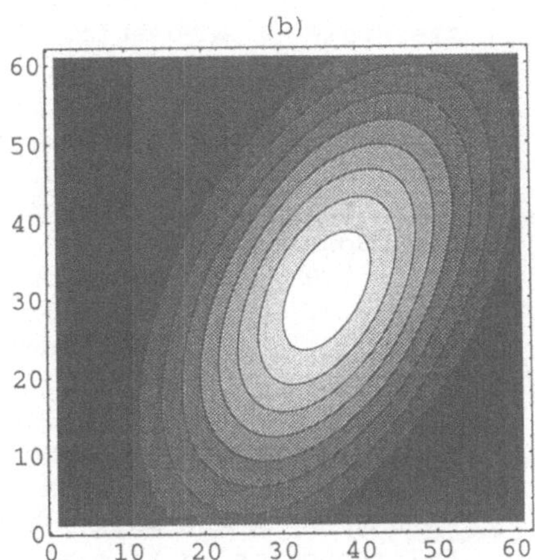

Bild 5.27 Dichtigkeits- und Niveauliniendarstellung einer Liste der zweidimensionalen Normalverteilung

Andere Darstellungen dieser Funktionen finden Sie im nächsten Abschnitt.

---

[2]In den diversen Statistikpaketen (s. 6.1.2) ist leider nur die eindimensionale Normalverteilung enthalten. Daher sind wir gezwungen, sie selbst zu definieren. Wir verwenden dabei die in der Literatur üblichen Namen der Parameter.

5.2.4 Projektion in die Ebene

Häufig versucht man bei der Darstellung von Flächen, eine Projektion auf die Papierebene zu zeichnen, bei der ein dreidimensionaler Eindruck des Objekts entsteht oder entstehen soll. Wenn die Funktion in der Form $z = f(x, y)$ gegeben ist, müssen Sie hierfür den Befehl Plot3D benutzen. Wir lassen in Bild 5.28(a) die gedämpfte Schwingung $\sin x \exp(-y)$ über dem Rechteck $[0, 2\pi] \times [0, 3]$ ausgeben, von deren Verlauf wir durch ContourPlot und DensityPlot schon eine gewisse Vorstellung haben.

```
In[1]:= Plot3D[Sin[x] Exp[-y],{x,0,2Pi},{y,0,3},
                 AxesLabel ->{"x","y","z"},PlotLabel ->"(a)"]
```

Die möglichen Optionen entsprechen denen von ParametricPlot3D, die wir im Abschnitt Raumkurven angesprochen haben, so daß wir diese Ausführungen nicht wiederholen wollen. Wenn Sie wissen möchten, welche Werte bei den einzelnen Optionen verwendet werden, können Sie dies z. B. folgendermaßen abfragen.

```
In[2]:= InputForm[%[[1]]]
Out[2]=
{PlotRange -> Automatic,
  DisplayFunction :> $DisplayFunction,
  ColorOutput -> Automatic, Axes -> True,
  PlotLabel -> "(a)", AxesLabel -> {"x", "y", "z"},
  Ticks -> Automatic, Prolog -> {}, Epilog -> {},
  AxesStyle -> Automatic, Background -> Automatic,
  DefaultColor -> Automatic, DefaultFont :> $DefaultFont,
  AspectRatio -> Automatic, ViewPoint -> {1.3, -2.4, 2.},
  Boxed -> True, BoxRatios -> {1, 1, 0.4},
  Plot3Matrix -> Automatic, Lighting -> True,
  AmbientLight -> GrayLevel[0],
  LightSources ->
    {{{1., 0., 1.}, RGBColor[1, 0, 0]},
     {{1., 1., 1.}, RGBColor[0, 1, 0]},
     {{0., 1., 1.}, RGBColor[0, 0, 1]}},
  ViewCenter -> Automatic, PlotRegion -> Automatic,
  ViewVertical -> {0., 0., 1.}, FaceGrids -> None,
  Shading -> True, HiddenSurface -> True, Mesh -> True,
  ClipFill -> Automatic, AxesEdge -> Automatic,
  MeshStyle -> Automatic, BoxStyle -> Automatic,
  ColorFunction -> Automatic, SphericalRegion -> False,
  MeshRange -> {{0., 6.283185307179587}, {0., 3.}}}}
```

Allein diese Liste zeigt, daß die graphischen *Mathematica*-Möglichkeiten schier unbegrenzt sind und eine vollständige Behandlung den Rahmen dieses Buches sprengen würde. Wir beschränken uns auf eine Verschiebung des Standpunkts (Bild 5.28(b)). Wenn Sie sich Ihre Graphik gern von allen Seiten anschauen wollen, sollten Sie den Paragraphen 5.3 lesen.

```
In[3]:= Plot3D[Sin[x] Exp[-y], {x,0,2Pi},{y,0,3},
                 ViewPoint -> {1.518,-2.803,1.134}, PlotLabel ->"(b)"]
```

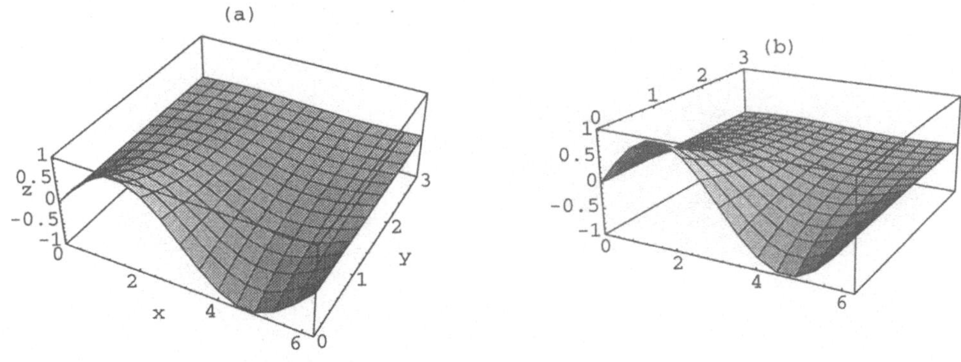

Bild 5.28 Dreidimensionale Darstellung einer gedämpften Schwingung

Auch die zweidimensionale Normalverteilung wollen wir uns in dieser Darstellung anschauen. Wir lassen sie im gleichen Intervall zeichnen wie im letzten Abschnitt.

```
In[4]:= sx = 2; sy = 1.5; myx = 0; myy = 0.5; rho = 1/2;
In[5]:=
q[x_,y_]:=((x-myx)/sx)^2-2rho (x-myx)/sx (y-myy)/sy +((y-myy)/sy)^2;
In[6]:=
f[x_,y_]:=Exp[-1/(2(1-rho^2)) q[x,y]]/(2Pi sx sy Sqrt[1-rho^2])
In[7]:= Timing[Plot3D[f[x,y],{x,-3,3},{y,-3,3}]]
Out[7]= {14.61 Second, -SurfaceGraphics-}
```

5.2.5 Erzeugung von Objekten, die nicht Funktionsgraphen sind

Es dürfte Ihnen relativ schwer fallen, ein Polygon (Vieleck) im Raum als Funktionsgraphen darzustellen, und für geschlossene Polyeder (Vielflach) oder andere komplizierte Gebilde ist es unmöglich. Zur Erleichterung der Arbeit gibt es einige geometrische Objekte, deren Namen *Mathematica* kennt (sog. „graphics primitives"): `Point`, `Line`, `Polygon`, `Rectangle`, `Circle`, `Disk`, `Cuboid`, die Sie jederzeit verwenden können. Als Beispiel konstruieren wir eine Dreiecksfläche im Raum. [3]

```
In[1]:= p:= Polygon[{{1,2,3},{1,0,1},{0,1,1}}];
```

Für die Ausgabe in Bild 5.30(a) benötigen wir die Befehle `Graphics3D` und `Show`; da die Ausgabe in Grauwerten erfolgen soll, setzen wir `ColorOutput -> Graylevel`

---

[3] Weitere dreidimensionale primitive Objekte finden Sie in den Paketen `Geometry`Polytopes`` und `Graphics`.

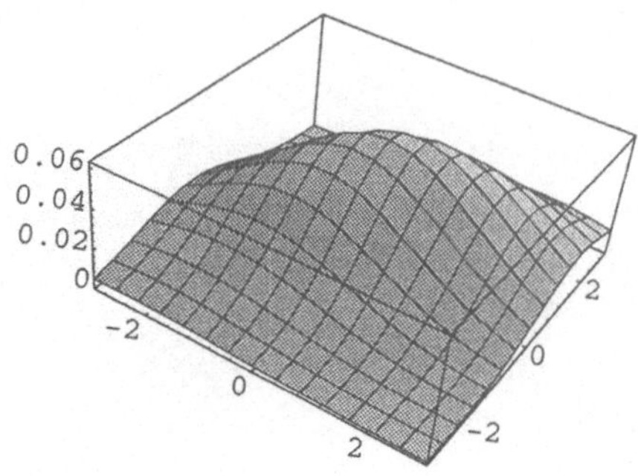

Bild 5.29 Dreidimensionale Darstellung der zweidimensionalen Normalverteilung

```
In[2]:= dreieck = Show[Graphics3D[p],ColorOutput -> GrayLevel,
                   BoxRatios->{1,1,1},PlotLabel -> "(a)"]
```

Wir wollen Ihnen zeigen, wie man Schattenrisse geometrischer Objekte erzeugen kann,
und benötigen hierfür zusätzlich das Paket

```
In[3]:= <<Graphics`Graphics3D`
```

In Bild 5.30(b) sehen Sie die Projektionen des Dreiecks auf alle Koordinatenebenen.

```
In[4]:= Shadow[dreieck,ColorOutput -> GrayLevel,
                   BoxRatios ->{1,1,1},PlotLabel -> "(b)"]
```

Wenn die Projektion auf die x-z-Ebene nicht ausgegeben werden soll wie in Bild 5.30(c),
so müssen Sie die Option YShadow (d. h. Projektion in y-Richtung, auf False setzen.

```
In[5]:= Shadow[dreieck,ColorOutput -> GrayLevel, YShadow -> False,
                   BoxRatios -> {1,1,1},PlotLabel -> "(c)"]
```

Häufig läßt sich eine Fläche im Raum zwar nicht als Graph einer Funktion, wohl aber als
parametrisierte Fläche beschreiben. In Bild 5.31 sehen Sie eine Wendelfläche, die mit Hilfe
unterschiedlicher Stützpunktanzahl gezeichnet wurde. Solche Graphiken verbrauchen sehr
viel Speicherplatz, so daß es Ihnen durchaus passieren kann, daß nach wenigen solchen
Zeichnungen *Mathematica* mit der Meldung Out of memory. Exiting den Kern
verläßt und nach Eingabe des nächsten Befehls ihn dann wieder lädt – natürlich unter
Verlust aller bisherigen Rechnungen.

```
In[6]:= ParametricPlot3D[{r Cos[t],r Sin[t],t},{r,0,10},{t,0,6Pi},
                   ColorOutput -> GrayLevel, PlotLabel -> "(a)",
                   ViewPoint->{1.527,-2.819,1.083}]
```

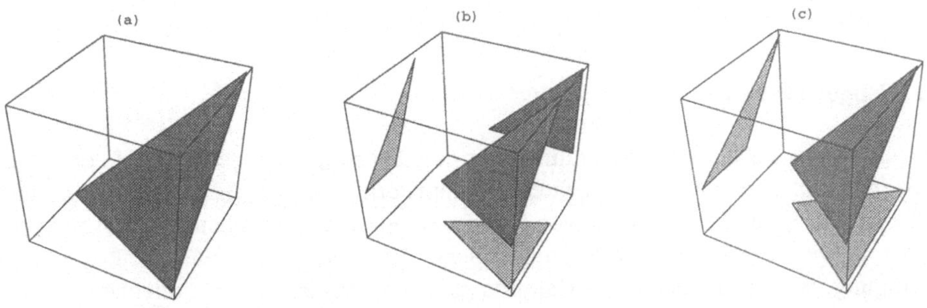

Bild 5.30 Dreieck im Raum (a) ohne Schattenrisse, (b) mit Schattenrissen auf allen Koordinatenebenen, (c) mit Schattenrissen aus x- und z-Richtung

```
In[7]:= ParametricPlot3D[{r Cos[t],r Sin[t],t},{r,0,10},{t,0,6Pi},
            ColorOutput -> GrayLevel, PlotLabel -> "(b)",
            PlotPoints -> 40, ViewPoint->{1.527,-2.819,1.083}]
```

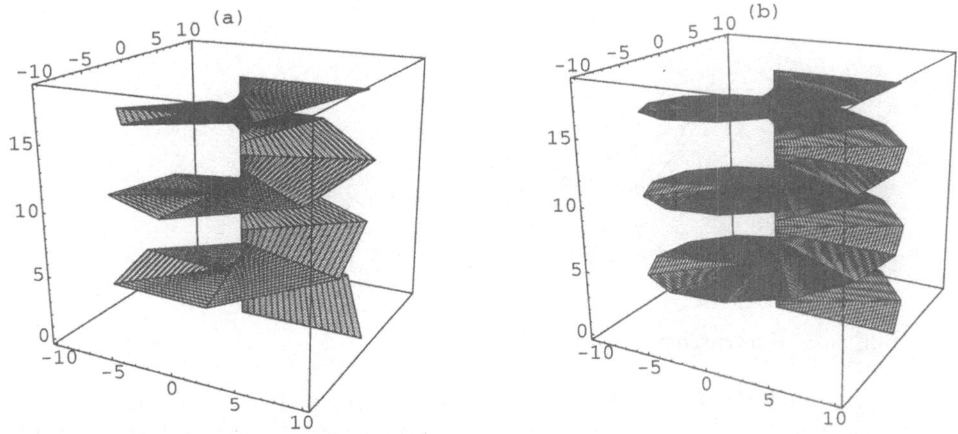

Bild 5.31 Wendelfläche (a) mit `PlotPoints -> 15`, (b) mit `PlotPoints -> 40` berechnet und gezeichnet

5.3   Animation

5.3.1   Ebene Objekte

Vielleicht standen Sie auch schon einmal vor dem Problem, sich den Verlauf einer Kurve in Abhängigkeit von einem oder mehreren Parametern veranschaulichen zu müssen. Eine Möglichkeit ist dann, für eine Liste von Parameterwerten die entstehenden Kurven in einer Graphik zu vereinigen. Wir wollen eine solche Kurvenschar für eine ebene gedämpfte Schwingung, wobei Frequenz und Dämpfungsfaktor variieren sollen, zeichnen. Dazu erzeugen wir eine Liste der zu zeichnenden Kurven, indem wir angeben, welche Werte die Parameter durchlaufen sollen. Der Befehl `Evaluate` verhindert, daß `Plot` für jeden Wert von x die Liste neu erstellt. Das Ergebnis sehen Sie in Bild 5.32.

```
In[1]:= Plot[Evaluate[Table[Sin[a Pi x] Exp[-b x],
              {a, 1,2, 0.5}, {b, 2}]], {x, 0, 1}]
```

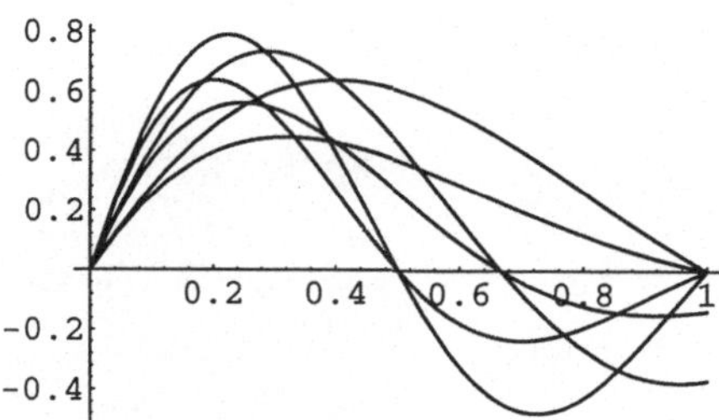

Bild 5.32 Kurvenschar

Wenn die Sie interessierende Kurvenschar nur von einem Parameter abhängt, und Sie sehen möchten, wie sich bei kontinuierlichem Verändern des Parameters das Bild der Kurve ändert, empfiehlt sich eventuell die Verwendung der Animationsmöglichkeiten von *Mathematica*.

```
In[2]:= <<Graphics`Animation`
```

Bei einer Sinusschwingung soll die Abhängigkeit von der Frequenz untersucht werden. Es sollen 9 Werte im zu untersuchenden Parameterintervall $[1, 2]$ benutzt werden. Beachten Sie bitte, daß das Parameterintervall nach dem Variablenintervall angegeben werden muß. Da für einige Werte von a die Funktionswerte in einem Teilintervall von $[-1, 1]$ liegen, würde *Mathematica* eine Bildanpassung vornehmen. Dies wird durch die Angabe von `PlotRange` verhindert.

```
In[3]:= MoviePlot[Sin[a Pi x],{x,0,1} ,{a,1,2},
                PlotRange->{{0,1},{-1,1}}, Frames -> 9]
```

Untereinander werden die Graphiken ausgegeben. Aus technischen Gründen haben wir die Bilder mit Hilfe von `GraphicsArray` in Bild 5.33 zusammengefaßt. Klicken Sie nun mit der Maus den durchgezogenen blauen Balken am rechten Bildrand an und danach in der Piktogrammzeile das Symbol rechts vom *Mathematica*-Zeichen. Stattdessen können Sie auch im Menü „Graph" den Punkt „Animate Selected Graphics" wählen. Richtung und Geschwindigkeit der Animation können Sie über die jetzt erscheinenden Symbole am rechten unteren Rand steuern.

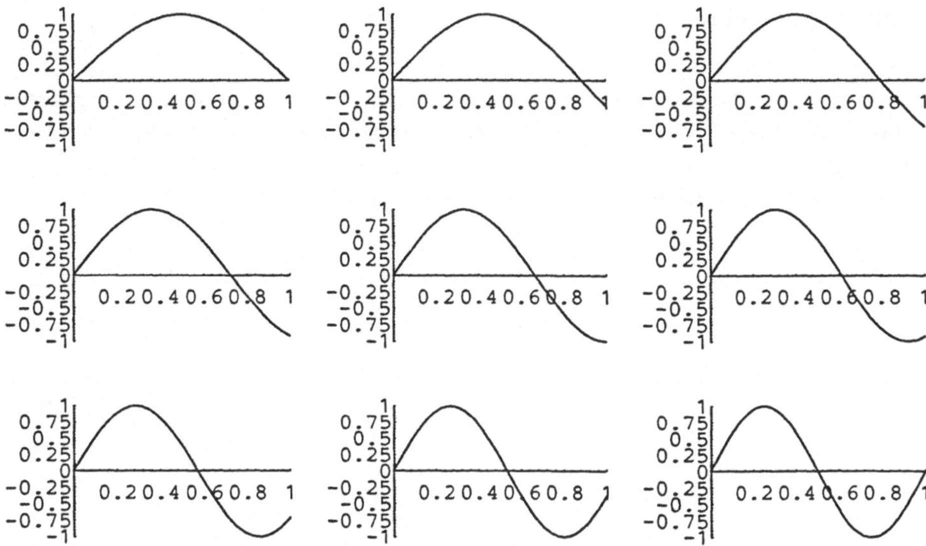

Bild 5.33 Animation einer Kurvenschar

Nun wollen wir Ihnen zeigen, wie man selbstdefinierte Objekte sich bewegen lassen kann. Als Beispiel wählen wir einen Schubkurbeltrieb, bei dem der Radius der Kurbel 1 und die Länge der Pleuelstange 5 Einheiten beträgt. Mit P bezeichnen wir den Kurbelpunkt, mit Q den zu bewegenden Kolben.

```
In[4]:= P = {Cos[t],Sin[t]}; l = 5;
        Q = {Cos[t] + Sqrt[l^2 - (Sin[t])^2],0};
```

Wir wollen die Kurbel, die Strecke zwischen dem Kurbellager $(0, 0)$ und dem Kurbelpunkt P sowie die Pleuelstange zeichnen lassen.

```
In[5]:= LineOP = Line[{{0,0},P}]; LinePQ = Line[{P,Q}];
```

Den Totpunkt nehmen wir aus Justierungsgründen in die Graphik auf, da sonst bei der Animation nicht alle Graphiken übereinanderliegen.

```
In[6]:= kurbel =
{Circle[{0,0},1],LineOP,LinePQ,Point[{1+1,0}]};
```

Nun muß eine Tabelle verschiedener Lagen angelegt werden. Als Schrittweite wählen wir $\frac{1}{10}\pi$.

```
In[7]:= trieb = Table[kurbel,{t,0,2Pi-Pi/10,Pi/10}];
```

Die entstandenen 20 Bilder werden nun als graphische Objekte aufgefaßt, wobei der Justierpunkt möglichst wenig auffallen soll.

```
In[8]:= triebgraphik = Table[Graphics[{PointSize[0.0001],
                                      trieb[[i]]}], {i,1,20}];
```

Wenn wir nun die Graphiken einfach mit Show[triebgraphik] ausgeben ließen, würden sämtliche Positionen in einem Bild erscheinen, und wir könnten keine Bewegung simulieren. Daher ist es erforderlich, eine Liste der Graphiken (Bild 5.34) erstellen zu lassen, die auf dem Bildschirm untereinander angeordnet sind.

```
In[9]:=
Table[Show[triebgraphik[[i]],AspectRatio ->Automatic], {i,1,20}]
```

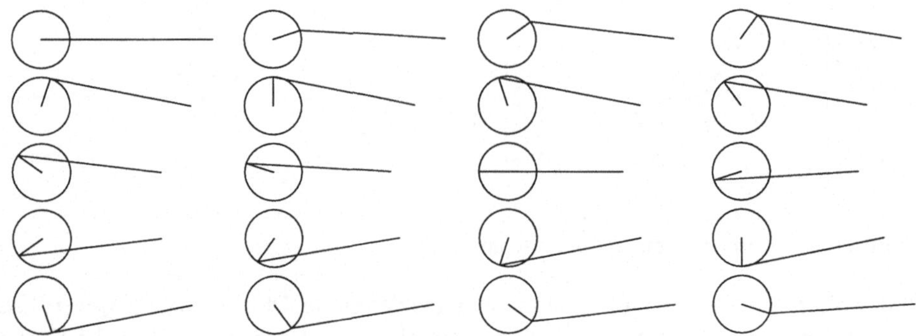

Bild 5.34 Simulierter Schubkurbeltrieb

Wir wünschen Ihnen bei der Animation der Schubkurbel viel Spaß!

5.3.2 Dreidimensionale Objekte

Im folgenden wollen wir Ihnen zeigen, daß auch die Bewegung dreidimensionaler Objekte simuliert werden kann. Als Beispiel wählen wir ein Polygon.

```
In[1]:= <<Graphics`Graphics3D`
In[2]:= p:= Polygon[{{1,2,3},{1,0,1},{0,1,1},{3,1,0}}];
In[3]:=
Show[Graphics3D[p],ColorOutput -> GrayLevel, BoxRatios->{1,1,1}]
```

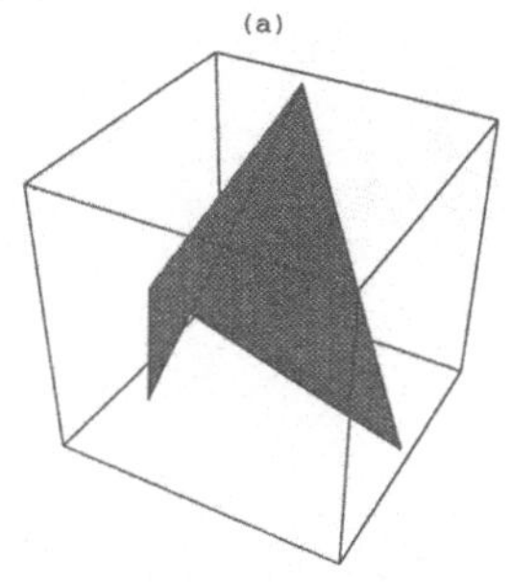

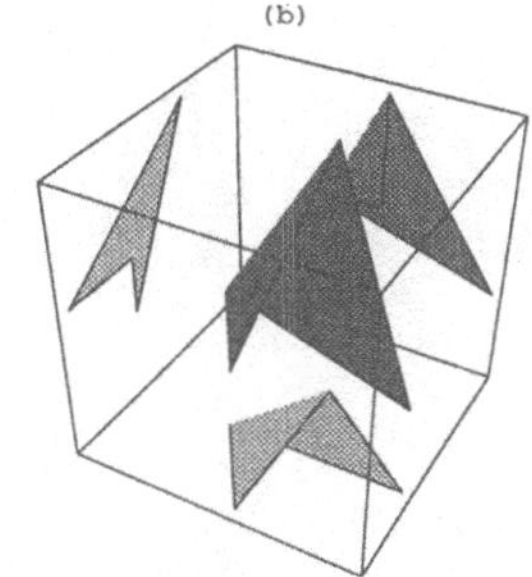

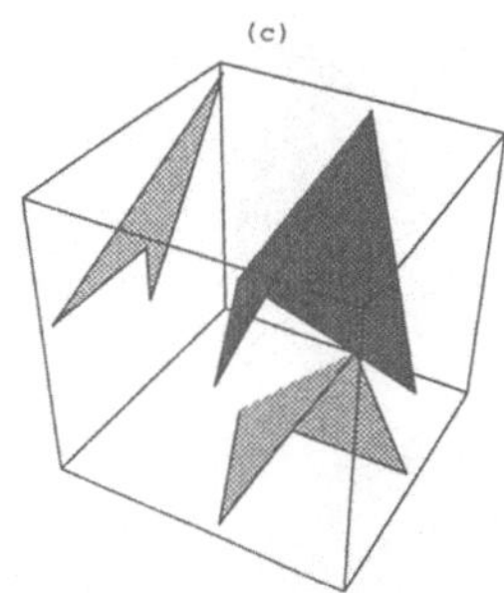

Bild 5.35 Polygon im $\mathbb{R}^3$

Um es von allen Seiten zu betrachten, benötigen wir den Befehl SpinShow aus dem Animationspaket. Um die Bilder zu bewegen, verfahren Sie wie oben.

```
In[4]:= <<Graphics`Animation`
In[5]:= SpinShow[Out[3]]
```

5.3.3 Übungen

Erstellen Sie für alle folgenden Beispiele (die in den Übungen zu den vorangegangenen Kapiteln auftauchten) eine Skizze.

1. Liegen die Punkte $P_1 = (3, 0, 4), P_2 = (1, 1, 1)$ und $P_3 = (-1, 2, -2)$ auf einer Geraden?

2. Wie liegen die Geraden g_1, g_2 zueinander? g_1 geht durch die Punkte $P_1 = (3, 4, 6)$ und $P_2 = (-1, -2, 4)$; g_2 geht durch die Punkte $P_3 = (3, 7, -2)$ und $P_4 = (5, 15, -6)$.

3. Liegen die Punkte $P_1 = (3, 2, 0), P_2 = (1, 1, 1), P_3 = (12, -4, 12)$ und $P_4 = (4, -1, 5)$ auf einer Ebene?

4. Wie liegen die Gerade g und die Ebene E zueinander? g geht durch den Punkt $P_1 = (5, 1, 2)$ mit Richtungsvektor $\vec{a} = (3, 1, 2)$; E geht durch den Punkt $P_2 = (2, 1, 8)$ mit Normalenvektor $\vec{n} = (-1, 3, 1)$.

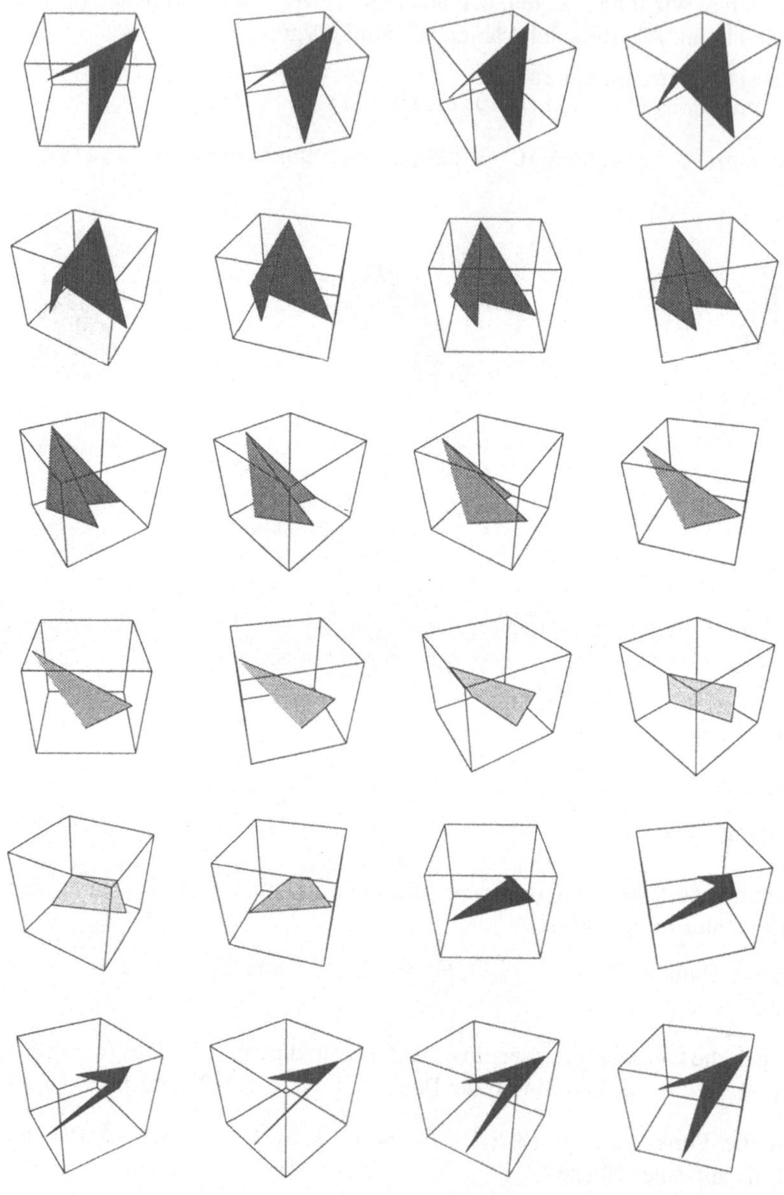

Bild 5.36 Rotierendes Polygon

5. Bestimmen Sie die Lage der Ebenen E_1, E_2! E_1 geht durch den Punkt $P_1 = (2, 2, -1)$ mit Normalenvektor $\vec{n} = (1, 0, 1)$; E_2 geht durch den Punkt $P_2 = (-1, 2, -11)$ mit den Richtungsvektoren $\vec{a} = (2, 5, 9)$ und $\vec{b} = (1, 8, -3)$

6. Es soll zu erkennen sein, was in der Nähe von $x = 0$ geschieht! a) $f(x) = (\cos x)^{1/x}$ b) $f(x) = (\ln \frac{1}{x})^x$

7. Es sollen die Extrem- und Wendepunkte der folgenden Kurven zu erkennen sein, falls es sie gibt! a) $\arctan(x^2 + 1)$ b) $x^2 \ln |x|$ $(x \neq 0)$ c)

$$f(v) = \begin{cases} \dfrac{2}{\sigma^3 \cdot \sqrt{2\pi} v^2 \cdot \exp \frac{-v^2}{2\sigma^2}} & \text{falls } v > 0 \\ 0 & \text{falls } v \leq 0 \end{cases}$$

(Diese Funktion tritt für $v > 0$ im Maxwellschen Verteilungsgesetz der Geschwindigkeiten von Gasmolekülen auf, wobei v die Molekülgeschwindigkeit ist und $2\sigma^2 = v_0^2$ gilt mit der wahrscheinlichsten Geschwindigkeit v_0.)

8. Gegeben ist die Kurve $F(x, y) = 12y^5 - 20xy^3 + 5x^4 = 0$ (mit $x > 0, y > 0$). Sehen Sie geometrisch, in der Umgebung welcher Punkte hierdurch implizit eine Funktion $y = f(x)$ bestimmt ist?

9. Bestimmen Sie bei der Kurve

$$x^4(x - y) + 2x^2 y(x + y) + y(x^2 + y^2) + c = 0$$

die Konstante c so, daß die Kurve durch den Punkt $P_0 = (1, 1)$ geht. Fassen Sie diese Kurve als Niveaulinie von $F(x, y) = 0$ auf und schneiden Sie sie mit der Geraden g durch P_0 mit Richtungsvektor $(1, 4)$.

10. $\vec{w}(t) = (\exp t, \exp -t, \sqrt{2} t)$, $t \in [0, 5]$ ist zu zeichnen.

11. Die Tangentialebene an das Ellipsoid

$$\frac{x^2}{4} + y^2 + \frac{z^2}{16} = 1$$

ist im Punkt $(1, \frac{1}{2}, 2\sqrt{2})$ zu zeichnen.

12. Die Schmiegquadrik an die Niveaufläche

$$x \cos y + y \cos z + z \cos x = 2$$

im Punkt $(0, 0, 2)$ ist zu zeichnen. Um welche geometrische Figur handelt es sich?

13. Zeichnen Sie, soweit möglich, die Umkehrfunktion von $f(x) = \dfrac{3x + 4}{7x + 2}$

14. Zeichnen Sie das Polynom

$$f(x) = x^4 + 9x^3 + 29x^2 + 39x + 18$$

wobei die reellen Nullstellen zu sehen sein sollen.

15. Zeichnen Sie

$$f(x) = \frac{6x^3 + 7x^2 + 10x + 11}{x^4 + 9x^3 + 29x^2 + 39x + 18}$$

Was hat diese Skizze mit der Partialbruchzerlegung von $f(x)$ zu tun?

16. Um welche geometrische Figur handelt es sich hierbei?

$$2x^2 + 3y^2 + 4z^2 - 4xy - 4yz + 2x + 2y + 2z + 3 = 0$$

17. Gesucht sind die Extremwerte von $f(x, y) = 3x^2 - 2xy + y^2$ auf der Kreisscheibe $x^2 + y^2 \leq 1$.

18. Für welche Werte von t schneiden sich die folgenden vier Ebenen des $\mathbb{R}^3$?

$$E_1 : y+z = 0 \quad E_2 : 2x-y+z = 0 \quad E_3 : x+y = 2t \quad E_4 : 2(x-y)+t(z+1) = 0$$

19. Wie variieren[4] die Lösungen der quadratischen Gleichung $x^2 + px + q = 0$, wenn $p \in \{-5, -4, \ldots, 4, 5\}$ und $q \in \{-2, -1, 0, 1, 2\}$ gilt?

20. Wie verändert sich qualitativ der Verlauf von $(x^n - 1)/(x^m - 1)$ in der Nähe von $x = 1$ für verschiedene von Null verschiedene natürliche Werte von n, m?

21. Wir betrachten die quadratische Gleichung $ax^2 + bx + c = 0$. Was geschieht mit den Nullstellen dieser Gleichung, wenn a gegen Null geht?

---

[4]Erstellen Sie bei dieser und in den folgenden Aufgaben jeweils Bilder von Kurvenscharen, die die Veränderungen zeigen, die sich bei Variation der Parameter ergeben.

6 *Mathematica* als Programmiersprache

6.1 Fertige Pakete

6.1.1 Die verschiedenen Pakete

In den übrigen Kapiteln haben wir bereits an vielen Stellen mit *Mathematica*-Paketen gearbeitet, soweit diese zur Lösung eines speziellen Problems erforderlich waren, wir haben bisher jedoch noch kein Paket systematisch betrachtet. Um Ihnen einen Eindruck vom Leistungsumfang solcher Pakete zu geben, haben wir exemplarisch eines herausgegriffen, das besonders viele Anwendungen hat.

Mit jeder neuen *Mathematica*-Version wird die Anzahl der Pakete wohl steigen, wobei nicht alle gleich gut sind. Dies liegt daran, daß verschiedene Autoren verantwortlich zeichnen, und insbesondere auf geeignete Fehlermeldungen bei Fehlbedienungen offenbar unterschiedlich viel Wert legen. Der "Guide to Standard Mathematica Packages" [0] dokumentiert im übrigen nicht alle Befehle der einzelnen Pakete, so daß wir Ihnen nur raten können, sich in einem geeigneten Editor (der hinreichend große Dateien zuläßt) selbst den Erklärungsteil[1] des Sie interessierenden Paketes anzuschauen.

6.1.2 Statistik

Einleitung

Bevor wir uns der Analyse von Daten widmen, muß an dieser Stelle eines wiederholt werden. Da wir jetzt das Statistik-Paket benutzen wollen, finden Sie alle Befehle in dem "Guide to Standard Mathematica Packages". Falls Sie es verlegt haben und nicht mehr finden bzw. falls Sie die Studentenversion von *Mathematica* besitzen und dieses Buch daher gar nicht haben, sollten Sie in das Paket hineinschauen, um zu sehen, was es dort alles gibt[2]. Das Statistik-Paket von *Mathematica* ist zwar nicht so umfangreich wie ein reines Statistik-Software-Paket, von denen es viele auf dem Markt gibt, aber zu umfangreich, als daß wir hier alle Befehle vorführen könnten.

In der Statistik werden Daten verarbeitet; manchmal sind es wenige, weil eine kleine Stichprobe gezogen wurde. Wenige Daten können wir schnell eintippen. Manchmal sind

---

[1] Das ist der Anfang des Paketes, in dem jeder Ihnen zur Verfügung stehende Befehl durch `usage` erklärt wird. Der Text, der auf `usage` folgt, ist genau der, den Sie während einer *Mathematica*-Sitzung durch `?befehl` anschauen können.

[2] Dies können Sie mit einem beliebigen Textprogramm tun, z. B. in Windows mit Write.

es aber viele Daten, wie eine umfangreiche Meßreihe. Wie transportieren wir diese Daten zu *Mathematica*, falls sie schon glücklicherweise in einer Datei stehen? Falls Windows diese Datei lesen kann, so ist es kein Problem für Sie, diese Daten dort in die Zwischenablage zu kopieren. Wenn man zuvor in *Mathematica* ein Notizbuch geöffnet hat, dort unter `Options` das `Clipboard` mit der Maus angewählt hat und in dem dann erscheinenden Menü `Mathematica Clipboard Has Paste Priority` ausgekreuzt hat, benötigt man unter `Edit` nur noch den Befehl `Paste`, beziehungsweise `Autopaste` und schon hat man die gewünschten Daten im Notizbuch von *Mathematica* stehen. Sie können in *Mathematica* aber auch die Daten direkt aus einer Datei einlesen. Dazu nehmen wir an, die Daten sind in der Datei Versuch1.txt im Verzeichnis Messung auf einer Diskette im Laufwerk A. Dann lautet in *Mathematica* der Befehl, um die Daten zu lesen und als Liste auszugeben `ReadList["a:\Messung\Versuch1.txt",Number]`. Dabei ist es sehr wichtig, daß die Zahlen in einer *Mathematica* genehmen Form geschrieben worden sind, d.h. Sie müssen die Zahlendarstellung von C oder Fortran verwenden. Zum Beispiel:

3468.9876   458.9E-15   .986E+59   32.15+3

Seien nun diese Zahlen in der Datei Versuch1.txt, so können wir sie lesen und erhalten:

```
In[1]:=
ReadList["a:\Messung\Versuch1.txt",Number]
Out[1]=
                        -13           58
{3468.9876, 4.589 10   , 9.86 10  , 32.15, 3  }
```

Sortieren von Daten

Wir haben eine große Anzahl von Daten und wollen uns einen Überblick verschaffen. Wie man dabei vorgehen kann, möchten wir an einer Meßreihe von Längen in mm von Kardanwellen für Modellautos aufzeigen:

```
In[1]:=
Werte = {29.5, 29.7 , 29.8 , 29.8 , 29.7 , 29.8 , 30.0 , 29.9 , 29.8,
    29.7, 30.0 , 29.9 , 29.9 , 29.6 , 29.7 , 29.6 , 29.7 , 29.5,
      29.8, 30.0 , 29.9 , 29.8 , 29.9 , 30.0 , 29.7 , 29.8 , 29.8,
        29.8, 30.0 , 29.9 , 29.7 , 29.7 , 29.8 , 30.0 , 29.8 , 30.0,
          29.9, 29.5 , 29.6 , 30.0 , 29.8 , 29.8 , 30.0 , 29.9};
```

Nun wollen wir zunächst wissen, wieviele Daten wir überhaupt haben:

```
In[2]:=
Length[Werte]
Out[2]
44
```

Für die weiteren Untersuchungen benötigen wir das Programm `DataManipulation`. In ihm ist alles, um einen großen Datenberg zu strukturieren.

```
In[3]:=
<<Statistics`DataManipulation`
```

Wir möchten die Häufigkeit der einzelnen Meßwerte gerne wissen:

```
In[4]:=
Wertesort=Frequencies[Werte]
Out[4]=
{{3, 29.5}, {3, 29.6}, {8, 29.7}, {13, 29.8}, {8, 29.9}, {9, 30.}}
```

Beachten Sie die Art der Ausgabe: zuerst die Häufigkeit, dann der Meßwert. In der Statistik ist die Summenhäufigkeit die Anzahl der sortierten Daten, die kleiner oder gleich einem vorgegebenen Datum sind.

```
In[5]:=
Sumhaeufigkeit=CumulativeSums[Column[Wertesort,1]]
Out[5]=
{3, 6, 14, 27, 35, 44}
```

Im Aufruf von CumulativeSums darf nur eine Liste von Daten stehen, nun ist aber Wertesort eine Matrix. Daher müssen wir die Spalte bezeichnen, in der die Häufigkeiten stehen. Manchmal möchte man auch die Meßwerte in Intervalle sortieren und und dann angeben, wieviele Werte in den jeweiligen Intervallen liegen:

```
In[6]:=
BinCounts[Werte,{29.45,30.4,0.2}]
Out[6]=
{6, 21, 17, 0, 0}
```

Was wurde gemacht? *Mathematica* sollte, bei 29.45 beginnend, fortlaufend Intervalle der Länge 0.2 bestimmen und nachsehen, wieviele der betrachteten Meßwerte, die in der Liste Werte enthalten sind, jeweils in einem der Intervalle liegen. Es ist kein Zufall, daß wir hier als Anfangswert eine Zahl mit zwei Nachkommastellen genommen haben, obwohl die betrachteten Meßwerte nur eine Nachkommastelle haben. *Mathematica* faßt 29.5 nicht als 295 durch 10 und 0.2 nicht als 2 durch 10, d.h. als den Quotienten zweier natürlicher Zahlen, wobei ich beliebig viele Nachkommastellen durch das Anfügen der Ziffer 0 erhalten kann, sondern als reelle Zahlen auf. Somit treten bei der Bestimmung der einzelnen Intervalle Rundungsfehler auf. Betrachten Sie daher die folgenden Aufrufe von BinCounts[ ]:

```
In[7]:=
BinCounts[Werte,{29.3,30.4,0.2}]
Out[7]=
{3, 11, 21, 9, 0, 0}
In[8]:=
BinCounts[Werte,{29.2,30.4,0.2}]
Out[8]=
{0, 3, 11, 21, 9, 0}
In[9]:=
BinCounts[Werte,{29.1,30.4,0.2}]
```

```
Out[9]=
{0, 3, 11, 21, 9, 0, 0}
In[10]:=
BinCounts[Werte,{29.0,30.4,0.2}]
Out[10]=
{0, 0, 3, 11, 30, 0, 0}
```

Graphische Darstellung

Mathematica bietet Ihnen natürlich auch die Möglichkeit, Ihre Daten graphisch darzustellen: Entweder als Kreisdiagramm oder als Säulendiagramm. Selbstverständlich können Sie auch die einzelnen Zeichnungen beschriften. Wir setzen jetzt voraus, daß "Werte" schon eingelesen worden ist. Des weiteren ist das Paket `Statistics`DataManipulation`` immer noch geladen.

```
In[1]:=
<<Graphics`Graphics`
In[2]:=
PieChart[Frequencies[Werte]]
Out[2]=
-Graphics-
```

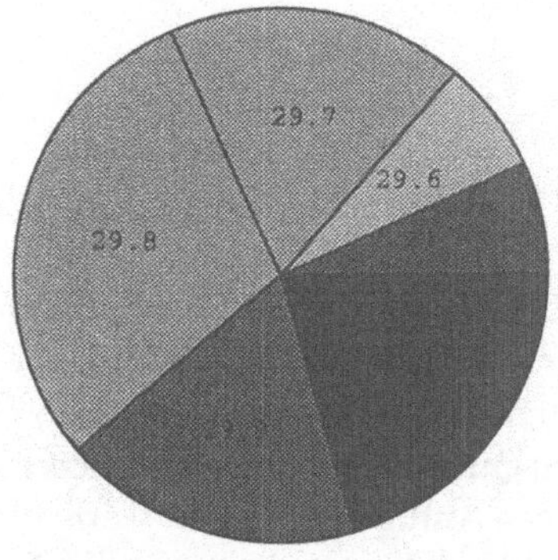

Bild 6.1 Ein Tortendiagramm

```
In[3]:=
BarChart[Frequencies[Werte],PlotLabel -> "Kardanwellen"]
Out[3]=
-Graphics-
```

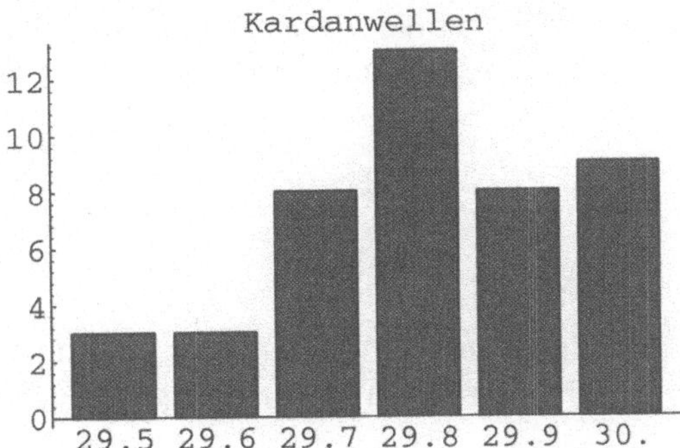

Bild 6.2 Ein Säulendiagramm

Bestimmung von Lage- und Streuungsparametern

Sie kennen sicher noch aus Ihrer Schulzeit den (arithmetischen) Mittelwert und vielleicht sogar den geometrischen Mittelwert. Diese und noch andere Lageparameter finden Sie im Programm `DescriptiveStatistics`. Wir haben ja schon unsere Meßwerte eingelesen und wollen einmal sehen, was die Lageparameter der Verteilung der Daten sind:

```
In[1]:=
<<Statistics`DescriptiveStatistics`
```

Der „Lagebericht" ist ganz praktisch, er liefert uns den arithmetischen Mittelwert, den harmonischen Mittelwert und den Median.

```
In[2]:=
LocationReport[Werte]
Out[2]=
{Mean -> 29.8068, HarmonicMean -> 29.8061,  Median -> 29.8}
```

Natürlich können Sie diese Mittelwerte auch einzeln aufrufen mit `Mean[Werte]`, `HarmonicMean[Werte]`, bzw. `Median[Werte]`. Nun gibt es noch weitere Mittelwerte, die wir allerdings einzeln und der Reihe nach bestimmen können: zum Beispiel den Modalwert und den geometrischen Mittelwert.

```
In[3]:=
Mode[Werte]
Out[3]=
29.8
In[4]:=
GeometricMean[Werte]
Out[4]=
29.8065
```

Manchmal ist es ganz praktisch, bei einer Messung die sogenannten Ausreißer zu unterdrücken. Nehmen wir also an, wir wollen die ersten 20% und die letzten 20% der Meßwerte ignorieren:

```
In[5]:=
TrimmedMean[Werte,0.2]
Out[5]=
29.8143
```

Ein Quantil zur Ordnung q bedeutet, daß mindestens $q \cdot 100\%$ der Daten kleiner oder gleich diesem Wert und mindestens $(1 - q) \cdot 100\ \%$ der Daten größer oder gleich diesem Wert sind.

```
In[6]:=
Quantile[Werte,.3]
Out[6]=
29.7
In[7]:=
Quantile[Werte,.5]
Out[7]=
29.8
```

Dieses Ergebnis ist kein Zufall, es mußte ja der Median herauskommen. Betrachten wir noch ein weiteres Beispiel:

```
In[8]:=
Laengen={2.5,2.9,2.1,2.4,2.6}
Out[8]:=
{2.5, 2.9, 2.1, 2.4, 2.6}
In[9]:=
Mean[Laengen]
Out[9]=
2.5
```

Jetzt wollen wir die ersten 20% der sortierten Daten ignorieren

```
In[10]:=
TrimmedMean[Laengen,{0.2,0}]
Out[10]:=
2.6
```

Bei diesen Daten lohnt es sich, bei der Bestimmung des Quantils zwischen den einzelnen sortierten Daten linear zu interpolieren.

```
In[11]:=
Quantile[Laengen,.55]
Out[11]=
2.5
In[12]:=
InterpolatedQuantile[Laengen,.55]
Out[12]=
2.525
```

Nun wollen wir noch die weiteren Parameter der Verteilung der Meßwerte bestimmen. Am einfachsten ist es, wenn wir dazu den `DispersionReport` und den `ShapeReport` benutzen:

```
In[13]:=
DispersionReport[Werte]
Out[13]=
{Variance -> 0.0211152,  StandardDeviation -> 0.145311,
 SampleRange -> 0.5, MeanDeviation -> 0.112913,
 MedianDeviation -> 0.1,  QuartileDeviation -> 0.1}
In[14]:=
DispersionReport[Laengen]
Out[14]=
{Variance -> 0.085, StandardDeviation -> 0.291548,
 SampleRange -> 0.8, MeanDeviation -> 0.2,
 MedianDeviation -> 0.1, QuartileDeviation -> 0.175}
In[15]:=
ShapeReport[Werte]
Out[15]=
                                                        -14
{Skewness -> -0.382106,  QuartileSkewness -> -1.77636 10    ,

 KurtosisExcess -> -0.642233}
```

Ich glaube, die Antworten von *Mathematica* sprechen für sich. Von den Befehlen, die in diesem Programm noch vorhanden sind, möchte ich nur noch zwei vorführen:

```
In[16]:=
VarianceMLE[Werte]
Out[16]=
0.0206353
In[17]:=
CentralMoment[Werte,2]
Out[17]=
0.0206353
In[18]:=
CentralMoment[Werte,3]
Out[18]=
-0.0011724
```

Mit dem ersten bestimmt man die in der deskriptiven Statistik gebräuchliche Varianz (die Summe der Quadrate wird durch n geteilt) und mit dem zweiten bestimmt man Momente höherer Ordung. Die in der Testtheorie gebräuchliche Varianz (es wird durch $n-1$ geteilt) liefert der Befehl `Variance`.

Lösen von kombinatorischen Problemen mit diskreten Verteilungen

Falls Sie schon einmal etwas mit Kombinatorik zu tun gehabt haben, so kennen Sie gewiß Fragestellungen wie diese: In einer Urne sind fünf grüne und zwanzig rote Bälle. Ich ziehe dreimal mit Zurücklegen: Wie groß ist die Wahrscheinlichkeit, zwei grüne Bälle zu ziehen?

```
In[1]:=
<<Statistics`DiscreteDistributions`
In[2]:=
PDF[BinomialDistribution[3,5/25],2]
Out[2]=
12
---
125
```

Dabei beschreibt `BinomialDistribution[n, p]` das Ziehen mit Zurücklegen, wobei n die Anzahl der Ziehungen, p die Wahrscheinlichkeit für den gewünschten Ausgang bei
einmaligem Ziehen bezeichnet. (Wir ziehen dreimal, und es sind 5+20 Bälle in der Urne.)
Der Funktionsaufruf `PDF[Verteilung,x]` liefert den Wert der angegebenen Verteilung für die Variable x. Würde man stattdessen fragen, wie groß die Wahrscheinlichkeit
für das Ziehen von höchstens zwei grünen Bällen ist, so fragt man nach der kumulativen
Wahrscheinlichkeit. (Als erwünschtes Ergebnis sind jetzt null, ein oder zwei grüne Bälle
erlaubt:

```
In[3]:=
CDF[BinomialDistribution[3,5/25],2]
Out[3]=
124
---
125
```

   Würden wir bei der Stichprobe nicht zurücklegen, so müßten wir die Hypergeometrische
Verteilung benutzen: Wie groß ist die Wahrscheinlichkeit, daß man unter 100 000 Blitz-
lichtlampen, von denen 50 defekt sind, beim Ziehen von 100 genau eine defekte gezogen
hat?

```
In[4]:=
N[PDF[HypergeometricDistribution[100,50,100000],1]]
Out[4]=
0.0476307
```

Man darf bei der Hypergeometrischen Verteilung [Anzahl der Ziehungen, Anzahl der Objekte mit der gewünschten Eigenschaft, Anzahl aller Objekte] die drei Parameter nicht
verwechseln. Wie groß ist dann beim Ziehen von 200 Blitzlichtbirnen die Wahrscheinlichkeit, mindestens zwei der 50 defekten unter den 100000 zu finden?

```
In[5]:=
N[1-CDF[HypergeometricDistribution[200,50,100000],1]]
Out[5]=
0.0045771
```

Die Geometrische Verteilung benötigt man, wenn man die mißglückten Versuche zählt, bis man etwas zum erfolgreichen Abschluß bringt und damit die Versuche einstellt. Nehmen wir an, ein Gebrauchtwagenhändler inseriert im Durchschnitt jedes Auto siebenmal, bis er es verkaufen kann. Wie groß ist die Wahrscheinlichkeit, einmal ein Auto neunmal zu inserieren?

```
In[6]:=
N[PDF[GeometricDistribution[1/7],9]]
Out[6]=
0.0356764
```

Die Poissonverteilung benötigt man für seltene Ereignisse. Wenn im Durchschnitt 2.3 Autos in der Woche in einer Feuerwehreinfahrt stehen, wie groß ist die Wahrscheinlichkeit, daß in einer Woche höchstens zwei Autos dort stehen?

```
In[7]:=
CDF[PoissonDistribution[2.3],2]
Out[7]=
0.596039
```

Natürlich kann man auch von diesen Verteilungen Quantile, Mittelwert, Varianz oder Schiefheit bestimmen.

Stetige Verteilungen

Stetige Verteilungen finden Sie in zwei Programmen, zum einem sind alle, die *Mathematica* kennt, in `ContinuousDistributions`, zum anderen sind die gebräuchlichsten in `NormalDistribution` enthalten. Damit lassen sich dann Fragen beantworten wie: Eine Maschine füllt Zucker in 1 kg-Tüten ab. Aufgrund mechanischer Einflüsse müssen wir von einer Standardabweichung von 2.5 g ausgehen. Wie groß ist die Wahrscheinlichkeit, daß in einer Tüte höchstens 993 g Zucker sind?

```
In[1]:=
<<Statistics`NormalDistribution`
In[2]:=
CDF[NormalDistribution[1000,2.5],993]
Out[2]=
0.00255513
```

Man kann sich natürlich auch die Dichtefunktion der Verteilung der Inhalte der Zuckertüten ausgeben lassen, oder ein Quantil, zum Beispiel das, welches den 0,1%-igen Anteil der leichtesten Zuckertüten kennzeichnet.

```
In[3]:=
PDF[NormalDistribution[1000,2.5],x]
```

```
Out[3]=
              0.4
  ----------------------------
                   2
  0.08 (-1000 + x)
 E                    Sqrt[2 Pi]

In[4]:=
Quantile[NormalDistribution[1000,2.5],0.001]
Out[4]=
992.274
```

Das Programm `NormalDistributions` enthält noch die statistischen Funktionen Student-Verteilung, χ^2-Verteilung und F-Verteilung.

Konfidenzintervalle

Wenn Sie aufgrund erhobener Daten eine Aussage der folgenden Form treffen: „Mit $\alpha \cdot$ 100%-iger Wahrscheinlichkeit ist der gesuchte Parameter für die Verteilung der Gesamtheit der Daten in dem Intervall $[a, b]$", so geben Sie ein Konfidenzintervall für diesen Parameter an. Betrachten wir die Kardanwellen vom Anfang. Der Praktiker weiß aus Erfahrung, daß solche Daten einer Normalverteilung genügen und möchte jetzt den Mittelwert bestimmen:

```
In[1]:=
<<Statistics`ConfidenceIntervals`
In[2]:=
MeanCI[Werte]
Out[2]=
{29.7626, 29.851}
```

Hierbei wurde die Varianz mittels der t-Statistik bzw. t- Verteilung geschätzt. Außerdem wurde das Niveau von 95% für das Konfidenzintervall aus der internen Voreinstellung übernommen. Falls Sie aber die Varianz kennen, bei vielen mechanischen Prozessen kennt man die Streuung der Maschine, können Sie sie direkt angeben. In unserem Beispiel setzen wir die Varianz gleich 0.005.

```
In[3]:=
MeanCI[Werte,KnownVariance -> 0.005]
Out[3]=
{29.7859, 29.8277}
```

Aber auch der Wunsch nach einem anderen Vertrauensniveau von 99% läßt sich umsetzen:

```
In[4]:=
MeanCI[Werte,ConfidenceLevel -> .99]
Out[4]=
{29.7478, 29.8659}
In[5]:=
```

```
MeanCI[Werte,KnownVariance -> 0.005,ConfidenceLevel -> .99]
Out[5]=
{29.7794, 29.8343}
```

Natürlich erstrecken sich die Möglichkeiten von *Mathematica*, für Parameter von Verteilungen Konfidenzintervalle zu bestimmen, auch auf die Student-Verteilung, χ^2-Verteilung und auf die F-Verteilung, aber weitere Ausführungen würden den Rahmen dieses Buches sprengen.

Testen von Hypothesen

Beim Testen von Hypothesen will man wissen, ob man eine Hypothese über die Parameter einer Verteilung von Daten, die man sich gebildet hat, aufgrund einer erneuten Stichprobe akzeptieren oder verwerfen soll. Wir wollen einmal testen (mit der Standardvoreinstellung von *Mathematica*), ob acht Daten, die einer Normalverteilung genügen, mit einem von uns vorgeschlagenen Mittelwert in Einklang zu bringen sind:

```
In[1]:=
<<Statistics`HypothesisTests`
In[2]:=
Zahlen={1.2,1.3,1.1,1.2,1.1,1.1,1.3,1.1}
Out[2]=
{1.2, 1.3, 1.1, 1.2, 1.1, 1.1, 1.3, 1.1}
In[3]:=
MeanTest[Zahlen,1.18]
Out[3]=
OneSidedPValue -> 0.438873
```

Dies bedeutet, bei einem einseitigen Test ist für die Hypothese, der Mittelwert sei 1.18, das Signifikanzniveau 0.43873. Andererseits kann man einen zweiseitigen Test vorschlagen, und ein vorgegebenes Signifikanzniveau überprüfen lassen

```
In[4]:=
MeanTest[Zahlen,1.15, SignificanceLevel ->.95, TwoSided -> True]
Out[4]=
{TwoSidedPValue -> 0.451239,

 Reject null hypothesis at significance level -> 0.95}
```

Diese Antwort spricht für sich! Nehmen wir noch an, wir würden die Varianz kennen, so daß *Mathematica* sie nicht über die t-Verteilung schätzen müßte:

```
In[5]:=
MeanTest[Zahlen,1.19,KnownVariance ->0.33, SignificanceLevel ->.90,
                  TwoSided -> True]
Out[5]=
{TwoSidedPValue -> 0.941126,

 Accept null hypothesis at significance level -> 0.9}
```

Lineare Regression

In der Statistik kommt es häufig vor, daß man zeitabhängige Daten hat und eine Funktion
sucht, die sie möglichst gut approximiert. Dabei sucht man sich zum Beispiel ein Polynom
und bestimmt dessen Koeffizienten mittels der linearen Regression.

```
In[1]:=
<<Statistics`LinearRegression`
In[2]:=
Zeitreihe={1,2,3,5,6,7,10,11,12,16,19,20};
In[3]:=
Regress[Zeitreihe,{1,x,x^2},x]
Out[3]=
{ParameterTable ->


        Estimate      SE           TStat        PValue
    1   0.272727      0.724256     0.376562     0.715223


    x   0.723776      0.256153     2.82556      0.0198657


     2
    x   0.0804196     0.0191815    4.19256      0.00233226


RSquared -> 0.990406, AdjustedRSquared -> 0.988274,

EstimatedVariance -> 0.491064,

ANOVATable ->

            DoF   SoS        MeanSS      FRatio      PValue}
    Model   2     456.247    228.124     464.549     0

    Error   9     4.41958    0.491064

    Total   11    460.667
```

Manchmal stolpert *Mathematica* aber auch über die eigene Ausgabe:

```
In[4]:=
Regress[Zeitreihe,{1,x,Exp[x]},x]
Out[4]=
{ParameterTable ->

     1
     x   Estimate      SE              TStat


     x      PValue  E   -1.52563       0.674695        -2.26121

            0.0500773
```

```
      1.612              0.110322           14.6117

            0

                                    -6
      0.0000177563    8.32533 10         2.13281


            0.061739

RSquared -> 0.981181,

AdjustedRSquared -> 0.976999,

EstimatedVariance -> 0.963275,

ANOVATable ->


  Model
                                                      }
  Error

  Total

     DoF   SoS         MeanSS       FRatio      PValue
     2     451.997     225.999      234.615     0

     9     8.66947     0.963275

     11    460.667
```

Man kann natürlich auch Funktionen mehrerer Veränderlicher durch lineare Regression
herleiten:

```
In[5]:=
Regress[{{0,0,1},{1,0,2},{0,1,2},{1,1,4}},{1,x,y},{x,y}]
Out[5]=
{ParameterTable ->

        Estimate    SE         TStat       PValue    ,
    1   0.75        0.433013   1.73205     0.333333

    x   1.5         0.5        3.          0.204833

    y   1.5         0.5        3.          0.204833

RSquared -> 0.947368,

AdjustedRSquared -> 0.842105,
```

```
EstimatedVariance -> 0.25,

ANOVATable ->


  Model
                                                              }
  Error

  Total

    DoF   SoS    MeanSS    FRatio    PValue
    2     4.5    2.25      9.        0.229416

    1     0.25   0.25

    3     4.75
```

6.2   Realisierung von Programmstrukturen

6.2.1   *Mathematica* und Programmiersprachen

Mathematica erlaubt Ihnen die Vorbereitung von Programmen, die in anderen Programmiersprachen geschrieben sind. Dies wollen wir an einigen Beispielen erläutern. Wenn Sie etwa die Gleichung $x^5 - 1 = 0$ lösen lassen, ist die Bildschirmausgabe zwar recht gut lesbar, wenn Sie jedoch wissen wollen, wie die korrekte Eingabeform dieser Ergebnisse für *Mathematica* ist, hilft Ihnen auch der Befehl Out [%] nicht weiter, weil hierdurch die Ausgabe nur wiederholt wird.

```
In[1]:= a = Solve[x^5 - 1 == 0, x]
Out[1]=
                    (2 I)/5 Pi          (4 I)/5 Pi
{{x -> 1}, {x -> E             }, {x -> E             },

       (6 I)/5 Pi          (8 I)/5 Pi
 {x -> E           }, {x -> E            }}
```

Stattdessen sollten Sie den Befehl InputForm verwenden.

```
In[2]:= InputForm[a]
Out[2]= {{x -> 1}, {x -> E^((2*I)/5*Pi)}, {x -> E^((4*I)/5*Pi)},
         {x -> E^((6*I)/5*Pi)}, {x -> E^((8*I)/5*Pi)}}
```

Wenn Sie einen mathematischen Ausdruck etwa in eine TEX-Datei übernehmen wollen, können Sie ihn natürlich von Hand in das TEX-Format übersetzen. Dies ist ausgesprochen mühsam, wobei man sich meistens bei der Anzahl der öffnenden und schließenden geschweiften Klammern vertut.

```
In[3]:= b = x^5/7 + c y^3 - Log[y]
Out[3]=
 5
x        3
-- + c y  - Log[y]
7
```

Stattdessen können Sie durch `TeXForm` den Ausdruck automatisch umwandeln lassen und
danach z.B. über die Zwischenablage in Ihre TEX-Datei kopieren.

```
In[4]:= TeXForm[b]
Out[4]= {{{x^5}}\over 7} + c {y^3} - \log (y)
```

Das gleiche gilt für das Einbauen arithmetischer Ausdrücke in FORTRAN [3].

```
In[5]:= FortranForm[b]
Out[5]= x**5/7 + c*y**3 - Log(y)
```

Hier ist derselbe Ausdruck in C.

```
In[6]:= CForm[b]
Out[6]= Power(x,5)/7 + c*Power(y,3) - Log(y)
```

Diese Möglichkeiten der direkten Umwandlung sind sehr interessant, wenn Sie aus irgend-
welchen Gründen gezwungen sind, Programme in FORTRAN oder C zu schreiben. Viel
angenehmer ist es jedoch, *Mathematica* selbst als Programmiersprache zu nutzen, da Ihnen dabei alle *Mathematica*-Befehle zur Verfügung stehen. Die Grundzüge der möglichen
Vorgehensweisen wollen wir Ihnen im folgenden demonstrieren.

6.2.2 Programmstrukturen in *Mathematica*

Schleifen

Jedes Programm setzt sich aus wenigen Grundstrukturen zusammen, so daß man als erstes
die Umsetzung dieser elementaren Bausteine in *Mathematica* kennen muß. Für die Realisierung von Wiederholungen stehen Ihnen verschiedene Konstruktionen zur Verfügung.
Die wichtigsten wollen wir Ihnen vorstellen; mit ihrer Hilfe sollen die Quadrate der Zahlen
von 0 bis 4 ausgegeben werden.

- Der Befehl `Do` muß die auszuführenden Anweisungen enthalten, gefolgt von einem
  Komma und der Angabe, welche Werte der Schleifenzähler durchlaufen soll. Bei der
  Aufzählung der Anweisungen müssen Sie darauf achten, daß für die Ausgabe am
  Bildschirm der Befehl `Print` verwendet werden muß.

---

[3] Steuerstrukturen können Sie nicht übersetzen lassen.

```
In[1]:= Do[Print[i^2], {i, 0, 4}]
0
1
4
9
16
```

- Bei der Verwendung von While müssen Sie **vorher** dem Schleifenzähler einen Anfangswert zugewiesen haben. Der Befehl While muß als erstes die Laufbedingung der Schleife enthalten, gefolgt von einem Komma, anschließend die auszuführenden Anweisungen[4]. Das Hochzählen des Schleifenzählers geschieht wie in C.

```
In[2]:= t = 0; While[t < 5, Print[t^2]; t++]
0
1
4
9
16
```

- Auch die Verwendung von For ist möglich. Hierbei ist als erstes der Anfangswert anzugeben, nach einem Komma die Laufbedingung und nach einem weiteren Komma die Erhöhung des Zählers um die gewünschte Schrittweite. Nach dem folgenden Komma sind die auszuführenden Anweisungen aufzulisten.

```
In[3]:= For[t = 0, t < 5, t++, Print[t^2]]
0
1
4
9
16
```

Sowohl While als auch For überprüfen zunächst, ob die Laufbedingung erfüllt ist und führen dann erst die Schleifenanweisungen aus. Es liegt also an Ihnen, ob die Schleife überhaupt durchlaufen oder übergangen wird. Wenn der Schleifenzähler rückwärts laufen soll, müssen Sie anstelle von i++ jeweils i-- angeben, falls Sie die Schrittweite 1 verwenden wollen. Natürlich müssen Sie dann auch den Anfangs- und den Endwert gegenüber der „Standardfassung" vertauschen. Für andere Schrittweiten ist die Form i += schrittweite bzw. i -= schrittweite zu benutzen.

Zum Abschluß soll der Kettenbruch

$$\cfrac{1}{1 + \cfrac{5}{1 + \cfrac{3}{1 + x}}}$$

---

[4]Wenn Sie bereits Erfahrungen mit C haben, wird Ihnen auffallen, daß die Rollen von Komma und Semikolon vertauscht sind.

berechnet werden. Da nur das Endergebnis interessiert, lassen wir in der Do-Schleife nichts ausgeben. Außerhalb der Schleife genügt der Aufruf von t, um das Ergebnis am Bildschirm zu sehen.

```
In[4]:= t = x; Do[t = 1/(1 + k t),{k,1,5,2}];t

         1
    --------------
             5
    1 + ---------
              3
       1 + -----
           1 + x
```

Um die Entstehung ebenfalls zu dokumentieren, müssen wir in der Schleife als erstes den bisher berechneten Ausdruck ausgeben lassen.

```
In[5]:= t = x; Do[Print[t]; t = 1/(1 + k t),{k,1,5,2}];t

x

   1
  -----
  1 + x

      1
  ---------
          3
  1 + -----
      1 + x

      1
  --------------
          5
  1 + ---------
           3
      1 + -----
          1 + x
```

Verzweigungen

Auch Verzweigungen kommen häufig in Programmen vor, und Ihnen stehen eine Reihe von Realisierungsmöglichkeiten zur Verfügung.

- Abhängig von der Gültigkeit einer Bedingung sind unterschiedliche Aktionen durchzuführen. Als Beispiel nehmen wir an, es seien die Zahlen x und y gegeben.

```
In[1]:= x = 5; y = 9;
```

Falls $4x > 2y$ gilt, soll x am Bildschirm ausgegeben werden. Danach ist x um
2 zu erhöhen. Zur Kontrolle soll x dann nochmals ausgegeben werden. Falls die
Ungleichung nicht gilt, soll y ausgegeben und danach um 1 verringert und ebenfalls
zur Kontrolle y nochmals ausgegeben werden.[5]

```
In[2]:=
If[4x > 2y, {Print[x]; x += 2; Print[x]}, {Print[y]; y--; Print[y]}]
5
7
```

Wenn Sie $x = 2$ und $y = 11$ setzen und den Befehl wiederholen, wird der Nein-Zweig
durchlaufen.

```
In[3]:= x = 2; y = 11;
In[4]:=
If[4x > 2y, {Print[x]; x +=2; Print[x]}, {Print[y]; y--;
Print[y]}]
11
10
```

- Eine Möglichkeit der Definition von Treppenfunktionen haben Sie bereits kennengelernt[6]. Das Symbol „/;" stellt ein „implizites" If dar.

  ```
  In[5]:= f[z_] := 2 /; z>1

  In[6]:= f[z_] := 3 /; z <= 1
  ```

- If dient nur zur Formulierung von Alternativen; bei Mehrfachverzweigungen ist
  Which oder Switch zu benutzen. Hierbei kann durch die Bedingung "True", die
  natürlich stets wahr ist, ein Standardwert vorgegeben werden. Es soll die Funktion

  $$h(z) = \begin{cases} z^2 & \text{falls } z < 0 \\ z^3 & \text{falls } z \geq 5 \\ 0 & \text{sonst} \end{cases}$$

  definiert werden.

  ```
  In[7]:= h[z_] := Which[z < 0, z^2, z >= 5, z^3, True, 0]
  ```

Bei jedem Funktionsaufruf werden die einzelnen Bedingungen von links nach rechts
der Reihe nach überprüft. Die erste Bedingung, die den Wert True hat, bestimmt den
Funktionswert.

---

[5] Die zusätzliche *Mathematica*-Ausgabe {Null} hat hier für Sie keine Bedeutung.
[6] Bis Sie die Treppenfunktion UnitStep des Pakets Calculus`DiracDelta richtig justiert haben,
sind Sie längst mit der eigenen Definition fertig.

```
In[8]:= u = h[5]
Out[8]= 125

In[9]:= v = h[1]
Out[9]= 0

In[10]:= w = h[-1]
Out[10]= 1
```

- In Abhängigkeit von dem Rest, den x bei ganzzahliger Division durch 3 läßt, wird r der Wert a, b oder c zugewiesen:

$$r(x) = \begin{cases} a & \text{falls } x \equiv 0 \pmod 3 \\ b & \text{falls } x \equiv 1 \pmod 3 \\ c & \text{falls } x \equiv 2 \pmod 3 \end{cases}$$

```
In[11]:= r[x_] := Switch[Mod[x, 3], 0, a, 1, b, 2, c]

In[12]:= r[5]
Out[12]= c

In[13]:= r[7]
Out[13]= b
```

- Nicht immer läßt sich von einem Ausdruck entscheiden, ob er wahr oder falsch ist; ob x gleich y ist, weiß man erst, wenn den Variablen konkrete Werte zugewiesen wurden.

$$t(x,y) = \begin{cases} a & \text{falls } x = y \\ b & \text{falls } x \neq y \end{cases}$$

Bei dieser Definition ist z.B. der Wert von $t(a, b)$ nicht definiert, wenn a und b keine konkreten Zahlen sind. Es ist daher guter Programmierstil, für solche Fälle Vorsorge zu treffen.

```
In[14]:= t[x_,y_] := If[x==y, a, b, else]

In[15]:= t[x,y]
Out[15]= b

In[16]:= t[2,x]
Out[16]= a

In[17]:= t[a,b]
Out[17]= else
```

6.2.3   So schreiben Sie Ihr eigenes Paket

In diesem Abschnitt wollen wir mit Ihnen erste Schritte auf dem Weg zu guten *Mathematica*-Paketen gehen. Als Beispiel wollen wir einige Funktionen, die uns ständig fehlen, programmieren, und zwar den Gradienten für Funktionen von n Veränderlichen, die Divergenz für n- dimensionale Vektorfelder und den Betrag von n- dimensionalen Vektoren. Wenn Ihre Programme im Laufe der Zeit immer anspruchsvoller werden, wird dieses Wissen nicht mehr ausreichen. Für diesen Fall empfehlen wir Ihnen die Lektüre des Buches von R. Mäder [0].

Der Gradient der Funktion $f(x_1, x_2, \ldots, x_n)$ ist der Vektor $(f_{x_1}, f_{x_2}, \ldots, f_{x_n})$, d. h. es ist eine Liste aller Ableitungen von f zu erstellen. Der Aufruf von GradN, wie wir diesen Gradienten zur Unterscheidung nennen wollen, muß also die Funktion f und eine Liste der Variablen enthalten. Um unsere Überlegungen zu überprüfen, schreiben wir in *Mathematica* diese Definition auf

```
In[1]:= GradN[f_,l_List]:=Table[D[f,l[[i]]],{i,Length[l]}]
```

und testen sie an einem Beispiel.

```
In[2]:= GradN[x^2 + Sin[y] + z^3 + u^4, {x,y,z,u}]
                         2     3
Out[2]= {2 x, Cos[y], 3 z , 4 u }
```

Um diese Definition auch in Zukunft benutzen zu können, speichern wir diese Zeile in der Datei NDIM1.M im Katalog WNMATH21 ab. Hierbei ist es zum einen unbedingt erforderlich, daß Ihre Datei den Erweiterungsnamen M trägt, zum anderen müssen Sie *den* Katalog zum Speichern benutzen, in dem sich *Mathematica* befindet. Dies hängt also vom Betriebssystem und der verwendeten *Mathematica*-Version ab. Wir starten *Mathematica* neu und lesen die Datei ein:

```
In[1]:= <<ndim1.m
```

Nun können Sie jederzeit auf den Befehl GradN zurückgreifen.

```
In[2]:= GradN[x^2+y^3 x,{x,y}]
               3       2
Out[2]= {2 x + y , 3 x y }
```

Wenn Sie ein wenig Programmiererfahrung haben, dann wissen Sie, daß diese Art der Programmierung sehr störanfällig ist. Alle im Unterprogramm verwendeten Variablen können durch das Hauptprogramm (also die *Mathematica*-Sitzung) verändert werden oder umgekehrt dieses stören. Als erstes ist also dafür zu sorgen, daß die von uns benutzten Variablen von der *Mathematica*-Sitzung abgeschottet werden. Dies geschieht durch den Befehl Module. Er muß eine Liste der lokalen Variablen enthalten, die von den auszuführenden Befehlen gefolgt sein muß. Wir variieren also unser Programm, sichern es unter dem Namen NDIM2.M und starten *Mathematica* neu.

```
GradN[f_,l_List]:=
        Module[{i},
            Table[D[f,l[[i]]],{i,1,Length[l]}]
                                                        ]
```

```
In[1]:= <<ndim2.m
```

Nun sind die lokalen Variablen zwar als solche gekennzeichnet, trotzdem sind sie jedoch, wie die folgende Frage zeigt, global bekannt. [7]

```
In[2]:= ?Global`*
f     i     l       $Thin
GradN i$
```

Um die lokalen Variablen für den Anwender unsichtbar zu machen, müssen Sie sie in eine private Umgebung bringen anstelle der Standardumgebung "Global". Dies geschieht durch die Verwendung von Begin["Private`"] und End[ ]. Um trotzdem die für den Anwender einzig interessante Frage nach der Bedeutung und der Syntax unseres Befehls beantworten zu können, verwenden wir ::usage =. Das Ergebnis speichern wir in der Datei NDIM3.M:

```
GradN::usage = "GradN[f, liste] berechnet den Gradienten
                einer Funktion, deren Argumente
                in der Liste stehen"
Begin["Private`"]
    GradN[f_,l_List]:=
            Module[{i},
                Table[D[f,l[[i]]],{i,1,Length[l]}]
                                                    ]
End[ ]
```

Nach einem Neustart von *Mathematica* lesen wir die Datei ein

```
In[1]:= <<ndim3.m
Private`
```

und überzeugen uns vom Erfolg unserer Aktion.

```
In[2]:= ?Global`*
GradN $Thin
```

```
In[3]:= ?GradN
GradN[f, liste] berechnet den Gradienten einer Funktion,
    deren Argumente in der Liste stehen
```

---

[7] Wenn Sie übrigens beim Einlesen der Datei irgendwelche merkwürdigen Dinge auf dem Bildschirm sehen, haben Sie sich wahrscheinlich verschrieben (z. B. eine Klammer weggelassen oder hinzugefügt). Korrigieren Sie die Datei in einem Editor (Vorsicht: es dürfen keine Steuerzeichen enthalten sein!) und starten Sie *Mathematica* neu, bevor Sie die Datei einlesen.

Wenn Ihr „Paket" keine weiteren Funktionen enthält, können Sie es bei diesem Stand der Dinge bewenden lassen. Wenn Sie jedoch umfangreiche Pakete schreiben, ist es sinnvoll, allen in einem Paket vorkommenden Variablen eine diesen (und nur diesen) gemeinsame Umgebung zu verschaffen. Dazu benötigen Sie die Anweisungen `BeginPackage` und `EndPackage`. Der Name, den Sie hierbei vergeben, ist der Name der privaten Umgebung. Beachten Sie bitte, daß jetzt `"'Private'"` geschrieben werden muß. Wir speichern die Datei unter dem Namen NDIM4.M und starten *Mathematica* neu.

```
BeginPackage["NDim'"]


GradN::usage = "GradN[f, liste] berechnet den Gradienten
                einer Funktion, deren Argumente
                in der Liste stehen"
Begin["'Private'"]
    GradN[f_,l_List]:=
            Module[{i},
                Table[D[f,l[[i]]],{i,1,Length[l]}]
                                                        ]
End[ ]
EndPackage[ ]
```

Wenn Ihr Paket Fehler enthält, hält *Mathematica* an der entsprechenden Stelle an und liest die weiteren Befehle nicht mehr, so daß Sie sich dann in einer falschen Umgebung befinden, was einen Neustart erforderlich macht. Sie sollten Ihr Programm also erst dann „verpacken", wenn Sie es hinreichend getestet haben. Wir ergänzen nun unser Paket um die Divergenz eines n-dimensionalen Vektorfeldes

$$\mathrm{div}\,\vec{v}(\vec{x}) = \sum_{i=1}^{n} \frac{\partial v_i}{\partial x_i}$$

und die Länge eines n- dimensionalen Vektors

$$\|\vec{v}\| = \sqrt{\sum_{i=1}^{n} v_i^2}$$

speichern das Ergebnis in der Datei NDIM5.M und starten *Mathematica* neu.

```
BeginPackage["NDim'"]


GradN::usage = "GradN[f, liste] berechnet den Gradienten
                einer Funktion, deren Argumente
                in der Liste stehen"
DivN::usage = "DivN[vektorfeld, liste] berechnet die
Divergenz
                eines Vektorfeldes f, dessen Argumente
                in der 2. Liste stehen"
```

```
BetragN:: = "BetragN[vektor] berechnet die euklidische
                        Laenge des Vektors"

Begin["'Private'"]
    GradN[f_,l_List]:=
            Module[{i},
                Table[D[f,l[[i]]],{i,1,Length[l]}]
                                                    ]

    DivN[v_List, l_List]:=
            Module[{i},
                Sum[D[v[[i]], l[[i]]],{i,1,Length[l]}]
                                                    ]


    BetragN[v_List]:=
            Module[{i},
                Sqrt[Sum[v[[i]]^2, {i,1,Length[v]}]]
                                                    ]
End[ ]

EndPackage[ ]

In[1]:= <<ndim5.m
Syntax::sntx:
    Syntax error in or before "BetragN:: =         ".
        "BetragN[vektor] berechnet die euklidische Laenge
        des Vektors" ^(li<<16>>")
```

Der Fehler liegt im fehlenden "usage" bei `BetragN`. Wir korrigieren also zu

```
BeginPackage["NDim'"]

GradN::usage = "GradN[f, liste] berechnet den Gradienten
                    einer Funktion, deren Argumente
                    in der Liste stehen"
DivN::usage = "DivN[vektorfeld, liste] berechnet die
Divergenz
                        eines Vektorfeldes f, dessen Argumente
                        in der 2. Liste stehen"
BetragN::usage = "BetragN[vektor] berechnet die euklidische
                        L\"ange des Vektors"


Begin["'Private'"]
    GradN[f_,l_List]:=
            Module[{i},
                Table[D[f,l[[i]]],{i,1,Length[l]}]
                                                    ]
    DivN[v_List, l_List]:=
            Module[{i},
                Sum[D[v[[i]], l[[i]]],{i,1,Length[l]}]
                                                    ]
```

```
BetragN[v_List]:=
        Module[{i},
              Sqrt[Sum[v[[i]]^2, {i,1,Length[v]}]]
                                                  ]
End[ ]

EndPackage[ ]
```

speichern diese Datei als NDIM6.M ab, starten *Mathematica* neu und probieren alle Funktionen noch einmal aus.

```
In[1]:= <<ndim6.m
In[2]:= GradN[x^2+y^4,{x,y}]
                   3
Out[2]= {2 x, 4 y }
In[3]:= DivN[{x+y^2,y^3},{x,y}]
                  2
Out[3]= 1 + 3 y
In[4]:= BetragN[{7, 11 , 3, 1, 10}]
Out[4]= Sqrt[280]
```

6.2.4 Übungen

1. Ergänzen Sie unser kleines Paket um die p-Norm eines Vektors

$$\|\vec{x}\| = \sqrt[p]{\sum_{i=1}^{n} x_i^p}$$

2. Schreiben Sie ein Paket, daß eine Gleichung nach Möglichkeit exakt, gegebenenfalls jedoch numerisch löst.

3. Schreiben Sie ein Paket, das Ihnen die einzelnen Teile einer Kurvendiskussion abnimmt. Es soll die Befehle `FindeExtremum`, `FindeWendepunkt` und `Zeichne` enthalten, nach Möglichkeit exakt rechnen und nur, wenn dies nicht möglich ist, numerische Ergebnisse liefern.

   Hinweis: Es gibt verschiedene Arten der Realisierung. Falls Sie ausnutzen wollen, daß *Mathematica* unter Umständen Meldungen ausgibt, benötigen Sie den Befehl `Check[ausdruck, fehlerausdruck]`. Er bewirkt die Ausgabe des ersten Arguments, falls bei seiner Auswertung keine Meldung[8] erzeugt wird, anderenfalls die des zweiten Arguments. Es gibt auch die Möglichkeit, direkt die Meldungen anzugeben, die die Ausgabe des zweiten Arguments hervorrufen: `Check[ausdruck, fehlerausdruck, s1::t1, s2::t2, ...]`.

---

[8]Meldungen, die durch die Verwendung von `Off` unterdrückt werden, finden keine Berücksichtigung.

Literaturverzeichnis

[1] Stephen Wolfram:*Mathematica-* A System For Doing Mathematics on a Computer 2nd ed., Addison-Wesley 1991

[2] Users Guide For Microsoft Windows, Wolfram Research, 1992

[3] *Mathematica–* Technical Report: Guide To Standard *Mathematica*-Packages Version 2.1, 2nd ed. 1992, Wolfram Research

[4] Roman Mäder: Programming in *Mathematica*, 2nd. ed. 1991, Addison-Wesley Publishing Co., Redwood City, California

[5] Nancy Blachman: *Mathematica* griffbereit Version 2. Vieweg, Braunschweig/Wiesbaden, 1993

[6] Walter Strampp und Victor Ganzha: Differentialgleichungen mit *Mathematica*. Vieweg, Braunschweig/Wiesbaden 1995.

Sachwortverzeichnis

Mathematik mit DERIVE

von Wolfram Koepf, Adi Ben-Israel und Bob Gilbert

1993. XIV, 394 Seiten mit 80 Abbildungen, zahlreichen Übungsaufgaben und Mustersitzungen sowie einer Einführung in DERIVE. Kartoniert.
ISBN 3-528-06549-4

Aus dem Inhalt: Mengen – natürliche und reelle Zahlen – Polynome und rationale Funktionen – Folgen und Konvergenz – transzendente Funktionen – Stetigkeit – Integration und Differentation – Potenzreihen und Taylorapproximation – zwei- und dreidimensionale Darstellungen.

Das Buch ist ein Lehrbuch der höheren Mathematik, insbesondere der Analysis einer Variablen. Neu ist die Zuhilfenahme des symbolischen Mathematikprogramms DERIVE als technisches Hilfsmittel zur praxisnahen und dennoch strengen Wissensvermittlung. Alle dargestellten Konzepte werden durch praktische Übungen mit DERIVE unterstützt. Dabei werden sowohl die numerischen, die symbolischen als auch die graphischen Fähigkeiten solcher Systeme zum besseren Verständnis der betrachteten Konzepte herangezogen.

Verlag Vieweg · Postfach 58 29 · 65048 Wiesbaden

Mathematica griffbereit

Version 2

von Nancy Blachmann

aus dem Amerikanischen von Carsten Herrmann und Uwe Krieg

1993. VI, 312 Seiten. Kartoniert.
ISBN 3 528 06524 9

Aus dem Inhalt: Die neuen Möglichkeiten in Version 2 – Auflistung der Verzeichnisinhalte der mit der Software gelieferten Pakete nach Funktionsnamen und nach Paket – Verweise auf andere Quellen (Bücher, Zeitschriften sowie Hilfsprogramme).

Mathematica ist momentan das wichtigste Programmpaket, um mathematische Berechnungen exakt (und nicht numerisch) auf einem Computer auszuführen. Das vorliegende Buch bündelt die Informationen über alle eingebauten Mathematica-Objekte; Informationen, die häufig verstreut im Handbuch zu finden sind. Es bietet Anwendern, die nicht mit allen Aspekten des Programmes vertraut sind, einen lesbaren und kompakten Überblick über Mathematicas Fähigkeiten. Und es bietet eine vollständige Beschreibung aller Befehle und Datentypen, sowohl nach Funktionsgruppen als auch alphabetisch geordnet.

Über die Autorin: Nancy Blachman war am Entwurf des Mathematica-Systems beteiligt. Von ihr stammt das Help-System in Mathematica.

Verlag Vieweg · Postfach 58 29 · 65048 Wiesbaden